현대 기하학과 응용

조지 A. 제닝스 지음

최윤철 옮김

KM 경문사

옮긴이 머리말

이 책은 유클리드 기하학과 여러 비유클리드 기하학을 공부하고 이를 바탕으로 기하학을 응용 또는 다른 학문에 좀더 실용적으로 활용할 수 있게끔 기하학이란 학문이 재미있고 유익하다는 것을 알려준다. 또한 내용이 어렵지 않아서 고등학교 수학(명석한 사람인 경우 중학교 수학)을 배웠으면 따라가는 데에 큰 어려움이 없을 것이다. 특히, 대학교 신입생들이 중학교 또는 고등학교 수학에서 배워온 유클리드 기하학을 복습, 정리하고, 또한 평행선 공리를 다른 유클리드의 공리로부터 유도하고자 하는 과정에서 얻을 수 있는 비유클리드 기하학을 공부하기에 적합한 책이라 생각한다.

문명호 교수님의 소개로 강의를 맡게 되면서 이 책을 처음으로 접하게 되었고, 강의를 진행하면서 번역을 하게 되었다. 번역을 생각하게 된 여러 가지 동기 중의 하나는 대한수학회 소식지(149호, 2013.)에 실린 정경훈(서울대학교)의 글 **수학책 번역에 대한 단상**이다.

번역서의 문서 편집기로는 한글 TEX사용자 그룹에서 배포하는 ko.TeX Live 2012를 사용하였다. 수정판에서는 TeX Live 2020을 사용하였다. '정리'와 '명제'를 구분하는 것이 어색하여 원서의 'Theorem'과 'Projection'을 모두 '정리'로 옮겼다. 원서에서 강조를 위해 또는 Theorem 등에서 사용한 이탤릭체를 한글의 **고딕체**로 바꾸어서 옮겼다. 정리 등의 '증명'과 보기의 '풀이', 그리고 '참고'에서는 본문보다 조금 작은 글자체를 사용하였다. 길이의 단위는 문맥과 무관한 경우는 미터(cm 또는 km)로 바꾸어서 옮겼다. 용어를 선택할 때에는 '대한수학회의 수학 용어'와 '대한물리학회의 2010 물리수정용어집', 그리고 '국립국어원의 외래어 표기법'을 참조하였다. 혼동되는 경우를 제외하고는 영문 용어의 병기를 가급적 자제하였다. 대응되는 용어가 없거나 적당하지 않은 경우에는 다음 논문을 참고하여 옮긴이의 주관에 따랐다.

수학 용어의 개선 방향에 대한 소고, 허민(광운대학교), 한국수학교육학회지시리즈E:수학교육논문집 v.27, no.4, 2013.

책의 참고 문헌 중 우리말로 번역된 책은 번역서의 정보를 추가하여 독자들의 편의를 도왔다.

번역본을 읽어주고 오타와 오역을 찾아주고 조언해준 진기종, 홍석주에게 이 자리를 빌려 고마움을 전한다. 번역과 관련하여 권리사오기, 그림 그리기, 교정 등을 맡아서 해주신 경문사 관계자에게 감사를 드린다.

수정판에서는 오타와 잘못된 곳을 고치고, 각 장의 앞 부분에 장의 차례를 추가하였다. 찾아보기는 '한글'만으로 이루어졌던 것을 '한글 : 영어'로 바꾸고, '영어 : 한글'도 추가하였다. 또한, 참고 문헌에서 새롭게 우리말로 번역되어 출간된 것을 찾아 추가하였다.

지은이 머리말

이 책은 "현대 기하학", 소위 유클리드 이후로 발전되어 온 기하학의 이론과 응용에 대한 소개이다. 비유클리드 기하학에서 중요한 세 영역과 그 응용, 즉 구면기하학(항법과 천문학), 사영 기하학(예술), 그리고 시공간 기하학(특수 상대성 이론)을 포함하였다. 더불어, 유클리드 기하학에서 유클리드 운동의 사용에 중점을 두고 다소 유용한 주제들을 다루었다. 그리고 원뿔 곡선과 행성의 주기에 대한 장을 포함하였다.

이 책을 쓰는 동안 나의 목표는 이론과 응용을 조화시키는 것이었다. 이러한 이유는 기하학을 배우는 학생, 특히 유능한 수학 교사는 기하학이 어떻게 발생되었는지는 물론 어떻게 사용되는지에 대해 잘 알고 있어야 한다고 생각되었기 때문이다. 이 책에 소개되는 각각의 주제는 어떤 한 가지 응용이 동기가 되어 다루었고 추가적인 응용은 문제로 두었다. 응용에 대한 이러한 강조로 인해 주제를 선택할 때 다소 비전통적인 것을 택하기도 하였다. 학부 학생들에게 잘 이해될 수 있는 구체적인 응용이 없는 전통적인 주제인 쌍곡 기하학은 다루지 않았다. 대신에 완벽한 비유클리드 기하학으로 실제 우주와 놀라울 만큼의 밀접한 연관을 갖는 특수 상대성 이론의 시공간 기하학을 다루었다. 책의 내용은 대학 2, 3, 4 학년의 학생들에게 한 학기 동안 강의하기에 충분한 분량이다. 또한 많은 연습 문제를 포함하였는데 대부분 일상적이지 않는 것들이다(관련된 일상적인 문제들은 강의하시는 선생님들께서 제공해주시길 바랍니다).

예시한 그림은 마이크로그래픽의 Windows Draw 3.0과 월프람 리서치의 Mathematica 2.2를 사용하여 PC에서 준비하였다.

차 례

제 1 장

유클리드 기하학

1.1 유클리드 공간

유클리드 공간은 직선, 원, 구 등 일반적으로 고등학교 기하학에서 다루는 대상을 포함한다. n차원 유클리드 공간은 실수의 n순서쌍 들의 집합인 $\mathbb{R}^n$과 본질적으로는 동일하다(여기서 $\mathbb{R}$은 실수(Real number), n은 n차원). 기호 $\mathbb{E}^n$ 은 n차원 유클리드 공간을 나다낸다(여기서 $\mathbb{E}$는 유클리드(Euclid), n은 n차원). $\mathbb{R}^n$은 특별한 좌표 구조와 특별히 선택된 점(원점)이 주어진 반면에 유클리드 공간은 정해진 좌표나 구별된 점을 갖고 있지 않은 것이 $\mathbb{R}^n$과 $\mathbb{E}^n$의 차이점이다. 이 장에서 좌표를 사용할 때는 $\mathbb{R}^n$을 그렇지 않을 때는 $\mathbb{E}^n$을 기하학적 공간으로 언급할 것이다.

유클리드 공간은 절대적으로 평등하다(전문 용어로는 "동질"을 사용한다). 즉 유클리드 공간의 임의의 장소는 다른 곳과 똑같아 보인다. 유클리드 공간의 이러한 평등성은 유클리드 기하학의 핵심적인 사항이다. 이러한 이유로 유클리드 공간에서 대상들은 구부림 없이, 늘림이 없이, 또는 찢김이 없이 옮겨질 수 있다. 멀리 떨어져 있는 물체들도 모양의 변형 없이 끌어당겨 겹쳐 놓아 비교할 수가 있다. 유클리드 공간에서는 정밀도의 변형 없이 측정 도구의 위치를 옮길 수 있기 때문에 믿을 만한 측정을 수행할 수 있다. 유클리드 기하학자에게 가장 중요한 측정 도구로는 **자**(거리 측정), **각도기**(각의 측정), **향** 또는 **회전 방향**(시계 방향인지 반시계 방향인지를 구별하기 위한)의 **선택**이 있다.

기하적 대상은 **함수**의 작용에 의해 유클리드 공간의 이곳에서 저곳으로 옮겨진다(그림 1.1). 함수

$$f : \mathbb{E}^n \to \mathbb{E}^n$$

("f는 $\mathbb{E}^n$에서 $\mathbb{E}^n$으로의 함수"라 읽음)는 각 점 $P \in \mathbb{E}^n$을 취하여 새로운 위치 $f(P) \in \mathbb{E}^n$으로 옮긴다.[1)] S가 점들의 집합일 때, S에 속한 모든 점들에 대해 함수 f를 작용하여 얻는 점들의 집합을 다음과 같이 나타낸다.

$$f(S) = \{f(P) \mid P \in S\}$$

1.2 등거리 변환과 합동

기호 PQ는 "점 P로부터 점 Q까지의 거리"를 의미한다. $\mathbb{E}^n$에서 가장 중요한 함수는 거리를 보존하는 함수이다.

정의 1.2.1 (등거리 변환) 함수 $f : \mathbb{E}^n \to \mathbb{E}^n$가 $\mathbb{E}^n$의 임의의 점 P와 Q에 대해 다음을 만족할 때 f를 **등거리 변환**이라 한다.

$$f(P)f(Q) = PQ$$

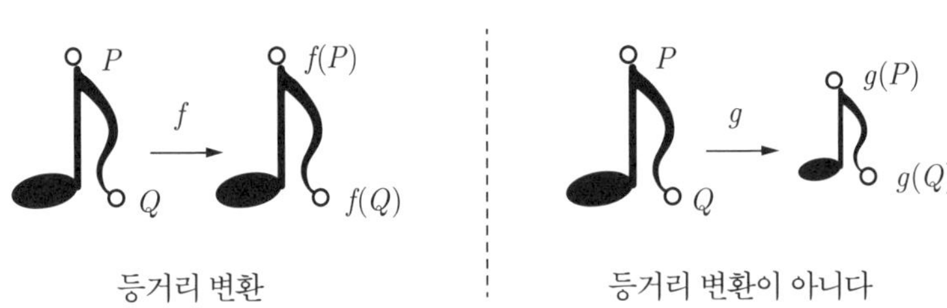

그림 1.1. 유클리드 공간에서의 함수

1) $f(P) = P$인 경우도 허용된다.

유클리드 공간의 등거리 변환은 종종 "유클리드 등거리 변환", "유클리드 운동" 또는 "유클리드 변환"으로 불린다.

도형에서 가장 친숙한 기하적 성질, 예를 들어 길이, 넓이, 부피, 각의 크기 등은 거리로부터 유도된 것이다. 다각형[2]의 길이는 이웃한 꼭짓점 사이의 거리를 합한 것이고, 좀 더 일반적인 곡선의 길이는 다각형을 근사시켜 계산한 값이다. 각(라디안)은 단위 원의 각에 해당하는 호의 길이를 재서 측정한다. 직사각형의 넓이는 가로와 세로의 곱이고, 직육면체 상자의 부피는 (가로) × (세로) × (높이)이고, 일반적인 영역의 넓이 또는 부피는 작은 직사각형 또는 상자를 채워서 근사적으로 구한다.

등거리 변환은 거리를 보존하기 때문에 길이, 각, 넓이와 부피를 보존한다. 즉 **등거리 변환은 모든 기하학적 도형의 크기와 모양을 보존한다.**

보기 1.2.1 선분 $\overline{PQ}$는 P와 Q를 잇는 가장 짧은 곡선이다. f가 등거리 변환이면 길이를 보존하므로 $f(\overline{PQ})$도 $f(P)$와 $f(Q)$를 잇는 가장 짧은 곡선이 된다. 그러므로 $f(\overline{PQ})$도 다음과 같은 선분임을 알 수 있다.

$$f(\overline{PQ}) = \overline{f(P)f(Q)}$$

정의 1.2.2 (합동) 두 부분 집합 $A, B \subset \mathbb{E}^n$에 대해 $f(A) = B$를 만족하는 등거리 변환 f가 존재하면 A와 B는 **합동**이라 하고 기호로는 다음과 같이 나타낸다.

$$A \cong B$$

문제 1.2.1 a) 등거리 변환은 일대일 함수임을 보여라.(다른 말로 하면, f가 등거리 변환이고 P와 Q가 $P \neq Q$인 점일 때 $f(P) \neq f(Q)$임을 보여라.)

b) f가 등거리 변환이고 역함수 f^{-1}이 존재한다고 가정하자. 이때 f^{-1}도 등거리 변환임을 보여라.(문제 1.10.2는 등거리 변환의 역함수가 항상 존재함을 보여준다.)

문제 1.2.2 $C \subset \mathbb{E}^2$를 중심 P이고 반지름 r인 원이라 하자. 이 때, 등거리 변환 $f : \mathbb{E}^2 \to \mathbb{E}^2$에 대해 $f(C)$가 중심 $f(P)$이고 반지름 r인 원임을 증명하여라. (**도움말:** 중심 $f(P)$이고 반지름 r인 원을 C'이라 하고 $f(C) \subset C'$와 $f^{-1}(C') \subset C$가 성립함을 보여라. 여기서 f가 역함수를 갖고 f^{-1}이 등거리 변환임을 가정해도 된다.)

---

[2]다각형은 "평면에서 유한 개의 선분들이 차례로 이어져 이루어진 닫힌 경로"로 정의되는데, 여기서는 닫히지 않은 경로도 포함하는 것으로 한다.

1.3 평면에서의 반사

모든 유클리드 등거리 변환은 세 가지 기본적인 유형(반사, 평행 이동, 그리고 회전)의 합성이다.

$\mathbb{E}^2$에서 P를 점, L을 직선이라 하자. P로부터 L에 수직선 M을 긋자. P의 L에 대한 반사는 L에 대해 P와 반대 쪽에 놓여 있고 L까지의 거리가 P와 동일한 점 $P' \in M$를 말한다. ($P \in L$인 경우에는 $P' = P$이다. 그림 1.2 참조)

도형 전체를 반사시키고 싶을 때에는 도형의 모든 점을 반사시키면 된다.

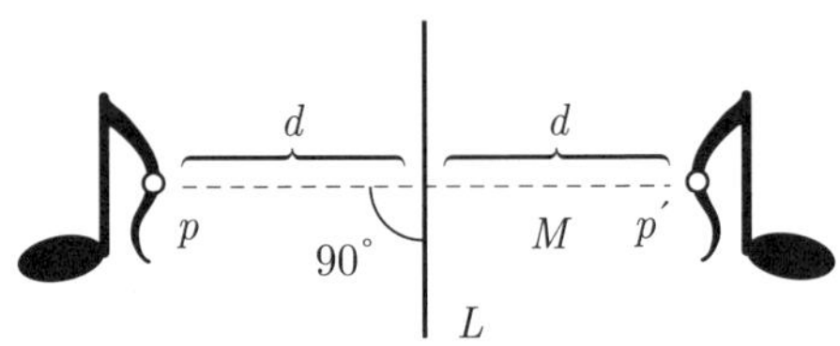

그림 1.2. 직선에 대한 반사

도형을 반사시키는 방법에는 아래와 같이 세 가지가 있는데 이들은 모두 같은 결과를 가져온다.

1. 삼차원 공간에서 L을 중심으로 평면을 180° 회전시키는 것처럼 뒤집어 포갠다. 동등한 방법으로 L을 따라서 평면을 접은 다음 반대쪽의 도형을 복사한다. (그림 1.3을 참조하라. 이 방법은 반사가 왜 등거리 변환인지를 설명해준다. 왜냐하면 단순히 평면을 회전시키는 것은 평면에 있는 도형의 크기나 모양을 바꾸지 않기 때문이다.)

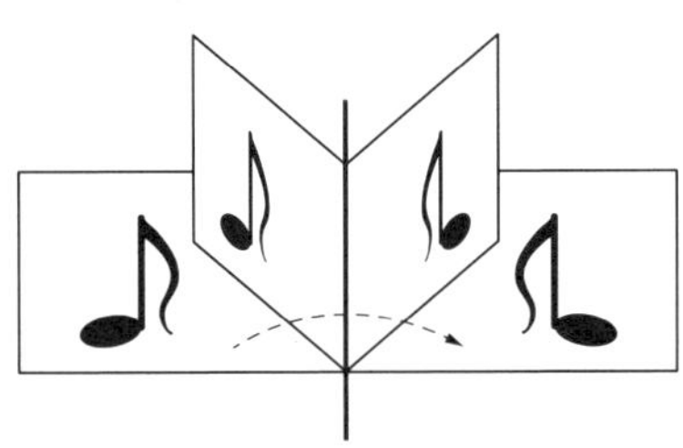

그림 1.3. 뒤집음에 의한 반사

2. "자와 컴퍼스에 의한 작도". $P \notin L$이면 중심이 L에 있고 P를 지나는 두 원을 그린다(아무 원이나 상관없다). 이 때 두 원은 L에 대해 반대쪽 다른 점에서 만나는 데 이 점이 바로 P의 반사이다(그림 1.4).

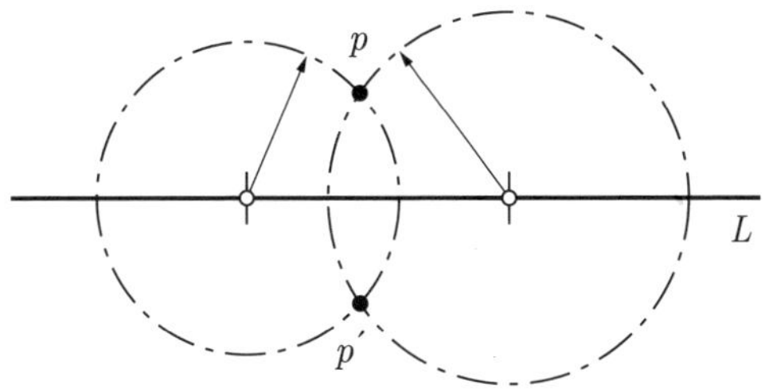

그림 1.4. 자와 컴퍼스에 의한 작도

자와 컴퍼스에 의한 작도는 직선 L에 대한 반사가 L에 중심을 둔 원을 보존한다는 사실에 그 기반을 두고 있다. C를 중심이 $Z \in L$인 원이라 하고 f를 L에 대한 반사라 하자. $Z \in L$이므로 $f(Z) = Z$이고, f가 거리를 보존하므로 임의의 점 Q에 대해 $f(Q)Z = QZ$가 성립한다. 특히 $Q \in C$이면 $f(Q)$는 또한 C에 놓이게 된다. 이러한 사실이 자와 컴퍼스에 의한 작도에 나오는 두 원에 대해 모두 성립하므로 f는 두 원의 교점을 다른 교점으로 보내게 된다.

3. $\mathbb{R}^2$에서 x축에 대한 반사는 다음과 같은 공식으로 주어진다.

$$f(x, y) = (x, -y)$$

문제 1.3.1 $\mathbb{R}^2$에서 임의의 직선 $ax + by + c = 0$에 대한 반사의 공식을 a, b, c를 사용하여 나타내어라.

문제 1.3.2 a) 평면에서 임의의 두 원은 중심 사이의 거리와 반지름에 따라 정확히 두 점 또는 한 점에서 만나거나, 만나지 않음을 보여라.

(**도움말**: 원의 방정식을 써보고 이들의 연립방정식을 풀어보아라. 두 원의 중심이 x축에 놓이도록 좌표를 설정하면 계산은 어렵지 않을 것이다.)

b) $\mathbb{E}^2$에서 두 원이 두 점에서 만나면 두 원의 중심을 잇는 직선은 두 교점을 연결하는 선분을 수직 이등분함을 보여라.

1.4 공간에서의 반사

$\mathbb{E}^3$에서 P를 한 점, H를 한 평면이라 하자. P에서 H에 수직선 M을 그어라. H에 대한 P의 반사는 M에 있는 점 P'으로, 이 때 P'은 H에 대해 P와 반대 쪽에 놓여 있고 P'과 H 사이의 거리는 P와 H 사이의 거리와 같다($P \in H$이면 $P' = P$이다. 그림 1.5 참조).

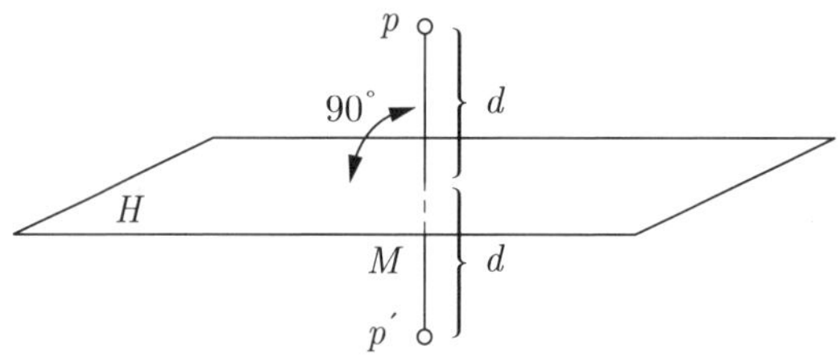

그림 1.5. 평면에 대한 반사

$\mathbb{R}^3$ 에서 xy 평면에 대한 반사는 다음 공식과 같이 주어진다.

$$f(x,y,z) = (x,y,-z)$$

문제 1.4.1 $\mathbb{R}^3$ 에서 평면 $x+2y+3z+4=0$ 에 대한 반사의 식을 찾아라.

문제 1.4.2 모든 반사($\mathbb{E}^2$ 또는 $\mathbb{E}^3$ 에서)가 자기 자신의 역함수임을 보여라. 즉 $f:\mathbb{E}^n \to \mathbb{E}^n$ 이 반사이면($n=2$ 또는 $n=3$) $f^{-1}=f$ 임을 보여라.

벡터

벡터는 $\mathbb{E}^n$ 또는 $\mathbb{R}^n$ 에서 한 점으로부터 다른 점까지의 유향 선분이다. 두 벡터가 같은 길이와 동일한 방향을 가지면 **동등하다**고 한다(이 때, 두 벡터는 동일한 것으로 여길 것이다). 벡터를 나타내는 기호로는 점의 표기인 $(x_1,\ldots,x_n)\in\mathbb{R}^n$ 과 동일한 기호 $(x_1,\ldots,x_n)$ 을 사용하고, 이 때 이 벡터는 시점이 원점이고 끝점이 $(x_1,\ldots,x_n)$ 인 것으로 생각한다(그림 1.6).

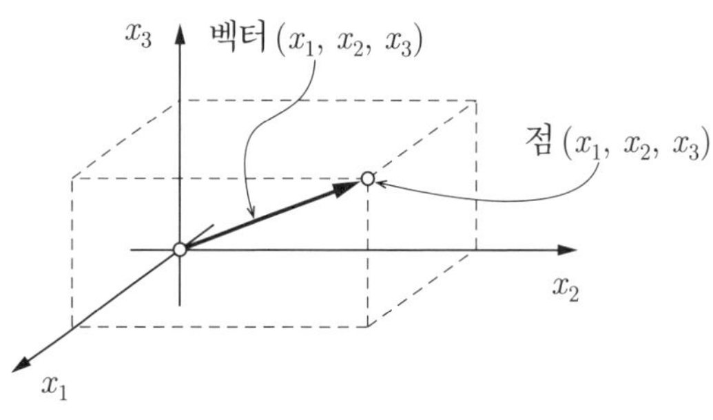

그림 1.6. $\mathbb{R}^3$ 에서 벡터와 점

벡터는 끝점끼리 연결하여 서로 더하거나 빼질 수 있다(그림 1.7). 벡터는 또한 점과 더하여 질 수 있다. P 와 Q 가 $\mathbb{E}^n$ 의 점이고 $\vec{v}$ 가 P 로부터 Q 까지의 벡터라 하면 그림 1.7에서처럼 다음을 얻는다.

$$Q=P+\vec{v},\quad P=Q-\vec{v},\quad \vec{v}=\overrightarrow{PQ}=Q-P$$

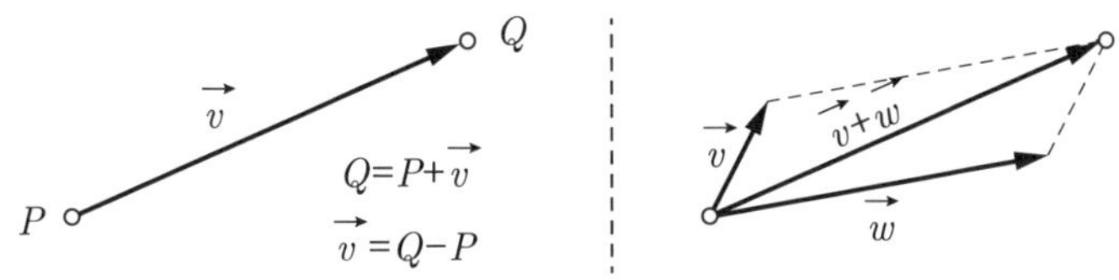

그림 1.7. 벡터를 점과 벡터에 더하기

평면에서의 향

평면에서 반사는 직선에 거울이 있는 것처럼 대상의 거울 상을 만든다. 반사된 글씨는 원래 글씨와 같은 크기이고 모양이 같다. 그런데 **향**이 바뀌어 읽기가 어렵다. 여기서 "향"이란 회전 방향의 선택이다(평면에서 시계 방향 또는 반시계 방향). 반사는 시계 방향을 반시계 방향으로 또는 그 반대로 바꿈으로써 향을 뒤바꾼다(그림 1.8).

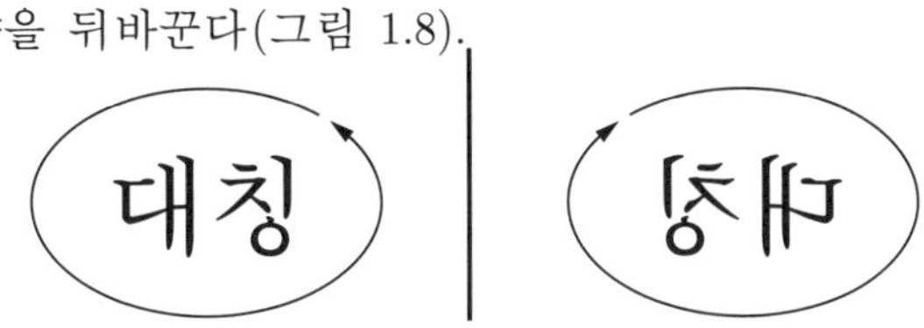

그림 1.8. 반사는 향을 뒤바꾼다

공간에서의 향

$\mathbb{E}^3$에서 향은 "오른손 법칙"을 사용하여 결정된다(그림 1.9). $\mathbb{E}^3$의 영 아니고 서로 평행이 아닌 세 벡터의 순서쌍을 $(\vec{A}, \vec{B}, \vec{C})$로 나타내자. 이때, 오른 손의 엄지가 $\vec{A}$ 방향, 검지가 $\vec{B}$ 방향, 나머지 손가락이 $\vec{C}$ 방향이면 $(\vec{A}, \vec{B}, \vec{C})$는 **양의 향**이라고 한다. 나머지 손가락이 $-\vec{C}$ 방향이면 $(\vec{A}, \vec{B}, \vec{C})$는 **음의 향**이라고 한다.

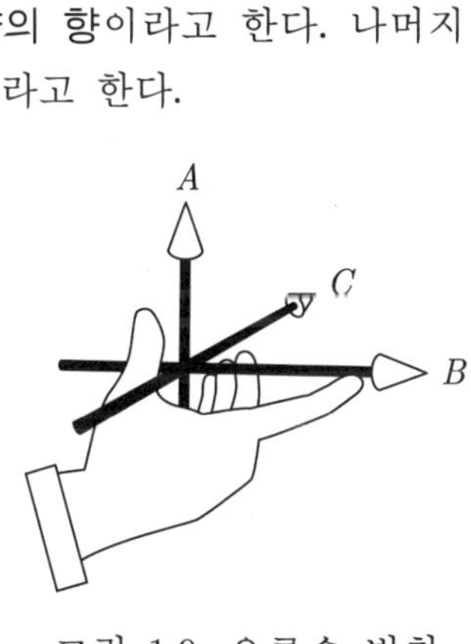

그림 1.9. 오른손 법칙

공간에서 반사는 양의 향인 세 벡터의 순서쌍을 음의 향인 순서쌍으로 또는 그 반대로 바꿈으로써 향을 뒤바꾼다.

1.5 평행 이동

평행 이동은 물체를 회전시키거나 향을 바꾸지 않고 곧은 직선을 따라 옮긴다(그림 1.10). 한편, $\mathbb{E}^n$의 벡터와 평행 이동 사이에는 일대일 대응이 존재한다. 이 때 벡터 $\vec{v} \in \mathbb{R}^n$에 대응된 평행 이동 T는 다음과 같이 각 점에 $\vec{v}$를 더하는 것처럼 작용한다.

$$T(P) = P + \vec{v}$$

이 때, $\vec{v}$를 T의 **변위 벡터**라 부른다.

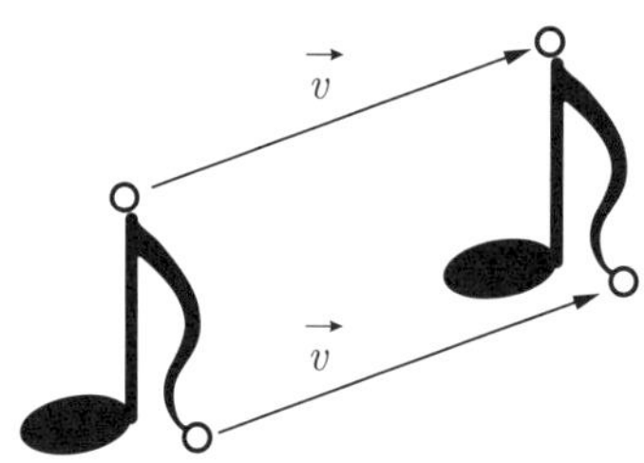

그림 1.10. 평행 이동

좌표를 사용하여 $\vec{v} = (v_1, \ldots, v_n)$이라 하면 평행 이동은 다음과 같다.

$$T(x_1, \ldots, x_n) = (x_1 + v_1, \ldots, x_n + v_n)$$

문제 1.5.1 네 점 $(0,0)$, $(1,0)$, $(1,1)$, $(0,1)$을 꼭짓점으로 갖는 정사각형을 S라 하고 T를 벡터 $\vec{v} = (2,5)$에 대응된 평행 이동이라 하자. 이 때, $T(S)$를 구하여라.

평행 이동의 합성은 벡터의 합에 해당한다. $T_{\vec{v}}$를 $\vec{v}$에 의한 평행 이동, $T_{\vec{w}}$를 $\vec{w}$에 의한 평행 이동이라 하면 $T_{\vec{v}} \circ T_{\vec{w}}$는 합 $\vec{v} + \vec{w}$에 의한 평행 이동이다. 즉 다음이 성립한다.

$$T_{\vec{v}} \circ T_{\vec{w}} = T_{\vec{v}+\vec{w}}$$

평행 이동 $T_{\vec{v}}$의 역함수도 다음과 같은 평행 이동이다.

$$T_{\vec{v}}^{-1} = T_{-\vec{v}} \tag{1.1}$$

다음 정리는 평행 이동이 반사들의 합성으로 표현됨을 보여준다.

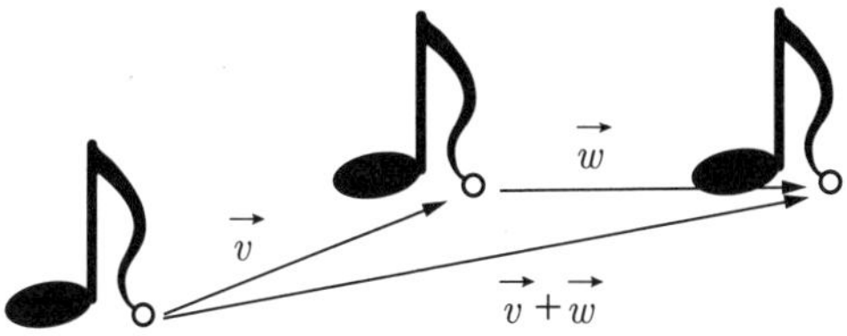

그림 1.11. 평행 이동의 합성

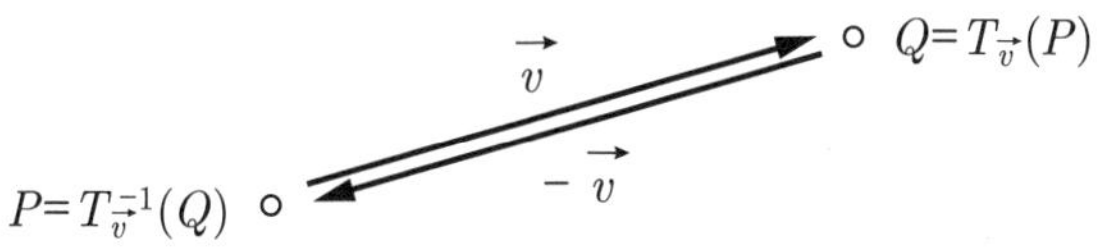

그림 1.12. 평행 이동의 역함수

정리 1.5.1 $\mathbb{E}^2$에서 평행한 두 직선 L_1과 L_2에 대해 $\vec{v}$를 L_1에 있는 한 점을 시점으로 L_2에 있는 한 점을 종점으로 하는 벡터로 두 직선과는 각각 수직으로 만난다고 하자. 그리고 f_1을 L_1에 대한 반사, f_2를 L_2에 대한 반사라 하자. 그러면 합성 $f_2 \circ f_1$은 벡터 $2\vec{v}$에 의한 평행 이동이다.

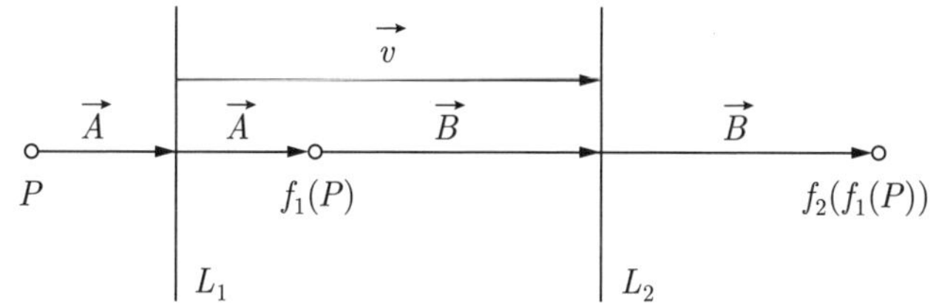

그림 1.13

증명. (그림 1.13 참조). P를 임의의 점이라 하자. $\vec{A}$와 $\vec{B}$를 두 직선에 수직인 벡터로, $\vec{A}$는 P를 시점으로 L_1의 한 점을 종점으로 하고 $\vec{B}$는 $f_1(P)$를 시점으로 L_2의 한 점을 종점으로 한다고 하자. 그러면 다음을 얻는다.

$$\begin{aligned} P+\vec{A} &\in L_1, \\ P+2\vec{A} &= f_1(P), \\ P+2\vec{A}+\vec{B} &\in L_2, \\ P+2\vec{A}+2\vec{B} &= f_2(f_1(P)) \end{aligned}$$

$\vec{A}+\vec{B}$는 L_1의 점을 시점으로 L_2의 점을 종점으로 하는 벡터로 볼 수 있고, 세 벡터 $\vec{v}$, $\vec{A}$, $\vec{B}$는 모두 L_1과 L_2에 수직이므로 $\vec{v}=\vec{A}+\vec{B}$임을 알 수 있다.

그러므로 임의의 점 P에 대해 $f_2(f_1(P)) = P + 2\vec{v}$가 성립한다. 이것으로 증명을 마친다. □

$\mathbb{E}^3$에서 평행한 평면에 대한 반사에 대해서도 비슷한 정리와 비슷한 증명이 성립한다.

문제 1.5.2 정리 1.5.1에서 $f_1 \circ f_2$를 기술하여라.

문제 1.5.3 $\mathbb{E}^2$에서 직선 L과 L에 평행한 벡터 $\vec{v}$에 대해 다음이 성립함을 보여라.

$$T_{\vec{v}} \circ f_L = f_L \circ T_{\vec{v}} \qquad (f_L\text{은 직선 } L\text{에 대한 반사})$$

위 문제에서의 변환 $T_{\vec{v}} \circ f_L$을 L과 $\vec{v}$에 의한 **미끄럼 반사**라 한다.

1.6 회전

평면에서의 회전

평면에서의 회전은 주어진 점(**회전 중심**) 주위로 평면을 돌리는 것으로 작용한다. 그러므로 $\mathbb{E}^2$에서의 회전을 완벽하게 설명하려면 두 가지 데이터, 한 점과 각이 필요하다. 반시계 방향으로의 회전은 양의 각으로 돌리는 것이고, 시계 방향의 회전은 음의 각으로 돌리는 것이다.

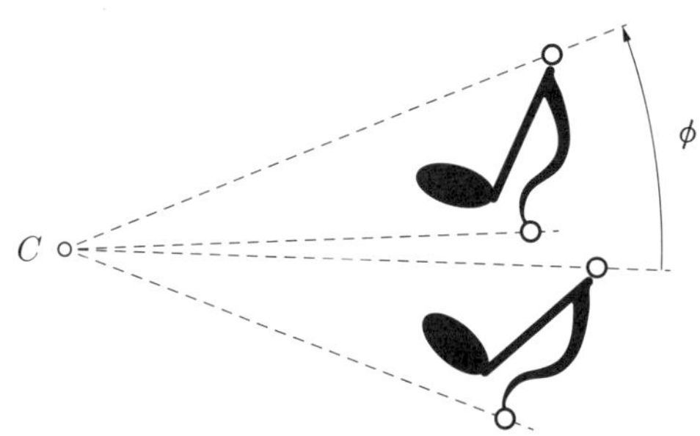

그림 1.14. 회전

앞으로 종종 다음의 기호를 사용할 것이다.

$$R_{C,\phi} = (\text{중심 } C\text{와 각 } \phi\text{에 의한 회전})$$

xy평면에서 원점 O를 중심으로 각 ϕ 만큼의 회전은 다음 공식과 같다.

$$R_{O,\phi}(x, y) = (x\cos\phi - y\sin\phi,\ x\sin\phi + y\cos\phi)^{3)}$$

위의 식을 확인하기 위해 (x, y)를 다음과 같이 극 좌표 (r, θ)로 나타내자.

$$x = r\cos\theta, \quad y = r\sin\theta$$

그러면 삼각 함수의 덧셈 공식(문제 1.8.9)에 의해 다음을 얻는다.

$$\begin{aligned} R_{O,\phi}(x,y) &= (r\cos(\theta+\phi),\ r\sin(\theta+\phi)) \\ &= (r(\cos\theta\cos\phi - \sin\theta\sin\phi),\ r(\cos\theta\sin\phi + \sin\theta\cos\phi)) \\ &= (x\cos\phi - y\sin\phi,\ x\sin\phi + y\cos\phi) \end{aligned}$$

회전의 역함수는 다음과 같이 중심이 동일하고 각이 반대 부호인 회전이다.

$$\left(R_{P,\phi}\right)^{-1} = R_{P,-\phi} \tag{1.2}$$

그리고 동일한 회전 중심 P에 의한 두 회전의 합성은 다음과 같다.

$$R_{P,\phi_1} \circ R_{P,\phi_2} = R_{P,(\phi_1+\phi_2)}$$

다음 문제는 평행 이동 처럼 회전도 반사의 합성으로 표현됨을 보여준다.

문제 1.6.1 $\mathbb{E}^2$에서 두 직선 L_1, L_2가 점 P에서 만난다고 하자. 그리고 f_1은 L_1에 대한 반사이고 f_2는 L_2에 대한 반사라 하자. 이 때 합성 $f_2 \circ f_1$은 P를 중심으로 하는 회전으로 회전각은 두 직선이 이루는 각, 즉 L_1에서 L_2까지 잰 각의 두 배임을 보여라. (**도움말**: 정리 1.5.1의 증명을 모방하여라.)

문제 1.6.2 임의의 점 $(a, b) \in \mathbb{R}^2$를 중심으로 각 ϕ 만큼의 회전에 대한 공식을 구하여라.

공간에서의 회전

삼차원 공간에서의 회전 $R_{A,\phi}$는 각 ϕ와 축 A에 의해 결정된다. 여기서 A는 **유향 직선**(방향이 주어진 직선)이다. 축의 방향은 "오른손 법칙"에 의해 양의 회전 방향을 결정한다. 즉 오른손의 엄지가 축의 방향을 가르키면 나머지 손가락이 굽는 방향을 양의 회전 방향으로 한다. 그림 1.9를 참조하라.

---

[3] $R_{O,\phi}$를 행렬로 나타내면 다음과 같다.

$$R_{O,\phi}(x,y) = \begin{pmatrix} \cos\phi & -\sin\phi \\ \sin\phi & \cos\phi \end{pmatrix} \begin{pmatrix} x \\ y \end{pmatrix}$$

예를 들어 z 축을 중심으로 양의 각 ϕ만큼 회전하는 경우 z 축의 방향이 양의 방향이면, x 축의 양의 방향에서 y 축의 양의 방향으로 ϕ만큼 회전한다. z 축의 방향이 음의 방향인 경우 그 반대이다.

평행 이동과 회전이 향을 보존하는 것을 알아보자. 먼저 평행 이동과 회전은 두 반사의 합성으로 표현된다.(정리 1.5.1과 문제 1.6.1) 이 때 각각의 반사는 향을 뒤바꾸지만 향이 두 번 바뀌면 서로 상쇄되어 결국에는 처음 향으로, 즉 향이 보존되는 것을 알 수 있다.

1.7 응용과 보기

보기 1.7.1 한 소년이 시냇가에서 물을 길어 집에 가져가려 한다. 이 때, 냇가로 갔다가 집으로 가는 가장 짧은 길을 찾으려고 하는데 어떻게 찾을 수 있을까?(그림 1.15 참조)

물론, 소년이 짧은 길로 가려면 냇가의 한 점까지 직선으로 가서 양동이를 가득 채우고 직선의 길을 따라 집에 가야 한다. 냇가의 어느 점으로 가야 하는가?

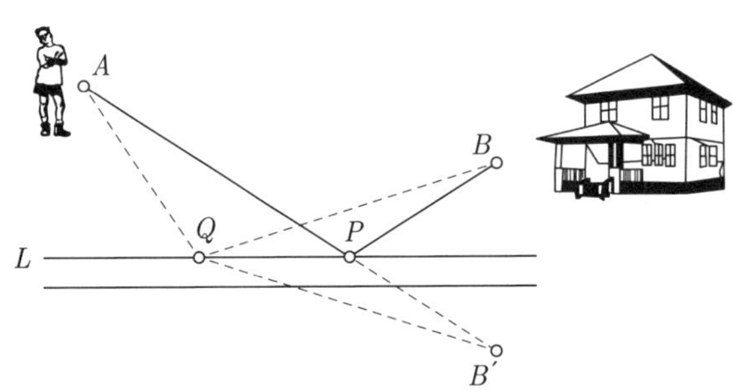

그림 1.15. 가장 짧은 길은?

풀이. 소년이 있는 지점을 A라 하고 그의 집을 B라 하자. 그리고 냇가를 직선 L이라 하자. 또한 A와 B는 L에 대해 같은 쪽에 있다고 가정하자(서로 반대 쪽에 있는 경우는 답이 명백하기 때문에).

주장 1.7.1 B'을 L에 대한 B의 반사라 하고 다음과 같이 점 P를 선택하자.

$$P = \overline{AB'} \cap L$$

그러면 APB가 가장 짧은 길이다.[4)]

---

4) $A_1, A_2, \ldots, A_n$을 점열이라 하면 $A_1A_2\cdots A_n$은 선분들의 합집합으로 다음과 같다.

$$A_1A_2\cdots A_n = \overline{A_1A_2} \cup \overline{A_2A_3} \cup \cdots \cup \overline{A_{n-1}A_n}$$

증명. P아닌 다른 점 $Q \in L$에 대해 $AP+PB < AQ+QB$임을 보이면 충분하다. 반사는 거리를 보존하므로 $QB = QB'$이다. 그러므로 다음이 성립한다.

$$AQ + QB = AQ + QB'$$

같은 이유로 $PB = PB'$이고 다음이 성립한다.

$$AP + PB = AP + PB'$$

그런데 A, P, B'은 한 직선에 놓여 있고 A, Q, B'은 그렇지 않으므로 다음이 성립함을 알 수 있다.

$$AP + PB' < AQ + QB'$$

따라서 다음을 얻는다.

$$AP + PB < AQ + QB$$

이로써 주장의 증명을 마친다. □

문제 1.7.1 L을 평면의 한 직선이라 하고 B를 L에 있지 않는 한 점이라 하자. 그리고 B'은 L에 대한 B의 반사라 하고 $Q = \overline{BB'} \cap L$이라 하자. 이 때, Q가 B에서 L에 있는 점까지의 거리를 가장 짧게 하는 점임을 보여라.

문제 1.7.2 보기 1.7.1에서 $A = (0,\ 2)$, $B = (6,\ 1)$이라 하고, L은 x축이라 하자. 이 때 P를 구하여라.

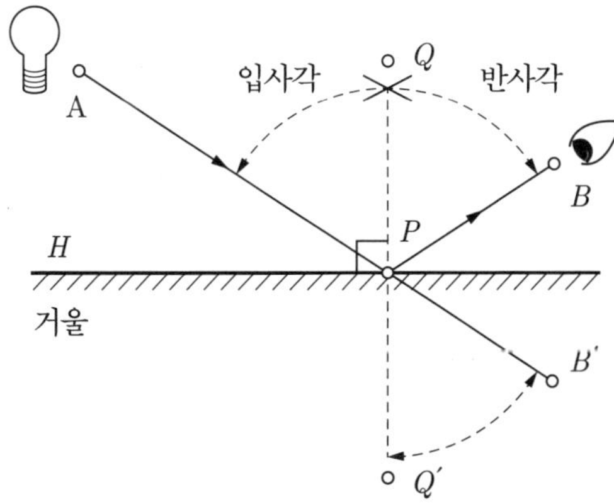

그림 1.16. 거울에 대한 반사

광선이 평면 거울에 반사될 때 들어 오는 광선과 거울에 수직인 직선 사이의 각인 **입사각**은 반사되어 나오는 광선과 거울에 수직인 직선 사이의 각인 반사각과 동일하다(그림 1.16). 이때 입사 광선, 반사 광선, 그리고 거울 표면에 수직인 직선은 모두 한 평면에 놓여 있다.

점 A로부터 평면 거울에 대해 같은 쪽에 있는 점 B까지 빛 줄기를 반사시키려면 평면 거울에 대한 B의 반사 B'으로 빛을 향하게 하여야 한다. 왜 그런지 알아보자. H를 거울의 평면이라 하고 B'을 H에 대한 B의 반사라 하자. 그리고 $P = \overline{AB'} \cap H$라 하자. Q를 $\overleftrightarrow{QP}$가 H에 수직이고 H에 대해 A와 같은 쪽에 놓여 있는 점이라 하고, Q'을 H에 대한 Q의 반사라 하자. 반사는 각을 보존하므로 다음이 성립한다.

$$\angle BPQ = \angle B'PQ'$$

또한 $\angle B'PQ'$와 $\angle APQ$는 "맞꼭지각"(P를 중심으로 180° 회전하면 평면 $\overline{APB}$는 $\angle B'PQ'$를 $\angle APQ$와 일치시킨다.)이므로 다음이 성립한다.

$$\angle B'PQ' = \angle APQ$$

그러므로 $\angle APQ = \angle BPQ$이고, 따라서 빛은 경로 APB를 따라 진행한다.

참고. 보기 1.7.1의 논의로부터 APB가 A에서 거울을 거쳐 B까지 가는 가장 빠른 경로란 걸 알 수 있다. 이것은 헤밀턴의 "최소 작용 원리"의 한 예이다. 최소 작용 원리는 물리학에서 중요한 원리 중의 하나로 "물질파"와 같은 이상한 것을 포함하여 모든 종류의 파동은 물리적 양("작용")을 최소화하는 길로 진행하려는 성질이 있다는 것을 말한다. 관심 있는 독자에게는 양자 역학에서 최소 작용 원리의 역할을 간단하고 직관적으로 설명하는 리처드 파인만의 유명하고 작은 책 QED[8]을 추천한다.

보기 1.7.2 두 개의 거울이 70°의 각으로 만난다(그림 1.17). 거울 사이에서 있는 사람의 눈이 점 B에 있고 점 A에 위치한 물체의 상을 찾고 있다. 물체의 상은 몇 개나 찾을 수 있을까? 이들 상은 어느 방향에 얼마나 멀리 떨어져서 존재하는가?

상황을 간단히 하기 위해, A와 B가 두 거울의 교선에 수직인 평면에 놓여 있다고 가정하자. 이렇게 가정함으로써 주어진 문제를 평면 기하학의 문제로 다룰 수 있다. H를 두 거울에 모두 수직인 평면이라 하면 A로부터 B까지 반사 되어 오는 동안의 광선 경로는 H에 놓여 있게 된다.

그림 1.17은 A의 상이 다섯 개임을 보여준다. 이들 상은 B에 있는 관찰자가 볼 수 있는 위치에 있는 것을 알 수 있다. A는 관찰자에게 직접적으로 보여지므로 그 자신이 하나의 "상"이다. 다른 상은 A로부터 첫번째 거울

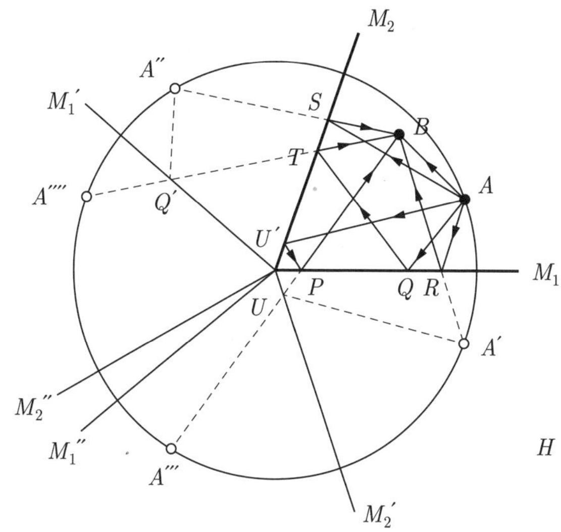

그림 1.17. 다중 반사

M_1에 반사되어 B로 가는 광선에 의해 만들어진다. 이 상은 M_1에 대한 A의 반사인 A'의 위치에서 관찰된다. 왜냐하면 반사된 빛이 A'과 같은 방향에서 오고 거리는 $A'B$와 같기 때문이다. 같은 방법으로 길 ASB를 따라 진행한 빛은 M_2에 대한 A의 반사인 A''의 위치에서 관찰되는 상을 만든다.

상 A''''는 다음과 같이 만들어진다. M_1'은 M_2에 대한 M_1의 상이다. A''''은 M_1'에 대한 A''의 반사이다. $\overline{A''''B}$는 M_1'과 Q'에서 만나고 M_2와는 T에서 만난다. $\overline{A''''Q'}$을 M_1'에 대해 반사시키면 $\overline{A''Q'}$이 된다. 그리고 경로 $A''Q'T$를 M_2에 반사시키면 경로 AQT가 된다. 따라서 빛은 A로부터 경로 $AQTB$를 따라 B까지 반사되고, 상은 A''''에 위치한 것처럼 보인다.

같은 방법으로 A'''에 놓인 상을 만들기 위해 빛은 경로 $AU'PB$를 따라 반사된다. M_2'은 M_1에 대한 M_2의 반사이고, A'''은 M_2'에 대한 A'의 반사이다. $U = \overline{A'''B} \cap M_2'$, $P = \overline{A'''B} \cap M_1$이라 하면 $\overline{A'''U}$는 M_2'에 대해 $A'U$로 반사되고 $A'UP$는 M_1에 대해 $AU'P$로 반사된다.

위의 모든 반사는 평면을 접는 방법으로 만들 수 있다(5쪽 참조). 예를 들어 경로 $AU'PB$는 $\overline{A'''B}$를 M_2'을 따라 접고 그 다음에 M_1을 따라 접어서 얻은 결과이다. 또는 $\overline{A'''B}$는 $AU'PB$를 M_1을 따라 펼치고 M_2'을 따라 펼쳐서 얻어지는 것으로도 생각할 수 있다.

이러한 접는 방법은 위에서 찾은 다섯 개의 상 이외에는 반사가 가능하지 않다는 것을 알아내기 쉽게 해준다. 경로를 펼치면 빛이 반사된 점들(예를 들어 $AU'PB$에서 U'과 P)은 거울을 통과하는 펼쳐진 직선의 점들(예를 들어 $\overline{A'''B}$에서 U와 P)이 된다. 계속해서 펼쳐나가면 A의 상들($AU'PB$

를 펼치면 A', A''')은 모두 B로부터 두 거울이 만나는 점까지를 잇는 직선의 한쪽에 놓이게 된다. 이렇게 되면 A의 상을 이 직선의 한쪽에서 다른 쪽으로 보내지 않고는 새로운 상을 만들기가 불가능하므로 더 이상의 상은 없다고 생각할 수 있다.

반사의 수, 즉 관찰자에게 보여지는 상의 개수는 다른 예에서는 달라진다. 이 수는 주요하게 두 거울 사이의 각에 의해 영향을 받는데 거울에 대해 상대적인 관찰자 (B)의 위치와 물건 (A)의 위치에 의해서도 영향을 받는다.

문제 1.7.3 보기 1.7.2에서 두 거울 사이의 각이 다음과 같을 때 빛이 진행할 수 있는 모든 경로를 찾아라.

a) 90° b) 60° c) 50°

d) A에서 B까지의 경로의 수를 구하는 공식을 두 거울 사이의 각과 점 A와 B의 위치에 관한 함수로 구할 수 있는가?

문제 1.7.4 보기 1.7.2의 논의에서 A와 B가 두 거울의 교선에 수직인 평면에 놓여 있지 않는 경우 무엇을 조정해야 하는가?

문제 1.7.5 당구대에서 마찰력을 무시하면 공은 빛과 같이 반사된다. 마찰력 없는 공이 세로가 가로의 두 배인 포켓 당구대의 중앙에 놓여 있다고 가정하자(그림 1.18).

a) 공이 당구대의 각 모서리에서 적어도 한번은 반사되면서 (최소 네 번의 반사) 구석의 포켓 C로 들어가도록 하려면 공을 어느 방향으로 쳐야 하는가? 마찰력은 무시하여라. (**도움말**: 당구대를 각 모서리를 따라 반복하여 반사시켜 그림 1.18와 같은 격자 모양을 만들고 적당한 직선을 접어서 경로를 완성하여라. 그림 1.18은 공이 세 번 반사하여 포켓 C로 가도록 치는 방법을 보여주고 있다.)

b) a)에서의 경로는 다섯 번 반사시키면 가능하고 네 번 반사로는 불가능함을 보여라.

보기 1.7.3 ([22]의 10쪽 problem 2를 참조) 강의 양쪽에 있는 두 마을 A와 B를 연결하는 도로를 건설할 계획이다. 강을 건너는 다리는 강둑에 수직이 되게 만들려고 한다. 이때, 도로의 총 길이를 가장 작게 하려면 다리를 어디에 놓아야 하는가?(그림 1.19 참조)

풀이. $\vec{v}$를 강에 수직인 벡터로 시점이 A쪽 강둑의 한 점이고, 종점이 B쪽 강둑의 한 점이라고 하자. 그리고 $A' = A + \vec{v}$라 정하자. 그러면 다리는 $\overline{A'B}$와 B쪽의 강둑이 만나는 지점 P'에 건설되어야 한다.

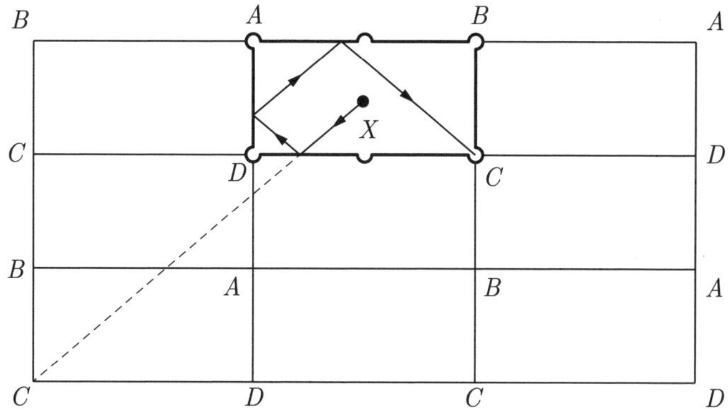

그림 1.18. 포켓 당구

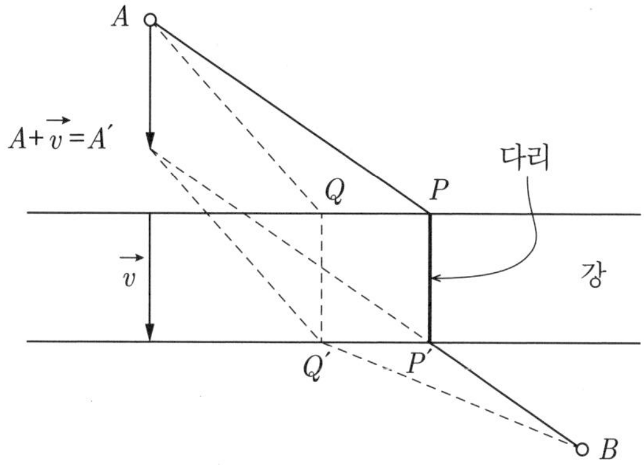

그림 1.19. 두 마을 사이의 다리

증명. 다른 곳에 다리를 만들면 도로의 길이가 더 길어지는 것을 보여야 한다. P'에서 건설된 다리는 P'으로부터 반대편 강둑에 있는 점 $P = P' - \vec{v}$까지이다. 이때 도로의 총 길이는 다음과 같다.

$$AP + |\vec{v}| + P'B$$

(기호: $|\vec{v}|$는 벡터 $\vec{v}$의 길이를 나타낸다.)

Q'을 P'과 다른 B쪽 강둑의 한 점이라 하고 $Q = Q' - \vec{v}$는 반대편 상륙의 대응되는 점이라 하자. 다리가 Q'에 건설되면 도로의 총 길이는 다음과 같다.

$$AQ + |\vec{v}| + Q'B$$

$\vec{v}$만큼 평행 이동하여 $\overline{AP}$를 $\overline{A'P'}$과, $\overline{AQ}$를 $\overline{A'Q'}$과 일치시키자. 그러면 다음

을 얻는다.

$$AP + |\vec{v}| + P'B = A'P' + |\vec{v}| + P'B,$$
$$AQ + |\vec{v}| + Q'B = A'Q' + |\vec{v}| + Q'B$$

그런데 A', P', B는 한 직선에 있는 점이므로 다음이 성립한다.

$$A'P' + P'B < A'Q' + Q'B$$

그러므로 $A'P' + |\vec{v}| + P'B < A'Q' + |\vec{v}| + Q'B$가 성립하고, 따라서 $APP'B$가 가장 짧은 도로임을 알 수 있다. □

문제 1.7.6 두 마을 사이에 여러 개의 강이 있는 경우 도로를 가장 짧게 하기 위해서는 각 강의 어디에 다리를 만들어야 하는가?(그림 1.20) 제시한 방법이 가장 짧음을 증명하여라.

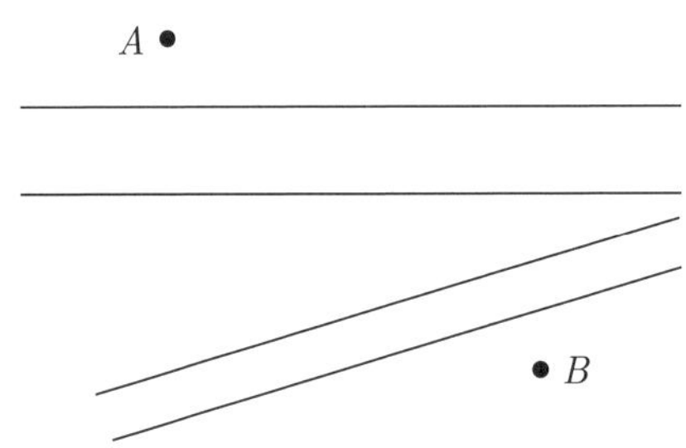

그림 1.20. 두 마을 사이의 두 개의 강

보기 1.7.4 임의의 삼각형 $\triangle ABC$에 대해 각 변에 바깥쪽으로 정삼각형 $\triangle A'BC$, $\triangle AB'C$, $\triangle ABC'$을 붙이자(그림 1.21 참조). 그러면 다음이 성립한다.

$$AA' = BB' = CC'$$

증명. C를 중심으로 시계 방향으로 $60°$ 회전하면 B가 A'과, B'이 A와 일치한다. 이 때, 회전은 거리를 보존하므로 $BB' = A'A$임을 알 수 있다. 같은 방법으로 (B를 중심으로 $60°$ 회전) $CC' = A'A$를 얻을 수 있다. □

보기 1.7.4에서 세 직선 $\overleftrightarrow{AA'}$, $\overleftrightarrow{BB'}$, $\overleftrightarrow{CC'}$은 한 점에서 만나고 서로 $60°$의 각을 이룸이 알려져 있다(문제 1.9.2 참조). 이들 직선이 만나는 점 D는 또 다른 최소화 문제의 해이다. 즉 삼각형 $\triangle ABC$의 세 각이 모두 $120°$을

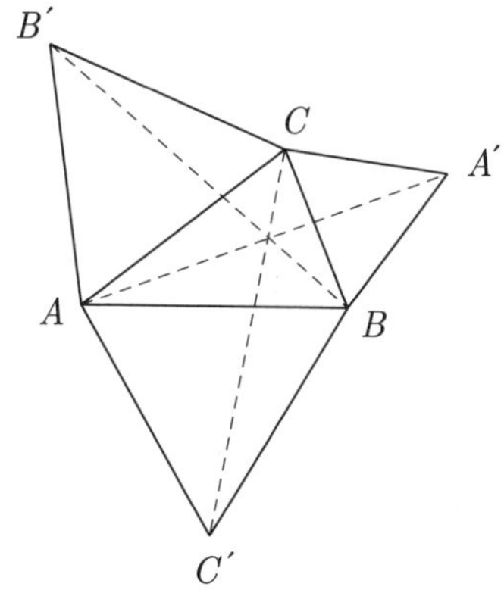

그림 1.21. 한 삼각형에 붙은 세 개의 정삼각형

넘지 않으면 삼각형 내부의 점 P에 대하여 거리의 합 $AP+BP+CP$를 최소로 하는 점은 D이다. 초등적인 증명은 [4]의 VII §5를 참조하여라.

1.8 고등학교 기하학의 주요 결과
: 평행선 공리, 삼각형의 각, 닮은 삼각형, 피타고라스 정리

$\mathbb{E}^n$에서 두 직선이 일치하거나 한 평면에 놓이면서 만나지 않을 때 이 두 직선은 **평행하다**고 한다.

평행선 공리

"$\mathbb{E}^n$에서 주어진 직선 L과 한 점 P에 대해 P를 지나고 L에 평행한 직선은 유일하다."

실제로, L의 한 점을 P로 보내는 평행 이동을 T라 하면 $T(L)$은 L과 평행하게 된다(그림 1.22).

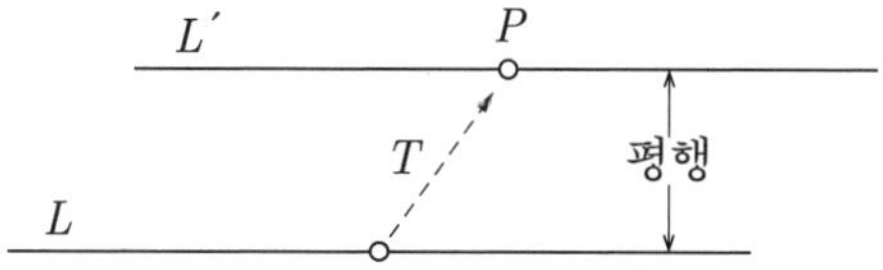

그림 1.22. 평행선 공리

평행선 공리는 유클리드 기하학의 공리 중에서 가장 쟁점이 되는 공리였다. 많은 학자들이 유클리드의 다른 공리로부터 평행선 공리를 유도해 낼 수 있을 것처럼 생각했다. 그러나 결국에는 다른 공리로부터 평행선 공리를 유도해 낼 수 없다는 것이 증명되었는데 이러한 과정에서 평행선 공리가 성립하지 않는 다양한 "비유클리드 기하학"이 고안되었다. 수학자들은 비유클리드 기하학에 관심을 가지고 연구하기 시작하였다. 어떤 비유클리드 기하학자들은 실질적인 응용을 발견하였는데 가장 유명한 것은 바로 아인슈타인의 일반 상대성 이론에서의 역할이다.

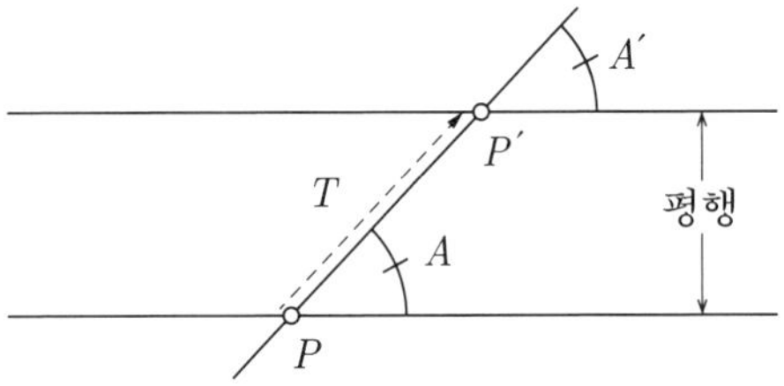

그림 1.23. 동위각

두 도형 A와 B가 합동(기호로 $A \cong B$)이란 것은 $T(A) = B$인 등거리 변환 T가 존재하는 것임을 기억하자.

평행한 두 직선 L과 L'이 다른 한 직선과 만날 때 **동위각** $\angle A$와 $\angle A'$이 만들어진다(그림 1.23). 이 때, 평행 이동 변환이 둘을 일치시키므로 동위각은 합동임을 알 수 있다.

역으로, $\angle A \cong \angle A'$이면 L과 L'이 평행하다. 그 이유를 알아보기 위해 P'을 지나고 L에 평행인 직선을 L''이라 하고 가로 지르는 직선과 L''사이의 각 중 $\angle A$의 동위각을 $\angle A''$이라 하자. 그러면 $\angle A'' \cong \angle A'$이 성립하고 $\angle A''$과 $\angle A'$은 동일한 꼭짓점을 갖으므로 두 각은 동일하다. 즉 $L'' = L'$이다. 그러므로 L'은 L과 평행이다.

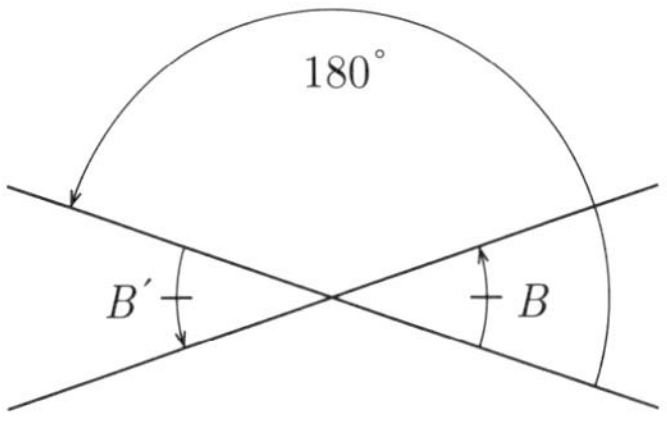

그림 1.24. 맞꼭지각

두 직선이 교차하면 두 쌍의 **맞꼭지각**이 생긴다(그림 1.24). 교점을 중심으로 180° 만큼의 회전은 한 각을 다른 각과 일치시키므로 맞꼭지각은 합동이다.

정리 1.8.1 유클리드 삼각형의 내각의 합은 180°이다.

증명. 주어진 삼각형 $\triangle ABC$에 대해 A를 지나고 $\overline{BC}$에 평행인 직선 L을 긋자. 이 때 생기는 각에 그림 1.25와 같이 이름을 붙이자. 그러면 $\angle A$와 $\angle A'$은 맞꼭지각이므로 $\angle A \cong \angle A'$이다. 한편 동위각은 합동이므로 $\angle B \cong \angle B'$이고 $\angle C \cong \angle C'$이다. 그런데 $\angle A' + \angle B' + \angle C' = 180°$이므로 $\triangle ABC$의 내각의 합은 $180°$이다. □

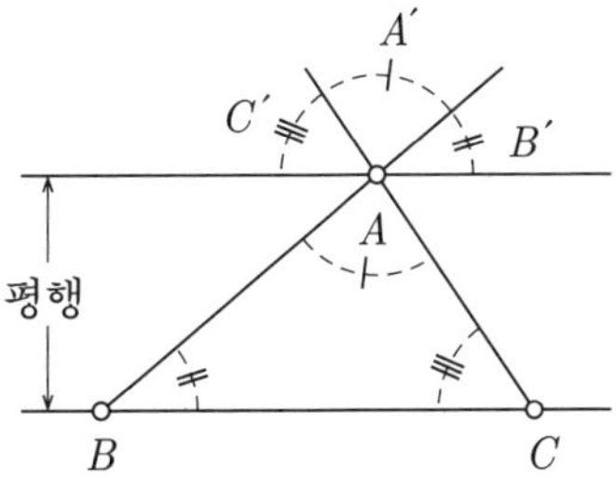

그림 1.25. 삼각형의 내각의 합 $= 180°$

정리 1.8.1은 평행선 공리에 강하게 의존한다. 따라서 "공간"이 "휜" 비유클리드 기하학에서는 정리가 성립하지 않는다. 삼각형의 내각의 합과 $180°$의 차는 공간의 곡률을 나타낸다. 즉 차가 영이 아니면 공간은 평평하지 않고 휘어 있는 걸 볼 수 있다. 이러한 의미로 우리들의 물리적 세계는 휜 공간이다. 왜냐하면, 매우 큰 삼각형을 그려서 내각의 합을 찾으면 $180°$가 아닐 것이기 때문이다. 일반 상대성 이론은 이러한 공간의 휘어짐을 중력의 작용으로 설명한다.

고등학교 기하학의 많은 주요 결과들은 넓이에 관한 기본적인 사실로부터 얻을 수 있다. 어떤 도형의 내부 넓이는 그 도형을 조각낸 다음에 넓이를 계산할 수 있는 모양의 도형으로 재배열해서 알아내기도 한다. 예를 들어, 직사각형의 넓이가 가로와 세로의 곱이라는 사실로부터 다음을 알아 낼 수 있다.

$$(\text{평행사변형의 넓이}) = (\text{밑변}) \times (\text{높이})$$

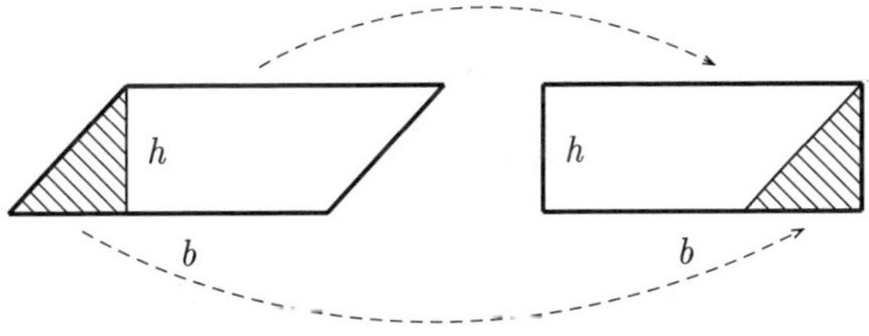

그림 1.26. 평행사변형의 넓이

$$(\text{삼각형의 넓이}) = \frac{1}{2}(\text{밑변}) \times (\text{높이})$$

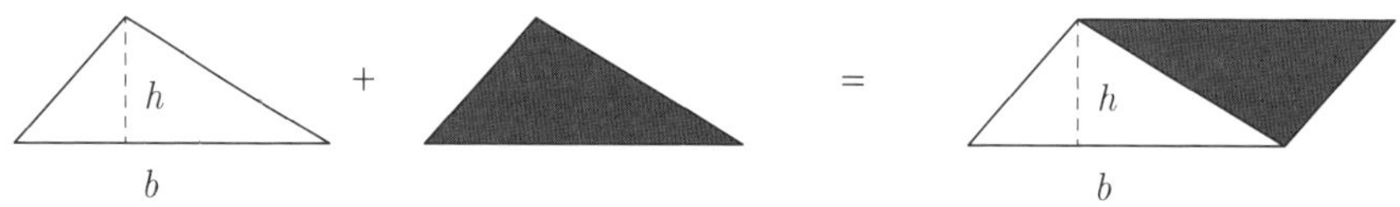

그림 1.27. 삼각형의 넓이

$$(\text{원의 넓이}) = \frac{1}{2}(\text{둘레의 길이}) \times (\text{반지름})$$

(원의 반지름이 r인 경우 둘레의 길이가 $2\pi r$이므로 원의 넓이는 πr^2이다).

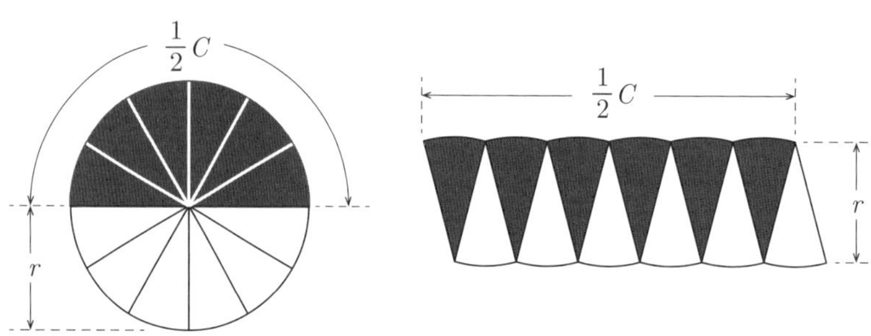

그림 1.28. 원의 넓이

마지막 공식을 얻기 위해서는 많은 수의 아주 얇은 조각으로 자른 다음 그림 1.28에서처럼 평행사변형 모양으로 재배열하여야 한다. 그리고 조각의 수를 무한으로 보내는 극한을 취하면 공식을 얻을 수 있다.

정리 1.8.2 직선 L이 선분 $\overline{AB}$에 평행하고 C, C'은 L에 있는 점이라 하면 두 삼각형 $\triangle ABC$와 $\triangle ABC'$은 넓이가 같다(그림 1.29).

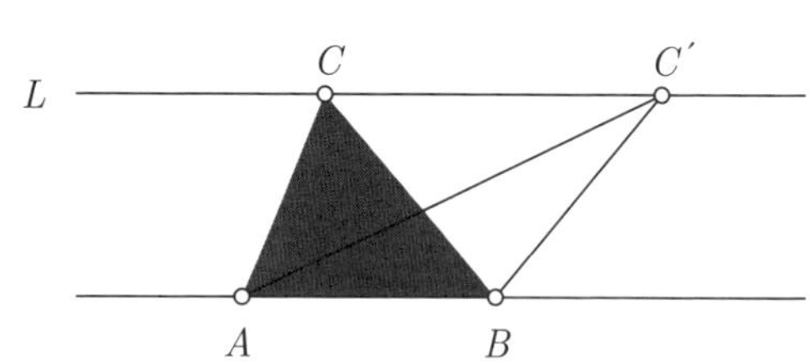

그림 1.29. 넓이가 같은 삼각형

증명. 두 삼각형의 밑변이 동일하고 높이가 같으므로 넓이가 같다. □

평행사변형에서도 비슷한 결과를 얻는다(그림 1.30).

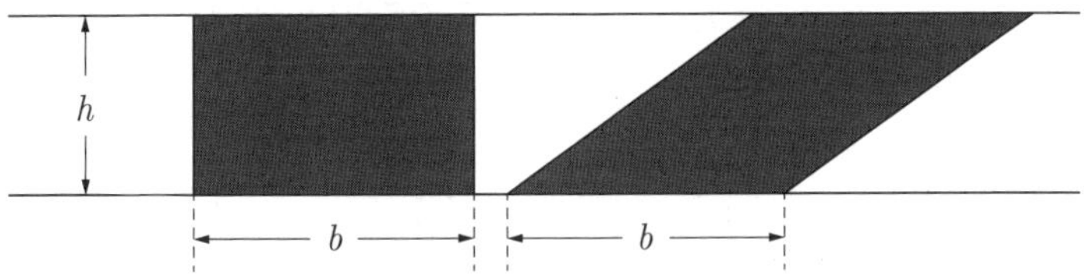

그림 1.30. 넓이가 같은 평행사변형

정의 1.8.1 (닮은 삼각형) 두 삼각형 $\triangle ABC$와 $\triangle A'B'C'$에 대해 대응하는 세 각이 합동, 즉 $\angle A \cong \angle A'$, $\angle B \cong \angle B'$, $\angle C \cong \angle C'$일 때 두 삼각형은 **닮은 삼각형**이라고 한다.

다음의 결과는 고등학교 교재에서 공리처럼 소개되기도 한다.

정리 1.8.3 (닮은 삼각형은 변의 길이의 비가 같다.) 두 삼각형 $\triangle ABC$와 $\triangle A'B'C'$이 닮은 삼각형이면 다음이 성립한다.

$$\frac{A'B'}{AB} = \frac{A'C'}{AC} = \frac{B'C'}{BC}$$

증명. [유클리드의 책 [6] VI권, Proposition 2 참조] 일반성을 잃지 않고, $AB \geq A'B'$이라 가정할 수 있다. $\angle A \cong \angle A'$이므로 $T(\overrightarrow{A'B'}) = \overrightarrow{AB}$와 $T(\overrightarrow{A'C'}) = \overrightarrow{AC}$를 만족하는[5] 등거리 변환 T가 존재한다. T를 적용하여 그림 1.31과 같이 $A = A'$, $B' \in \overline{AB}$, $C' \in \overline{AB}$가 되도록 삼각형을 포개어 놓자.

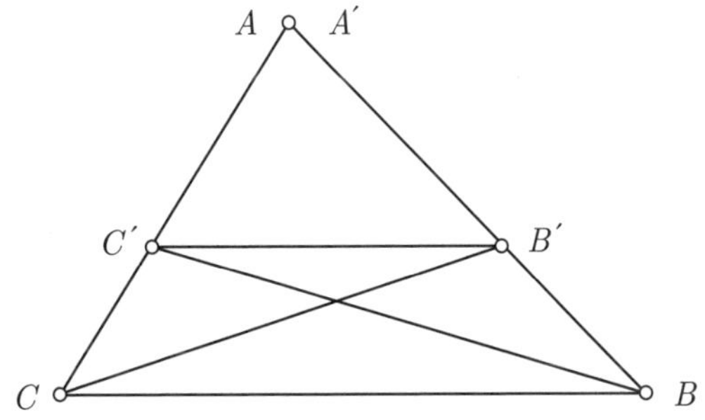

그림 1.31

두 삼각형 $\triangle ABC'$과 $\triangle A'B'C'$에 대해 밑변이 직선 $\overleftrightarrow{AB}$에 놓이고 높이가 $\overleftrightarrow{AB}$로부터 C'까지로 동일한 것을 알 수 있다. 삼각형의 넓이에 관한 공식으로부터

---

[5]여기서 $\overrightarrow{A'B'}$, $\overrightarrow{AB}$, $\overrightarrow{A'C'}$, $\overrightarrow{AC}$은 모두 벡터가 아닌 반직선으로 사용되었다.

다음을 얻는다.

$$\frac{A'B'}{AB} = \frac{\triangle A'B'C'\text{의 넓이}}{\triangle ABC'\text{의 넓이}} \tag{1.3}$$

같은 방법으로 다음을 얻는다.

$$\frac{A'C'}{AC} = \frac{\triangle A'C'B'\text{의 넓이}}{\triangle ACB'\text{의 넓이}} \tag{1.4}$$

한편, $\angle C \cong \angle C'$이므로 $\overleftrightarrow{B'C'}$은 $\overleftrightarrow{BC}$와 평행이고, 따라서 B로부터 직선 $\overleftrightarrow{B'C'}$까지의 거리는 C로부터 $\overleftrightarrow{B'C'}$까지의 거리와 같다. 그러므로 다음이 성립한다.

$$\triangle B'C'C\text{의 넓이} = \triangle B'C'B\text{의 넓이} \tag{1.5}$$

그런데 그림 1.31에서 보듯이 다음이 성립한다.

$$\triangle ABC'\text{의 넓이} = \triangle A'B'C'\text{의 넓이} + \triangle B'C'B\text{의 넓이},$$
$$\triangle ACB'\text{의 넓이} = \triangle A'B'C'\text{의 넓이} + \triangle B'C'C\text{의 넓이}$$

그러므로 식 (1.5)에 의해 다음이 성립한다.

$$\triangle ABC'\text{의 넓이} = \triangle ACB'\text{의 넓이}$$

이 결과를 식 (1.3)과 (1.4)에 대입하면 다음을 얻는다.

$$\frac{A'B'}{AB} = \frac{A'C'}{AC}$$

비슷한 방법으로 계산하면 $A'B'/AB = B'C'/BC$가 성립한다. □

참고. 코사인 법칙(문제 1.8.6)으로부터 정리 1.8.3의 역, 즉 다음 명제가 성립함을 알 수 있다. "$A'B'/AB = A'C'/AC = B'C'/BC$이면 두 삼각형 $\triangle ABC$와 $\triangle A'B'C'$은 닮은 삼각형이다(문제 1.8.7)."

피타고라스 정리

다음에 주어지는 피타고라스 정리의 일반화는 서기 4세기에 알렉산드리아의 파푸스에 의해 증명되었다.(심화된 논의와 일반화에 대해서는 [7]의 Lecture 4를 참조하여라.)

정리 1.8.4 $\mathbb{E}^2$에서, 직각삼각형일 필요없이, 임의의 삼각형 $\triangle ABC$에 대해 삼각형의 바깥쪽으로 평행사변형 $ABDE$와 $ACFG$를 만들자. 그리고 직선

$\overleftrightarrow{DE}$와 $\overleftrightarrow{FG}$가 만나는 점을 P라 하고, 다음과 같이 두 벡터가 같아지도록 삼각형의 바깥 쪽으로 평행사변형 $BCHI$를 만들자.

$$\overrightarrow{PA} = \overrightarrow{BI}$$

그러면 다음이 성립한다. (그림 1.32 참조)

$$(ABDE\text{의 넓이}) + (ACFG\text{의 넓이}) = (BCHI\text{의 넓이})$$

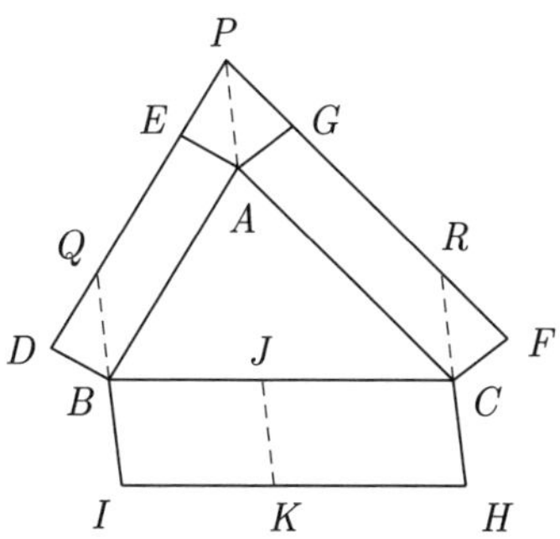

그림 1.32. 일반화된 피타고라스 정리

증명. $Q = \overleftrightarrow{DE} \cap \overleftrightarrow{BI}$, $R = \overleftrightarrow{FG} \cap \overleftrightarrow{CH}$, $J = \overleftrightarrow{PA} \cap \overleftrightarrow{BC}$, $K = \overleftrightarrow{PA} \cap \overleftrightarrow{IH}$라 정하자. 그러면 $\overline{QB}$, $\overline{PA}$, $\overline{RC}$ 그리고 $\overline{JK}$가 모두 평행하다. 밑변의 길이와 높이가 같은 두 평행사변형의 넓이는 같으므로 다음을 얻는다.

$$(ABDE\text{의 넓이}) = (ABQP\text{의 넓이}) = (JKIB\text{의 넓이}),$$
$$(ACFG\text{의 넓이}) = (ACRP\text{의 넓이}) = (JKHC\text{의 넓이})$$

한편, 다음은 자명하다.

$$(BCHI\text{의 넓이}) = (JKIB\text{의 넓이}) + (JKHC\text{의 넓이})$$

이로부터 정리의 식이 성립하는 것을 알 수 있다. □

문제 1.8.1 (피타고라스 정리) 정리 1.8.4로부터 피타고라스 정리를 유도하여라. 즉 $\angle A = 90°$이면 $(AB)^2 + (AC)^2 = (BC)^2$임을 보여라.

닮은 삼각형에 대한 정리(정리 1.8.3)와 피타고라스 정리는 기하학과 대수학 사이의 기본적인 연결 고리를 만든다. 직선의 "점-기울기" 방정식은 닮은 삼각형에 대한 정리의 결과이다. 즉 직선에 있는 두 점 (x_1, y_1)과 (x_2, y_2)가 주어지고 $m = (y_2 - y_1)/(x_2 - x_1)$이라 하면 직선에 있는 임의의 다른 점

(x,y)에 대해 비 $(y-y_1)/(x-x_1)$은 m과 같다(닮은 삼각형을 이용하여). 그러므로 다음을 얻는다.

$$y - y_1 = m(x - x_1)$$

이로부터 $Ax + By + C = 0$과 같은 방정식이 직선을 나타내는 것을 알 수 있다. 피타고라스 정리에 의해 두 점 (x_1, y_1)과 (x_2, y_2) 사이의 거리가 $d^2 = (x_2-x_1)^2+(y_2-y_1)^2$인 것을 이용하면 $Ax^2+Bxy+Cy^2+Dx+Ey+F=0$과 같은 형태의 방정식은 원, 타원, 쌍곡선 또는 포물선을 나타내는 것을 알 수 있다.

기하학과 대수학의 이러한 연결은 매우 훌륭한 결과들을 만들어 냈다. 기하학의 직관을 대수적인 문제에 적용할 수 있게 되고 또한 대수학의 정교함을 기하적인 문제에 적용할 수 있게 되어 두 분야 모두 양과 질에 있어서 비약적인 발전을 이루었다.

한편으로 닮은 삼각형에 대한 정리와 피타고라스 정리는 삼각법과 많은 측정 과학에 기본적인 원리를 제공하였다. 한 예로 닮은 삼각형에 대한 정리를 사용하여 축소 모델을 얻고 측정을 통해 원래 물체의 치수나 크기를 복원할 수 있다. 물체에 존재하는 각각의 각이 모델에서의 대응되는 각과 같으므로 물체의 각각의 길이는 모델의 대응되는 각각의 길이와 동일한 축척만큼의 비율로 다르다. 그러므로 원래 물체에서의 길이를 얻기 위해서는 단지 모델에서 대응되는 길이에 축척을 곱하면 된다.

보기 1.8.1 학교 과학관의 높이는 얼마일가? 이 때, 땅에 있는 두 점 A와 B로부터 (그림 1.33 참조) 과학관의 꼭대기에 있는 점 C를 관찰할 수 있다고 한다. 각도기와 줄자를 사용하여 측정해보니 A로부터 C까지 올려다 본 각이 $\angle A = 19°$, B로부터 C까지 올려다 본 각이 $\angle B = 43°$, 그리고 A와 B 사이의 거리는 $AB = 39\,\text{ft}$이다. 그리고 땅으로부터 관찰자의 눈까지의 높이가 $5.5\,\text{ft}$이다. 한편, C에서 땅에 수직으로 내린 점을 D라 하자.

건물의 높이를 알아내기 위해서 $\triangle ABC$의 축소 그림을 그린다. 먼저 종이에 적당한 길이의 선분 $\overline{A'B'}$를 그린다(적당한 길이로 $A'B' = 19.5\,\text{cm}$를 사용하자. 물론 다른 길이도 무방하다). 그런 다음 A'에서 $\overline{A'B'}$과 $19°$의 각을 이루는 직선과 B'에서 $\overline{A'B'}$의 연장선과 $43°$의 각을 이루는 직선을 그린다. 두 직선이 만나는 점을 C'이라 하자. C'으로부터 $\overleftrightarrow{A'B'}$에 수선 $\overline{C'D'}$을 그린다. 이 때 $\overline{C'D'}$는 과학관의 높이를 나타내는 변 $\overline{CD}$에 해당한다 (그림 1.33). 자를 이용하여 그림에서의 길이를 재면 다음과 같다.

$$C'D' \approx 10.9\,\text{cm}$$

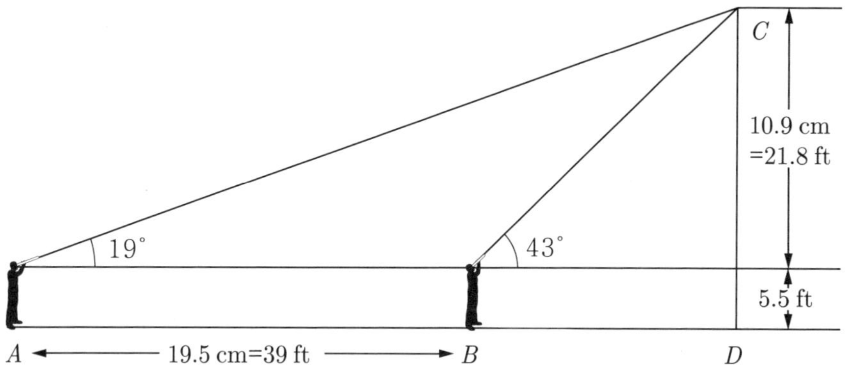

그림 1.33. 원거리 물체의 측정

그림에서 축척은 실제 길이 AB에 대한 $A'B'$의 비인 $r = AB/A'B'$이다. 이 경우 $AB = 39\,\text{ft}$이고 $A'B' = 19.5\,\text{cm}$이므로 축척은 $39\,\text{ft}\,/19.5\,\text{cm}$이다. 그러므로 실제 높이 CD는 다음과 같다.

$$\begin{aligned} CD &= C'D' \times \frac{39\,\text{ft}}{19.5\,\text{cm}} \\ &\approx 10.9\,\text{cm} \times \frac{39\,\text{ft}}{19.5\,\text{cm}} \\ &\approx 21.8\,\text{ft} \end{aligned}$$

한편, 지면으로부터 눈의 높이가 $5.5\,\text{ft}$이므로 과학관의 높이는 약 $21.8\,\text{ft} + 5.5\,\text{ft} \approx 27.3\,\text{ft}$이다. □

그림 1.34는 올려다 본 각을 재는데 유용하면서 간단한 도구이다. 이 도구를 제작하여 사용하기 위해서는 위해서는 곧은 나무막대, 각도기, 끈, 추로 사용될 몇 개의 나사받이, 테이프 그리고 두 사람이 필요하다. 한 사람은 물체를 올려다 보고 다른 한 사람은 각의 크기를 읽어야 한다.

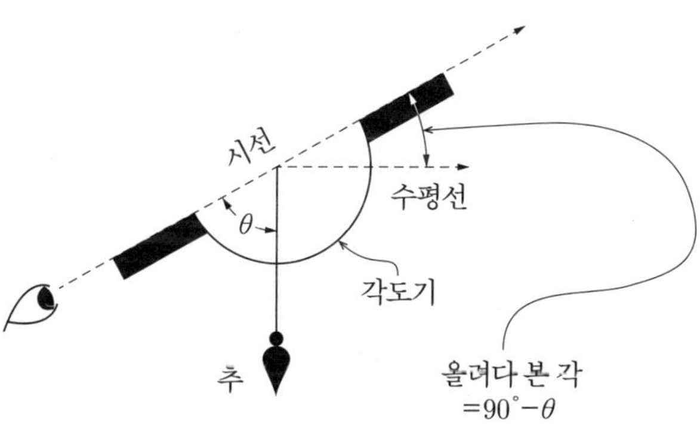

그림 1.34. 올려다 본 각을 측정하는 도구

문제 1.8.2 학교 도서관의 높이를 알아보기 위한 축소 그림을 그리고 계산하여 보아라.

문제 1.8.3 강의 한쪽 둑에 있는 두 점 A와 B에서 반대편 강둑의 부두 C를 바라 볼 수 있다. 각도기와 줄자를 사용하여 조사하여 보니 $\angle CAB = 75°$, $\angle ABC = 80°$이고 $AB = 100\,\mathrm{m}$이다. 축소 그림을 그리고 이를 사용하여 강의 너비를 구하여라.

오래 전에 사람들은 이와 같은 종류의 문제를 해결하기 위해 삼각형과 그 크기에 대한 표가 유용하다는 것을 알아 냈다. 삼각형의 축소 모델을 그리고 길이를 재는 대신에 간단히 표에 있는 치수만 확인하면 되는 것이다. 실제로는 직각삼각형에 대한 표만 준비하면 충분하다. 왜냐하면 모든 삼각형은 두 개의 직각삼각형으로 합성해 낼 수 있기 때문이다(그림 1.35).

그림 1.35. 모든 삼각형은 두 개의 직각삼각형으로 합성된다

삼각 함수 표는 이와 같은 종류의 표이다. 즉 사인과 코사인은 빗변의 길이가 1인 직각삼각형의 변의 길이이다. 실제로 정확하게 그림을 그리고 길이를 재는 것은 어려운 반면에 삼각 함수는 원하는 만큼 정확하게[6] 계산할 수 있기 때문에 그림을 그리고 길이를 재는 방법보다 삼각 함수 표를 사용하는 것이 일반적으로 더 나은 결과를 가져온다. 그렇기는 하지만, 삼각 함수 표는 단지 축소 그림을 대체하는 닮은 삼각형의 표 중 핵심일 뿐이다.

문제 1.8.4 문제 1.8.3을 해결하기 위해 축소 그림을 그리는 대신에 삼각 함수 표(또는 계산기)를 사용하여 보아라. 그리고 결과를 비교하여 보아라.

문제 1.8.5 (사인 법칙) 꼭짓점 A의 대변의 길이가 a, 꼭짓점 B의 대변의 길이가 b, 그리고 꼭짓점 C의 대변의 길이가 c인 삼각형에 대해 다음이

---

[6]예를 들어, 다음과 같은 테일러 급수를 사용할 수 있다.

$$\cos x = 1 - \frac{1}{2}x^2 + \frac{1}{4!}x^4 - \frac{1}{6!}x^6 + \cdots,$$
$$\sin x = x - \frac{1}{3!}x^3 + \frac{1}{5!}x^5 - \frac{1}{7!}x^7 + \cdots$$

계산기를 사용하는 좀 더 효과적인 방법은 [19]를 참조하여라.

성립함을 보여라.

$$\frac{a}{\sin\angle A} = \frac{b}{\sin\angle B} = \frac{c}{\sin\angle C}$$

(**도움말**: 변 a, b, c가 각각 밑변일 때의 넓이를 구하여라. 사인 법칙의 강력한 형태는 문제 1.9.11을 참조하라.)

문제 1.8.6 (코사인 법칙) 두 변의 길이가 a, b이고, 꼭짓점 C의 대변의 길이가 c인 삼각형에 대해 다음이 성립함을 증명하여라.

$$c^2 = a^2 + b^2 - 2ab\cos(\angle C)$$

(**도움말**: 그림 1.35에서와 같이 삼각형을 두 개의 직사각형으로 분리하고 피타고라스 정리를 적용하여라.)

문제 1.8.7 코사인 법칙(문제 1.8.6)을 사용하여 정리 1.8.3의 역, 즉 다음 명제가 성립함을 증명하여라. "$A'B'/AB = A'C'/AC = B'C'/BC$이면 두 삼각형 $\triangle ABC$와 $\triangle A'B'C'$은 닮은 삼각형이다."

문제 1.8.8 (내적) $\mathbb{R}^2$에서 두 벡터 $\vec{v} = (x_1, y_1)$과 $\vec{w} = (x_2, y_2)$의 **내적**은 다음과 같다.

$$(x_1, y_1) \cdot (x_2, y_2) = x_1x_2 + y_1y_2$$

코사인 법칙(문제 1.8.6)과 피타고라스 정리를 사용하여 다음을 증명하여라.

a) $|\vec{v}|^2 = \vec{v} \cdot \vec{v}$ (단, $|\vec{v}|$는 $\vec{v}$의 길이이다.)

b) $\vec{v} \cdot \vec{w} = |\vec{v}||\vec{w}|\cos\theta$ (단, θ는 두 벡터 $\vec{v}$, $\vec{w}$의 사잇각이다.)

(**도움말**: 벡터 $\vec{v}$, $\vec{w}$, $\vec{v} - \vec{w}$를 세 변으로 갖는 삼각형에 코사인 법칙을 적용하여라.)

문제 1.8.9 (덧셈 공식) a) 그림 1.36에 있는 삼각형에서 $0 \le \phi, \theta < 90°$일 때 코사인 법칙을 사용하여 다음을 유도하여라.

$$\cos(\phi + \theta) = \cos\phi\cos\theta - \sin\phi\sin\theta,$$
$$\sin(\phi + \theta) = \sin\phi\cos\theta + \cos\phi\sin\theta$$

b) 항등식 $\cos\theta = \cos(-\theta) = -\cos(\theta + 180°)$와 $\sin\theta = -\sin(-\theta) = -\sin(\theta + 180°)$를 사용하여 a)의 결과를 ϕ와 θ가 일반각$(-\infty < \phi, \theta < \infty)$인 경우로 확장하여라.

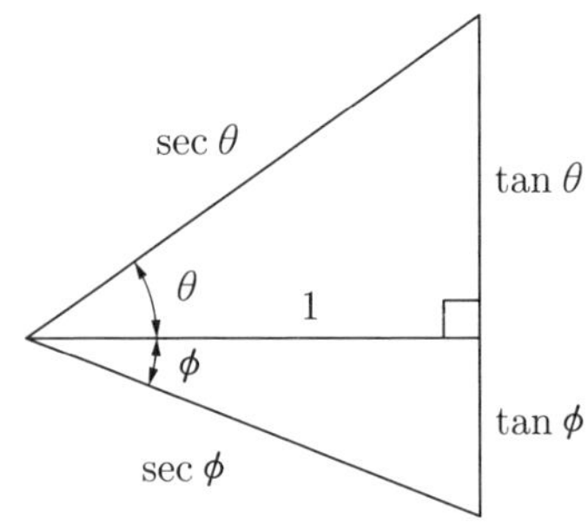

그림 1.36. 덧셈 공식

1.9 SSS, ASA 그리고 SAS

대부분의 학교 기하학은 합동인 삼각형 사이의 기본적인 관계("각-변-각", "변-변-변" 등)에 대한 학습을 포함하고 있다. 이들 관계는 등거리 변환의 성질로부터 얻을 수 있다.

정리 1.9.1 (변-각-변(SAS)) $AB = A'B'$, $BC = B'C'$이고 $\angle B \cong \angle B'$이면 $\triangle ABC \cong \triangle A'B'C'$이다(그림 1.37 참조).

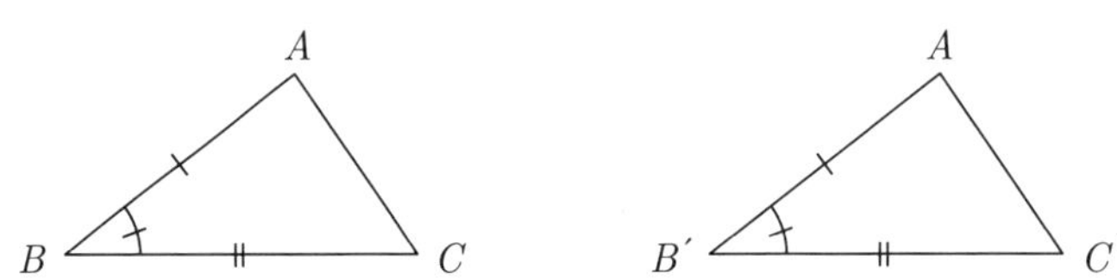

그림 1.37. 변-각-변

증명. [유클리드의 책 [6] I권, Proposition 4 참조] $\angle B$가 $\angle B'$와 합동이므로 $T(\angle B) = \angle B'$인 등거리 변환 T가 존재한다. 필요하면 T와 반사를 합성하여, T가 반직선 $\overrightarrow{BA}$를 $\overrightarrow{B'A'}$로, 반직선 $\overrightarrow{BC}$를 $\overrightarrow{B'C'}$로 보낸다고 생각해도 된다. 그런데 $AB = A'B'$이고 $BC = B'C'$이고 등거리 변환은 거리를 보존하므로 $T(A) = A'$이고 $T(C) = C'$임을 알 수 있다. 따라서 T는 $\triangle ABC$를 $\triangle A'B'C'$와 일치시킨다. □

정리 1.9.2 (각-변-각(ASA)) $\angle A \cong \angle A'$, $\angle B \cong \angle B'$이고 $AB = A'B'$이면 $\triangle ABC \cong \triangle A'B'C'$이다

증명. $\angle C \cong \angle C' \cong 180° - \angle A - \angle B$임을 알 수 있다. 사인 법칙(문제 1.8.5)으로

부터 다음을 얻는다.

$$BC = \frac{(AB)(\sin A)}{\sin C} = \frac{(A'B')(\sin A')}{\sin C'} = B'C'$$

그러므로 SAS(정리 1.9.1)로부터 두 삼각형은 합동이다. □

정리 1.9.3 (변-변-변(SSS)) $AB = A'B'$, $AC = A'C'$, $BC = B'C'$이면 $\triangle ABC \cong \triangle A'B'C'$이다

증명. 코사인 법칙(문제 1.8.6)으로부터 다음을 얻는다.

$$\begin{aligned}\cos C &= \frac{(AC)^2 + (BC)^2 - (AB)^2}{2(AC)(BC)} \\ &= \frac{(A'C')^2 + (B'C')^2 - (A'B')^2}{2(A'C')(B'C')} = \cos C'\end{aligned}$$

이로부터 $\angle C \cong \angle C'$이고 SAS에 의해 두 삼각형은 합동이다. □

이등변 삼각형과 원주각

따름정리 1.9.1 (이등변 삼각형) $\triangle ABC$에서 $\angle A \cong \angle B$는 $AC = BC$와 동치이다.

증명. $\angle A \cong \angle B$이면 ASA에 의해 $T(A) = B$, $T(B) = A$, $T(C) = C$인 등거리 변환 T가 존재한다. 그러므로 $T(\overline{AC}) = \overline{BC}$이고 $AC = BC$가 성립한다.

역으로 $AC = BC$라 하면 SSS에 의해 $T(A) = B$, $T(B) = A$, $T(C) = C$인 등거리 변환 T가 존재한다. 따라서 $\angle A \cong \angle B$가 성립한다. □

$AC = BC$이고 M이 AB의 중점이면 직선 $\overleftrightarrow{CM}$은 선분 $\overline{AB}$의 수직 이등분선이다. 왜냐하면 SSS에 의해 $\triangle CMA$와 $\triangle CMB$가 합동이고 $\angle CMA + \angle CMB = 180°$이기 때문이다. 이러한 원리는 고풍스런 수평자를 만드는데 사용되었다(그림 1.38). $AC = BC$인 삼각형 $\triangle ABC$를 만들고 $\overline{AB}$의 중점 M을 점으로 표시하고 저울추를 실에 묶어 C에 매달면 된다.

수평자를 사용하는 방법은 저울추의 줄이 $\overline{AB}$와 M에서 만나도록 삼각형을 회전하는 것이다. 이 때 $\overleftrightarrow{AB}$가 수평선이 된다.

톰슨([22], 100쪽)에 의하면 이러한 종류의 수평자는 18세기에 메이슨-딕슨 선[7])을 측정하는 데 사용하였다고 한다.

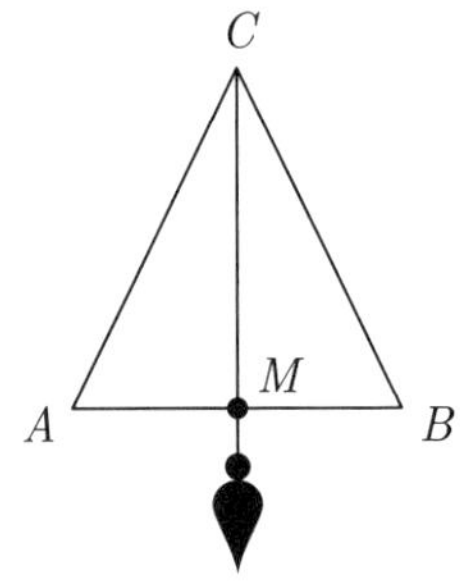

그림 1.38. 수평자

초등 기하학을 이용하여 얻을 수 있는 다음의 유용한 결과는 이등변 삼각형의 또 다른 응용이다.

정리 1.9.4 C를 중심 P인 원이라 하고, A를 C의 호, 그리고 $Q \in C$는 A에 포함되지 않는 점이라 하자. R과 S를 A의 양 끝점이라 하면 다음이 성립한다(그림 1.39 참조).

$$\angle SPR = 2\angle SQR$$

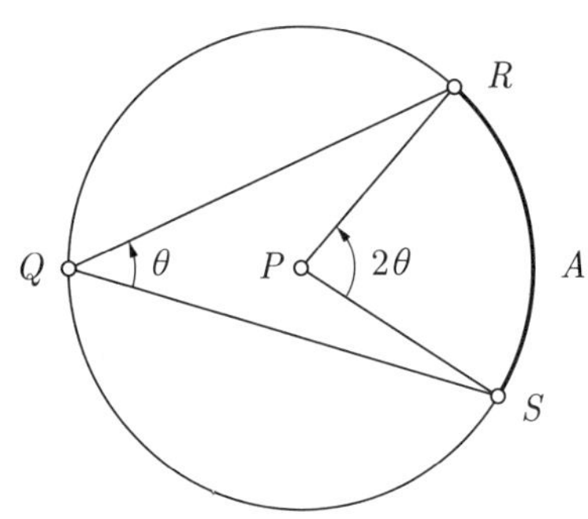

그림 1.39

증명. [그림 1.40 참조] Q를 지나는 지름의 반대편 끝점을 Q'이라 하자. $PQ = PR$이므로 $\triangle QPR$은 이등변 삼각형이다. 그러므로 $\angle QRP = \angle PQR$이 성립한다. $\triangle QPR$

[7]메이슨 딕슨 선(Mason and Dixon Line)은 1763년에서 1767년 사이에 영국의 천문학자이자 측량사인 찰스 메이슨과 제레마이어 딕슨이 미국의 식민지화 시기에 메릴랜드의 영주 볼티모어와 펜실베이니아의 영주 펜 사이의 식민지 분쟁을 해결하기 위해 설정한 경계선이다. 이 선은 19세기에 모든 주의 노예 폐지가 있기 이전까지는 노예가 있는 주와 없는 주를 나누는 기준이 되었고, 오늘날에 이르러서도 펜실베이니아 주와 메릴랜드 주, 곧 미국의 남부와 북부를 나누는 경계선으로 간주된다.(위키백과)

의 내각의 합이 180° 이므로 다음이 성립한다.

$$\angle RPQ = 180^\circ - 2\angle PQR$$

그리고 $\angle Q'PR = 180^\circ - \angle RPQ$ 이므로 다음을 얻는다.

$$\angle Q'PR = 2\angle PQR$$

비슷한 방법으로 다음을 얻을 수 있다.

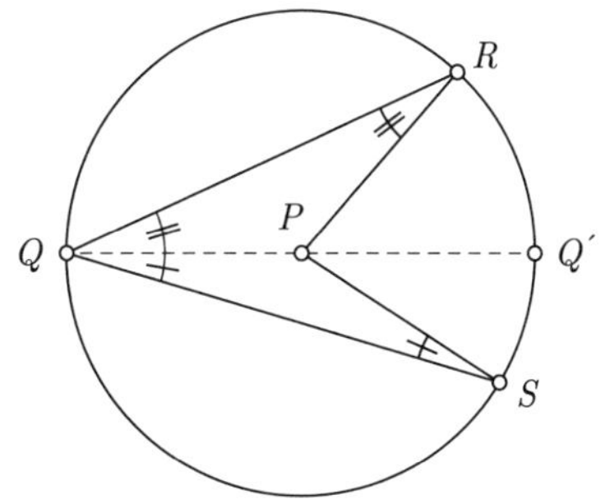

그림 1.40

$$\angle SPQ' = 2\angle SQP$$

한편 복호동순으로 다음이 성립한다.

$$\angle SPR = \angle SPQ' \pm \angle Q'PR,$$
$$\angle SQR = \angle SQP \pm \angle PQR$$

이로부터 $\angle SPR = 2\angle SQR$ 임을 알 수 있다. □

따름정리 1.9.2 R과 S가 한 원의 지름의 양 끝점이고 Q가 원에 있는 다른 점이면 $\angle SQR = 90^\circ$ 이다.

문제 1.9.1 ([16], 6쪽 참조) 어떤 극장에서 가장 좋은 좌석은 "A"로 표시된 의자라 한다. 의자 A에 앉은 관람객이 보는 각도와 같은 각도로 무대가 보이는 점을 모두 찾아라(그림 1.41).

문제 1.9.2 보기 1.7.4에서 세 직선 $\overleftrightarrow{AA'}$, $\overleftrightarrow{BB'}$, $\overleftrightarrow{CC'}$ 이 모두 60° 의 각으로 한 점 D에서 만남을 보여라. (**도움말**: $D = \overleftrightarrow{AA'} \cap \overleftrightarrow{BB'}$ 이라 하고 $\angle C'DB =$

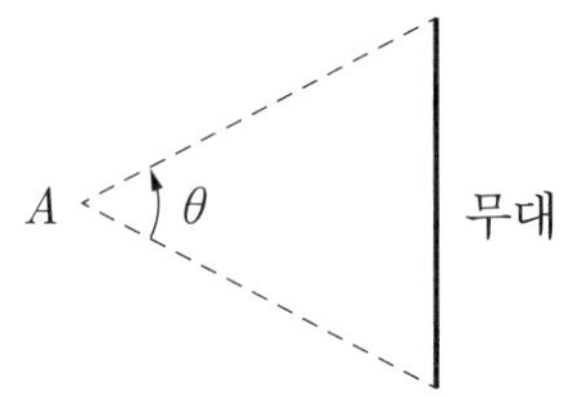

그림 1.41

$\angle BDA' = \angle A'DC = 60°$ 임을 보여라. 그런 다음 C', D, C가 한 직선에 있음(**공선**임)을 보여라.)

문제 1.9.3 배 S의 항해사가 멀리 세 점 A, B, C에 있는 표식을 발견하였다. 배의 갑판에서 바라보았을 때 $\angle ASB = 100°$, $\angle BSC = 125°$, $\angle CSA = 135°$ 임을 알았다. 세 점의 위치를 지도에 표시하고, 배의 정확한 위치를 찾고자 정리 1.9.4를 이용하려고 한다. 어떻게 하면 되는가? (그림 1.42)

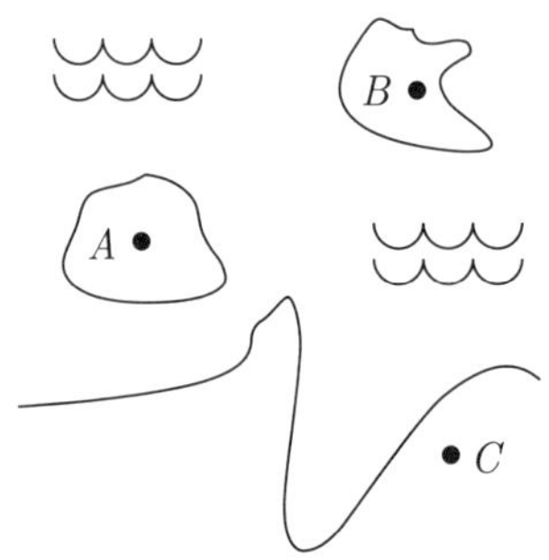

그림 1.42. 배에서의 측정

문제 1.9.4 (원의 접선, 구의 접평면) a) 직선이 원에 접하는 것은 원과 정확히 한 점에서 만나는 것과 동치이다. C를 중심이 Z인 원이라 하고 $A \in C$, 그리고 L이 A를 지나는 직선이라 하자. 이 때, L이 C에 접하는 것은 L이 $\overline{ZA}$에 수직인 것의 필요 충분 조건임을 증명하여라. (**도움말**: 피타고라스 정리를 사용하여라.)

b) 구에 접하는 평면에 대해 a)에 대응하는 명제를 말하고 증명하여라.

문제 1.9.5 (원의 접선(계속)) a) 설계도면의 제도 등 응용에서 주어진 점 P를 지나고 주어진 원 C에 접하는 직선을 얻을 수 있다면 매우 유용할 것이다. 눈대중으로도 그릴 수는 있으나 정확한 접선을 얻는 것은 어렵기 때문이다.

여기에 좋은 방법을 소개하고자 한다. Z를 C의 중심, M을 $\overline{ZP}$의 중점이라 하자. M을 중심으로 하고 반지름이 ZM인 원을 그리고, 이 원과 C의 두 교점을 A와 B라 하자.

이 때, $\overleftrightarrow{AP}$와 $\overleftrightarrow{BP}$가 원 C의 접선임을 보여라(그림 1.43).

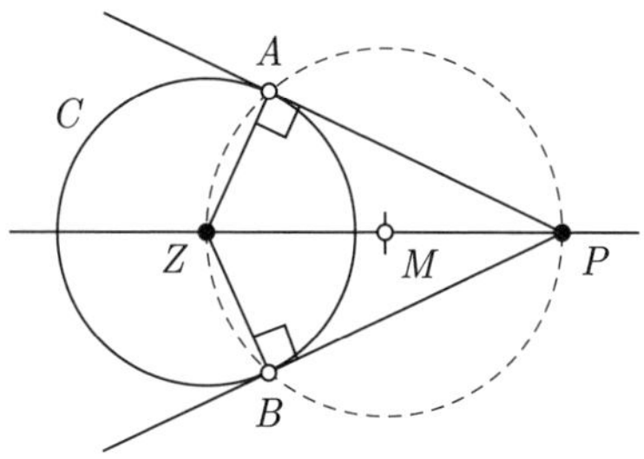

그림 1.43. 원의 접선

b) 주어진 두 원에 접하는 직선(공통 접선)을 그리는 방법을 소개하고자 한다. (이 방법은 예를 들어, 두 도르래를 감고 있는 벨트를 그리는데 사용된다.) 두 원 C, C'에 대해 반지름이 각각 r, r', 중심이 각각 Z, Z'이라 하자.

$r > r'$이라 가정하자. "공통 외접선"을 그리려면(그림 1.44), 먼저 Z를 중심으로 하고 반지름 $r - r'$인 보조 원 K를 그린다. a)의 방법을 이용하여 $\overleftrightarrow{AZ'}$이 K에 접하는 점 $A \in K$를 정한다. $\overrightarrow{ZA}$에 평행하고 Z'를 출발점으로 하는 반직선을 그어서 C'과의 교점 B'를 잡는다. 이 때 $\overleftrightarrow{BB'}$이 두 원 C와 C'에 접하는 것을 증명하여라.

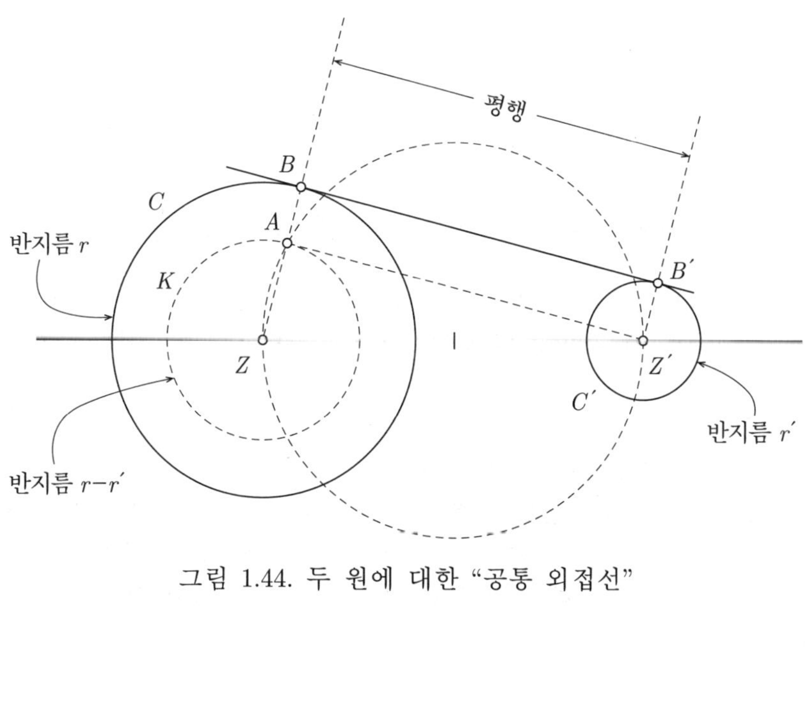

그림 1.44. 두 원에 대한 "공통 외접선"

"공통 내접선"을 그리기 위해서는(그림 1.45) K의 반지름을 $r+r'$로, 반직선 $\overrightarrow{ZA}$와 $\overrightarrow{Z'B'}$의 방향을 반대로 하는 것을 제외하고는 위와 같은 방법을 따르면 된다.

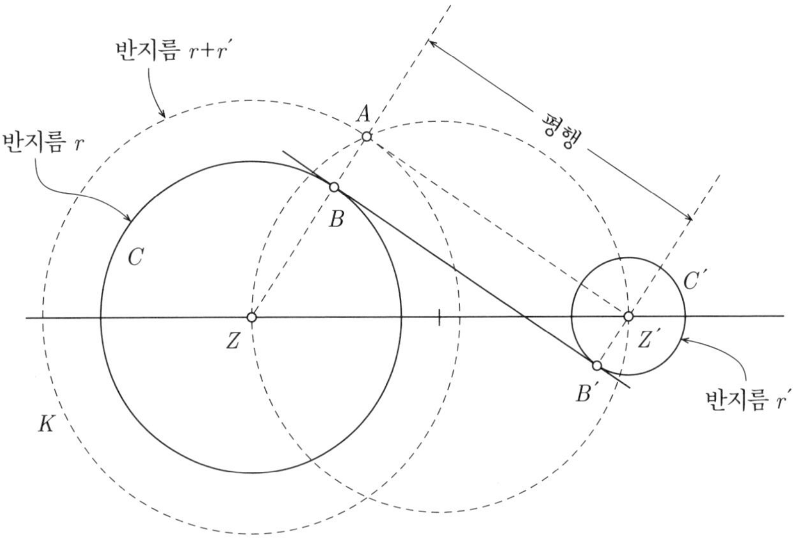

그림 1.45. "공통 내접선"

c) 중심간의 거리가 40cm인 두 도르래를 감고 있는 벨트가 있다. 한 도르래의 반지름이 10cm이고 다른 도르래의 반지름은 20cm일 때, 벨트의 길이는 얼마인가? (단, 벨트의 두께는 무시하고 엉켜 있지 않는다고 가정한다.)

문제 1.9.6 a) 한 원에 있는 서로 다른 두 점 A와 B에 대해 $\overleftrightarrow{AP}$와 $\overleftrightarrow{BP}$가 원의 접선이면 $AP = BP$이고 $\angle APB$의 이등분선은 원의 중심을 지남을 증명하여라.

b) 구의 접선에 대해 위와 같은 명제를 말하고 증명하여라.

문제 1.9.7 (내접원) a) 삼각형의 세 내각의 이등분선은 한 점 P에서 만남을 증명하고, 이 때 점 P를 중심으로 하고 세 변에 접하는 원이 존재함을 보여라(그림 1.46).

b) 변의 길이가 각각 7cm, 8cm, 9cm인 삼각형의 구멍을 통과할 수 있는 가장 큰 구의 반지름은 얼마인가?

c) ([15], 66쪽 164번 참조) 정원사가 삼각형의 구멍을 메우기 위해 뗏장을 깎았다. 구멍에 맞추어보니 꼭 맞긴 한데 뒤집어야 맞는 걸 알았다. 삼각형을 세 조각으로 자른 다음 구멍에 맞추려고 한다. 어떻게 잘라야 하는가?

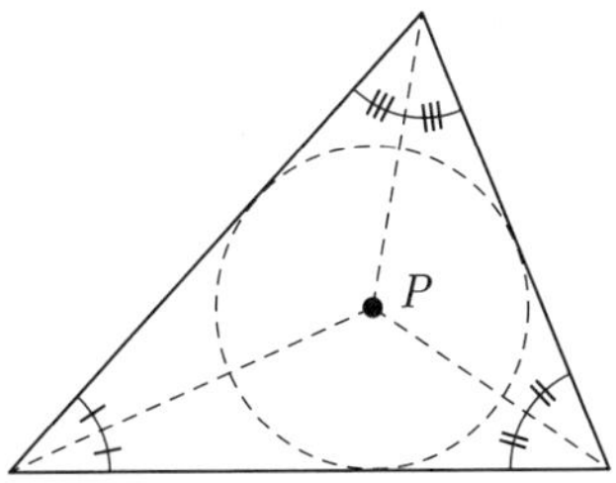

그림 1.46. 내접원

문제 1.9.8 탁자 위에서 공이 삼각형 받침대에 걸쳐져 있다(아래 그림 1.47 참조). 공에 상처가 나지 않도록 패드를 받침대의 각 변에 놓고자 한다. 받침대의 높이가 3 cm 이고, 세 변은 $30° - 60° - 90°$의 각으로 삼각형을 이루는데 가장 작은 변의 길이가 12 cm 이다. 각 변에서 패드를 어디에 놓아야 하는가? 공의 지름이 24 cm 일 때, 탁자 위에서 공의 꼭대기의 높이는 얼마인가?(그림 1.47을 참조하고 패드의 두께는 무시하여라.)

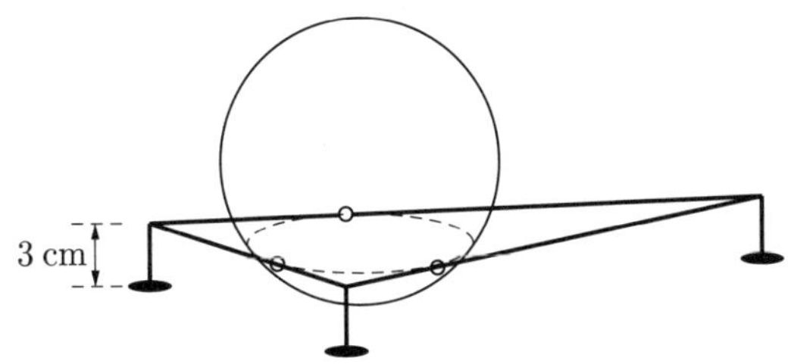

그림 1.47. 받침대에 걸친 공

문제 1.9.9 (외접원) a) 삼각형의 세 변의 수직 이등선이 한 점 P에서 만남을 증명하라. 그리고 P를 중심으로 하고 삼각형의 세 꼭짓점을 지나는 원이 존재함을 보여라(그림 1.48).

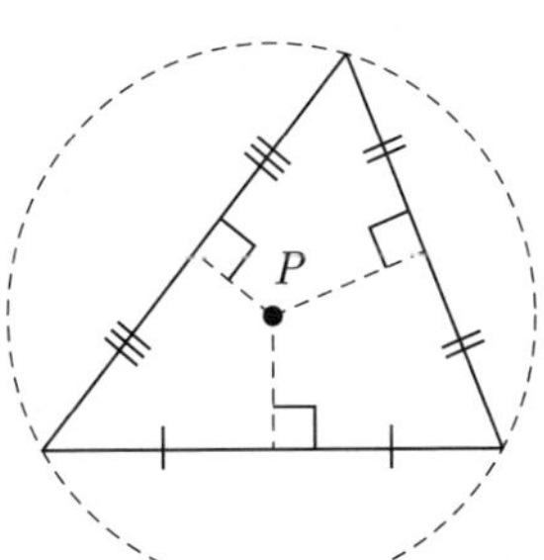

그림 1.48. 외접원

b) 공간에서 사면체와 구에 대해 a)에 대응하는 명제를 말하고 증명하여라.

문제 1.9.10 각이 $45°$, $60°, 75°$인 삼각형 모양의 얇은 쇳조각이 반구 모양의 탱크에 빠졌다(그림 1.49). 탱크의 깊이가 $3\,\mathrm{m}$이고 물이 가득 채워져 있다고 한다.

강력한 자석을 줄에 메달아 탱크 안으로 넣어서 쇳조각이 자석에 붙으면 끄집어 내려고 한다. 자석이 쇳조각에 닿으려면 줄의 길이는 물의 표면으로부터 쇳조각까지의 길이와 같아야 한다.

가장 짧은 삼각형의 변의 길이가 $3\,\mathrm{m}$일 때 줄의 최소 길이는 얼마인가?

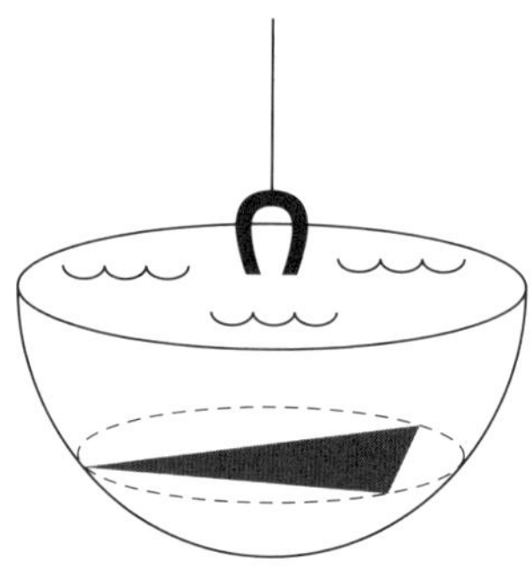

그림 1.49. 쇳조각 꺼내기

문제 1.9.11 (확장된 사인 법칙) 변의 길이가 a, b, c이고 맞꼭지점이 A, B, C인 삼각형에 대해 다음이 성립함을 증명하여라.

$$\frac{a}{\sin\angle A}=\frac{b}{\sin\angle B}=\frac{c}{\sin\angle C}=d$$

여기서 d는 주어진 삼각형의 외접원의 지름이다. (**도움말**: $a/\sin\angle A = d$를 증명하기 위해 점 A를 외접원을 따라 A와 B가 지름의 양끝점이 될 때 까지 움직여라. 이 때, 정리 1.9.4에 의해 $\angle A$와 a가 바뀌지 않는다.)

문제 1.9.12 (수심) 한 변에 수직이고, 그 변의 맞꼭지점을 지나는 직선을 삼각형의 **수선**이라 한다.

a) 삼각형의 세 수선은 한 점에서 만남을 증명하여라(그림 1.50). 이 점을 삼각형의 **수심**이라 한다.
b) $\triangle ABC$를 $\mathbb{E}^3$에서의 삼각형이라 하자. S_1을 $\overline{AB}$를 지름으로 하는 구, S_2를 $\overline{AC}$를 지름으로 하는 구, 그리고 S_3를 $\overline{BC}$를 지름으로 하는 구라 하자. 이 때, 교집합 $S_1 \cap S_2 \cap S_3$는 정확히 두 점 P와 Q로 이루어짐을

증명하여라. 또한, $\triangle ABC$를 포함하는 평면이 $\overline{PQ}$를 수직 이등분하고 $\overline{PQ}$의 중점이 $\triangle ABC$의 수심임을 보여라. (**도움말:** 원 $S_2 \cap S_3$을 포함하는 평면이 $\overline{AB}$를 수직 이등분함을 보여라.)

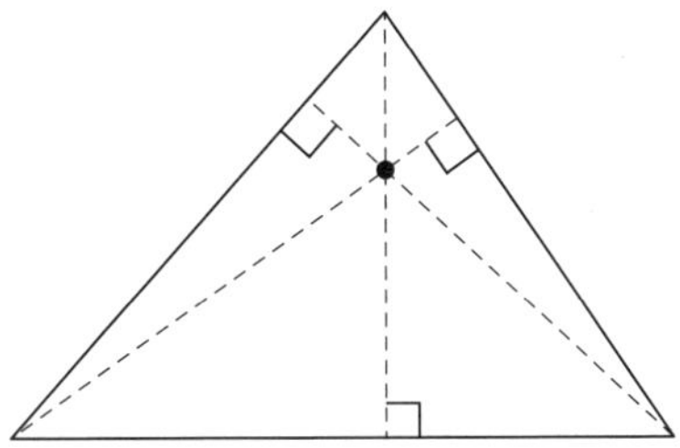

그림 1.50. 수심

문제 1.9.13 세 다리 $\overline{AB}$, $\overline{AC}$, $\overline{AD}$가 A에서 만나는 삼발이가 있다. $AB = 8\,\mathrm{cm}$, $AC = 9\,\mathrm{cm}$, $AD = 10\,\mathrm{cm}$이고 $\angle CAD = 40°$, $\angle DAB = 50°$, $\angle BAC = 60°$이라 한다. 삼발이의 높이는 얼마인가? 삼발이가 똑바로 서 있겠는가 아니면 쓰러지겠는가? (**도움말:** 아래 두 문단으로부터 이 문제의 해를 찾을 수 있다. 독자는 논의의 자세한 부분을 채우고 필요한 그림을 그려라. 그리고 이 결과를 사용하여 사면체의 높이를 계산하고 무게중심을 구하여라.

점 $P \in \overline{BCD}$를 $\overleftrightarrow{PA}$가 평면 $\overline{BCD}$에 수직이 되도록 잡자. 이때 PA는 사면체의 높이이다. P의 위치를 찾기 위해 평면 $\overline{BCD}$에 $\triangle BCD$ 바깥쪽으로 삼각형 $\triangle A_1BC \cong \triangle ABC$, $\triangle A_2BD \cong \triangle ABD$, $\triangle A_3CD \cong \triangle ACD$를 그린다. 이 때 세 직선 $\overleftrightarrow{PA_1}$, $\overleftrightarrow{PA_2}$, $\overleftrightarrow{PA_3}$는 각각 세 삼각형 $\triangle A_1BC$, $\triangle A_2BD$, $\triangle A_3CD$의 수선이다. 그러므로 P의 위치는 바로 세 수선의 교점이다.

$\overleftrightarrow{PA_1}$이 $\triangle A_1BC$의 수선인지 알아보기 위해서는 $\triangle A_1BC$이 $\triangle ABC$를 $\overleftrightarrow{BC}$를 중심으로 회전하여 얻을 수 있음을 기억하자. 점 A가 회전할 때 $\overleftrightarrow{BC}$에 수직인 평면에 놓인 원의 호를 따른다. 이 평면은 P를 포함한다.(왜 그럴가?) 그리고 이 평면과 평면 $\overline{BCD}$의 교집합은 $\triangle A_1BC$의 수선이다. 그러므로 수선은 P를 포함한다.)

문제 1.9.14 두 평면 사이의 각에 대한 정의를 말하여라. (**도움말:** 평면에 수직인 벡터를 고려하여라.) 세 점 $(1,0,0)$, $(0,1,0)$, $(0,0,1)$을 포함한 평면을 H라 하자. 위에서 내린 정의를 사용하여 H와 xy평면 사이의 각을 구하여라. (답: 약 55°)

한 직선과 평면 사이의 각에 대한 정의를 말하고 이를 사용하여 H와 z축 사이의 각을 구하여라.

1.10 일반적인 등거리 변환

정리 1.10.1 모든 등거리 변환 $f : \mathbb{E}^n \to \mathbb{E}^n$은 회전, 평행 이동 그리고 반사의 합성이다.

개략적인 증명. $n = 2$인 경우에 대한 개략적인 증명을 하자. 일반적인 경우도 거의 비슷한 방법으로 증명된다.

먼저 $\mathbb{E}^2$에 좌표를 정하자. 한 쌍의 수직인 수선을 잡고, 네 개의 "사분면"에 번호를 붙인다. 그런다음 $\mathbb{E}^2$의 각 점에 대해 한 축("x축")으로부터의 거리 ($\pm y$)를 재고, 또 다른 한 축("y축)으로부터의 거리 ($\pm x$)를 재어서 좌표 (x, y)를 대응시킨다.

x축에서 양의 x좌표를 갖는 점들의 집합을 x축의 "양의 부분"이라 하자. y축의 "양의 부분"도 비슷한 방법으로 정의하자.

각 축을 다음과 같이 나타내자.

$$X = x\text{축},$$
$$Y = y\text{축}$$

등거리 변환 $f : \mathbb{E}^2 \to \mathbb{E}^2$는 X와 Y를 다른 수직인 직선의 쌍으로 보낸다. 이들을 다음과 같이 정하자.[8)]

$$X' = f(X),$$
$$Y' = f(Y)$$

X'과 Y'을 새로운 좌표 축의 쌍으로 여기고 XY좌표 계의 i번째 사분면은 f에 의해 $X'Y'$좌표 계의 i번째 사분면이 대응되도록 사분면의 번호를 정하자 $(i = 1, \ldots, 4)$.

등거리 변환은 거리를 보존하므로 X로부터 임의의 점 $P \in \mathbb{E}^2$까지의 거리는 X'으로부터 $f(P)$까지의 거리와 같다. 마찬가지로, Y로부터 P까지의 거리는 Y'으로부터 $f(P)$까지의 거리와 같다. 이로부터 주어진 점 $P \in \mathbb{E}^2$의 좌표가 XY좌표 계에서 (a, b)이면 $X'Y'$좌표 계에서 $f(P)$의 좌표도 동일한 (a, b)임을 알 수 있다.

결과적으로 f가 좌표 축을 대응시키는 관계만 알면 임의의 점 $P \in \mathbb{E}^2$에 대해 $f(P)$도 계산할 수 있다. 특히, 두 등거리 변환이 좌표 축을 동일하게 대응시키면 두 등거리 변환은 같은 변환이다(그림 1.51).

---

8) 등거리 변환에 의한 직선의 세 점의 상은 동일 직선에 놓여야 한다. 이로부터 등거리 변환은 직선을 직선으로 보낸다.

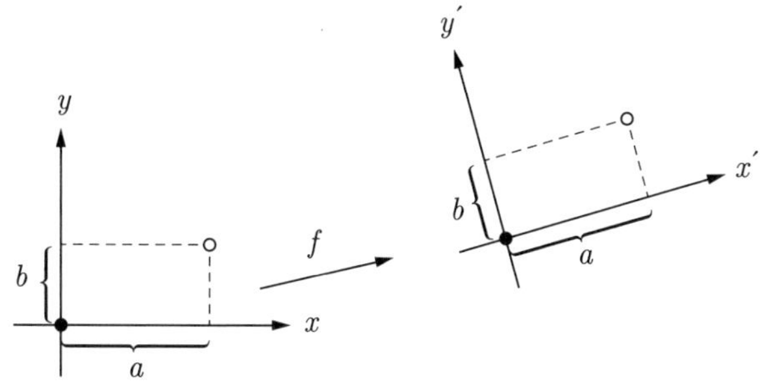

그림 1.51

이제 T를 다음을 만족하는 평행 이동이라 하자.

$$T(0,0) = f(0,0)$$

그러면 T는 X를 $f(0,0)$을 지나는 직선으로 보낸다. $f(0,0)$을 중심으로 하고 $T(X)$를 X'으로 보내는 회전을 선택하자. 이와 같은 회전은 두 개가 있는데 둘의 회전각은 $180°$만큼 차이가 난다. $T(X)$의 양의 부분을 X'의 양의 부분으로 보내는 회전을 R이라 하자. 그러면 합성 변환 $R \circ T$는 X를 X'으로 보낸다. 또한, $R \circ T$가 각을 보존하므로 Y를 Y'으로 보낸다.

$R \circ T$가 Y의 양의 부분을 Y'의 양의 부분으로 보내면 $R \circ T$는 X와 Y를 f와 동일하게 대응시키므로 $f = R \circ T$임을 알 수 있다. 그렇지 않은 경우 $R \circ T$는 Y의 양의 부분을 Y'의 음의 부분으로 보낸다. 이 경우에 F를 X'에 대한 반사라 하자. 그러면 $F \circ R \circ T$는 X의 양의 부분을 X'의 양의 부분으로 보내고 Y의 양의 부분을 Y'의 양의 부분으로 보낸다. 그러므로 $f = F \circ R \circ T$임을 알 수 있다. 어느 경우에나 f는 평행 이동, 회전, 그리고 반사의 합성이다. □

따름정리 1.10.1 모든 등거리 변환은 반사만의 합성으로 표현된다.

증명. 정리 1.5.1과 문제 1.6.1로부터 $\mathbb{E}^2$에서 모든 회전과 모든 평행 이동은 반사들의 합성이다. $\mathbb{E}^n$에서도 똑같이 성립한다(증명도 비슷하다). □

문제 1.10.1 $f : \mathbb{E}^2 \to \mathbb{E}^2$가 향을 보존하는 등거리 변환이면 f는 평행 이동이거나 회전임을 보여라. (**도움말:** $f(P) \neq P$인 점 P를 선택한다. 그런 다음 P를 원점으로 하고 $f(P)$가 x축의 양의 부분에 놓이는 좌표 계를 만들어라. 선분 $\overline{Pf(P)}$의 수직 이등분선과 선분 $\overline{f(P)f(f(P))}$의 수직 이등분선의 교점을 C라 하자. $f(C) = C$임을 보이고, f가 C를 중심으로 하고 회전각이 $\angle PCf(P)$인 회전임을 유도하여라. 두 선분 $\overline{Pf(P)}$, $\overline{f(P)f(f(P))}$의 수직 이등분선이 만나지 않는 경우에는 f가 평행 이동이거나 회전각이 $180°$인 회전임을 보여라.)

문제 1.10.2 $\mathbb{E}^2$ 또는 $\mathbb{E}^3$에서 모든 등거리 변환의 역함수가 존재함을 보여라. (**도움말**: 문제 1.4.2, 식 (1.1), 식 (1.2)와 함께 정리 1.10.1를 사용하여 등거리 변환의 역함수를 만들어 보아라.)

따름정리 1.10.2 ($\mathbb{R}^2$에서의 일반적인 등거리 변환에 대한 공식) 모든 등거리 변환 $f : \mathbb{R}^2 \to \mathbb{R}^2$는 다음과 같이 표현된다.

$$f(x, y) = (a_0 + x\cos\theta \mp y\sin\theta,\ \ b_0 + x\sin\theta \pm y\cos\theta) \quad (\text{복호동순}) \tag{1.6}$$

여기서, a_0, b_0와 θ는 상수로서, $\mathbb{R}^2$의 표준 좌표 계에서 $f(0,0) = (a_0, b_0)$이고, 더하기-빼기 기호는 f가 향을 보존하면 식 (1.6)에서 '더하기'이다.

증명. $(a_0, b_0) = f(0,0)$이라 하자. 그리고 다음과 같이 $f(0,0)$을 시점으로 하고, 종점이 $f(1,0)$, $f(0,1)$인 벡터를 각각 $\vec{v}$, $\vec{w}$라 하자.

$$\vec{v} = f(1,0) - f(0,0), \qquad \vec{w} = f(0,1) - f(0,0)$$

f가 등거리 변환이므로 $\vec{v}$와 $\vec{w}$는 서로 수직인 단위 벡터이다. 그러므로 다음을 만족하는 각 θ가 존재한다.

$$\vec{v} = (\cos\theta,\ \sin\theta), \qquad \vec{w} = \pm(-\sin\theta,\ \cos\theta) \tag{1.7}$$

$\vec{w}$에 대한 식에서 f가 향을 보존하면 '더하기'이고 그렇지 않으면 '빼기'이다.

f는 x축을 (a_0, b_0)를 원점으로 하는 축 X'으로 보내고 양의 방향은 $\vec{v}$ 방향에 대응시킨다. 또한 f는 y축을 (a_0, b_0)를 원점으로 하는 축 Y'으로 보내고 양의 방향은 $\vec{w}$ 방향에 대응시킨다. 각 점 $f(x, y)$의 $X'Y'$좌표는 (x, y)의 xy좌표와 동일하므로 xy평면의 임의의 점 (x, y)에 대해 다음이 성립한다.

$$f(x, y) = (a_0, b_0) + x\vec{v} + y\vec{w}$$

식 (1.7)을 위의 식에 적용하면 결과의 식 (1.6)을 얻는다. □

1.11 부록: 면적기

면적기([15], 11쪽 참조)는 평면에 있는 도형의 넓이를 재는 기계적인 도구이다. 가장 간단한 형태로는(그림 1.52) 두 막대 $\overline{XY}$와 $\overline{YZ}$가 Y에서

힌지[9]로 연결되어 있고 X에서 회전 축을 평면에 고정시킨 것이다. Z에 있는 바늘은 평면에서 자유롭게 움직이고 막대 $\overline{YZ}$에는 바퀴 W가 설치되어 있는데 바퀴는 $\overline{YZ}$를 축으로 돌고 막대의 양쪽 끝까지는 미끄러지지 않게 되어 있다. 바퀴는 평면에 놓여 있다.

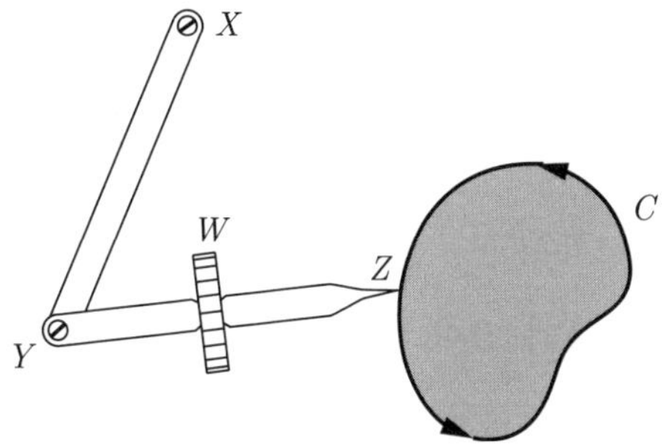

그림 1.52. 면적기

C를 평면에 놓여 있는 단순 폐곡선[10]이라 하자. C의 내부 넓이를 측정하기 위해서 바늘은 곡선을 따라서 움직여야 한다. 바늘이 곡선 C를 따라갈 때, 벡터 $\overrightarrow{XY}$와 $\overrightarrow{YZ}$는 평면에서 회전하거나 평행 이동하게 된다. 면적기를 사용하여 정확하게 측정하려 할 때, 가장 중요한 것은 $\overrightarrow{XY}$와 $\overrightarrow{YZ}$가 궤적을 따라 움직여서 원래 위치로부터 $360°$를 다 돌지 않아야 한다는 것이다. 실제 상황에서는 충분히 큰 면적기를 준비하고 X를 곡선에서 충분히 먼 곳에 위치시키면 위의 조건은 어렵지 않게 해결된다.

바늘이 움직일 때 바퀴를 끌게 되는데 바퀴는 평면에서 미끄러지거나 굴러가게 된다. 미끄러지는 것은 무시하고 바퀴가 축을 중심으로 회전하는 수를 관찰하면서 얼마나 굴러갔는지를 예의 주시하여야 한다.(반시계 방향은 양의 회전으로, 시계 방향은 음의 회전으로 회전수를 센다.) 곡선의 내부 넓이는 총 회전 수를 다음 공식에 넣기만 하면 얻을 수 있다.

$$C\text{의 내부 넓이} = L(2\pi\rho N) = LD \tag{1.8}$$

여기서 기호들은 다음과 같다(N은 정수가 아니어도 된다).

$N =$ 바퀴의 회전 수, $L = \overline{YZ}$의 길이,

$\rho =$ 바퀴의 반지름, $D =$ 바퀴가 굴러간 거리

공식 (1.8)이 참인지를 알아보기 위해 막대 $\overline{YZ}$가 평면에서 극소량의 움

[9]돌쩌귀처럼 창문이나 출입문 또는 가구의 문짝을 다는 데 쓰는 철물의 하나

[10]단순이란 곡선이 자기 자신과 교차하지 않는 것을 의미한다.

직임을 만들었을 때 막대가 쓸고 간 영역의 넓이를 생각해 보자. 극소량의 움직임은 극소량의 평행 이동 T와 극소량의 회전 R로 나누어 진다(그림 1.53 참조). 평행 이동은 $\overline{YZ}$와 $T(\overline{YZ})$로 만들어지는 평행사변형의 내부를 막대로 쓸고 간다. 회전은 $T(\overline{YZ})$와 $R(T(\overline{YZ}))$ 사이의 부채꼴의 내부를 막대로 쓸고 간다. 막대가 쓸고 간 극소량의 넓이는 다음과 같이 이들 넓이의 합이다.

$$\begin{aligned}\Delta(\text{넓이}) &= (\text{평행사변형의 넓이}) + (\text{부채꼴의 넓이}) \\ &= L\Delta h + \frac{L^2\Delta\theta}{2}\end{aligned} \tag{1.9}$$

여기서 Δh와 $\Delta\theta$는 다음과 같다.

$$\Delta h = (\text{평행사변형의 높이}), \qquad \Delta\theta = (\text{회전 각})$$

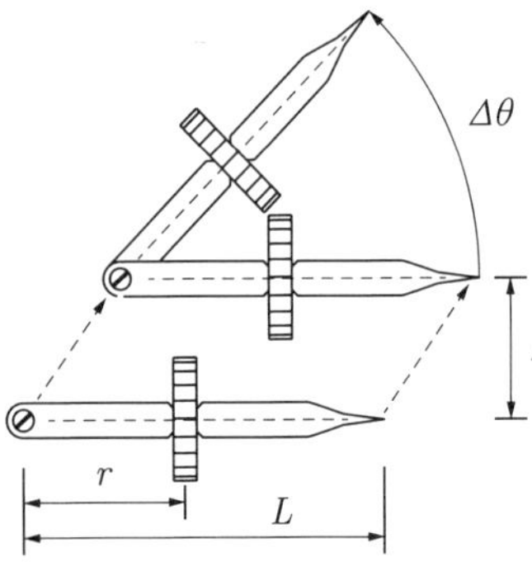

그림 1.53

바퀴는 $\overline{YZ}$와 수직인 방향으로 굴러가고 $\overline{YZ}$와 평행인 방향으로 미끄러진다. 평행 이동에 의해 굴러간 거리와 회전에 의해 굴러간 거리를 더하면 다음과 같다.

$$\Delta D = \Delta h + r\Delta\theta \tag{1.10}$$

여기서 r은 다음과 같다.

$$r = \text{힌지 } Y\text{로부터 바퀴까지의 거리}$$

그러므로 식 (1.9)과 식 (1.10)으로부터 $\overline{YZ}$가 쓸고 간 극소량의 넓이 Δ(넓이)는 다음 공식에 의해 얻을 수 있다.

$$\begin{aligned}\Delta(\text{넓이}) &= L\Delta D - Lr\Delta\theta + \frac{L^2\Delta\theta}{2} \\ &= L\Delta D + L(\frac{L}{2} - r)\Delta\theta\end{aligned}$$

이들 극소량의 넓이를 모두 더하면 바늘이 곡선을 따라 움직일 때 막대가 쓸고 간 총 넓이를 다음과 같이 알아낼 수 있다.

$$(\overline{YZ}\text{에 의해 쓸린 총 넓이}) = LD + L(\frac{L}{2} - r)\theta \qquad (1.11)$$

여기서 D와 θ는 다음과 같다.

$$D = (\text{바퀴가 굴러 간 총 거리}), \qquad \theta = (\text{벡터 } \overrightarrow{YZ}\text{가 회전한 총 각도})$$

곡선이 닫혀 있으므로 바늘이 곡선의 끝에 도달했을 때 막대는 움직이기 시작한 위치로 돌아와야 한다. 그러므로 θ는 $360°$의 정수배이어야 한다. 그런데 $\overrightarrow{YZ}$는 $360°$를 다 회전할 수는 없고, 이러한 이유로 총 회전각 θ는 영이어야 한다. 따라서 식 (1.11)로부터 다음을 얻는다.

$$(\overline{YZ}\text{에 의해 쓸린 총 넓이}) = LD = L(2\pi\rho N)$$

(두 번째 줄의 식은 바퀴가 굴러간 거리 D가 둘레의 길이 $2\pi\rho$와 총 회전수 N과의 곱이란 사실로부터 얻을 수 있다.)

식 (1.8)을 증명하기 위해서는 $\overline{YZ}$가 쓸고 간 넓이가 곡선 C의 내부 넓이임을 보여야 한다.

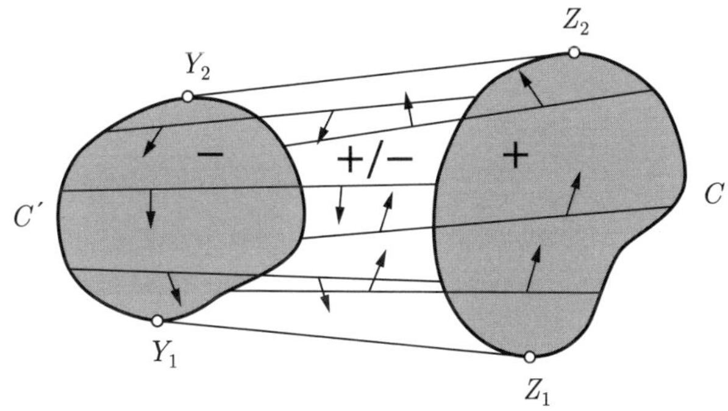

그림 1.54

바퀴가 굴러갈 때 반시계 방향으로의 회전에 의해서는 거리가 늘어나고 시계 방향으로의 회전에 의해서는 거리가 줄어든다. 비슷한 현상이 넓이에 대해서도 일어난다. 즉 양의 회전은 넓이를 늘리고 음의 회전은 넓이를 줄인다. 가감에 의한 영향은 그림 1.54에서 볼 수 있다. 막대가 Y_1Z_1으로부터 Y_2Z_2까지 움직이며 쓸고갈 때 넓이는 늘어나고 거꾸로 Y_1Z_1까지 움직이면서 쓸고 갈 때 넓이는 줄어든다. 그러므로 C의 내부 넓이는 양으로 Y에 의해 그려지는 곡선 C'의 내부 넓이는 음으로 작용하고 그리고 두 곡선 사이의 넓이는 소거된다.

$$(\overline{YZ}\text{에 의해 쓸린 총 넓이}) = (C\text{의 내부 넓이}) - (C'\text{의 내부 넓이})$$

벡터 $\overrightarrow{XY}$가 X에서 평면에 고정되어 있기 때문에 C'은 X를 중심으로 하는 원호이다. 그런데 $\overrightarrow{XY}$는 $360°$를 다 회전할 수는 없기 때문에 C'의 내부 넓이는 영이다. 그러므로 다음을 얻는다.

$$(\overline{YZ}\text{에 의해 쓸린 총 넓이}) = (C\text{의 내부 넓이})$$

이로써 식 (1.8)의 증명을 마친다.

제 2 장

구면 기하학

2.1 측지선

점 사이의 거리를 다루는 어떠한 기하적 체계에서도 가장 중요한 곡선은 측지선이다.

정의 2.1.1 (측지선) 공간에서 두 점을 잇는 가장 짧은 곡선은 그 공간에서의 **측지선**이다.

보기 2.1.1 지구에 있는 두 점을 잇는 측지선은 두 점 사이에 줄을 연결하고 탱탱하게 잡아당겨서 얻을 수 있다. 로스앤젤레스와 런던을 잇는 측지선은 캐나다의 중앙을 지나 북동쪽으로 진행하다가 그린랜드의 남쪽 꼭대기를 통과하면서 동쪽으로 방향을 바꾸어 남동쪽의 방향으로 런던에 도착한다. (시도해 보라!) 배나 항공기는 먼 거리를 갈 때에는 이러한 "대원 항로"를 따라 운행하여 연료를 절약한다(그림 2.1).

그림 2.1. 로스앤젤레스와 런던을 잇는 측지선

한 공간 S에서 측지선을 찾을 때 그 공간에 온전히 놓여 있는 곡선만을 고려해야 한다는 것은 강조되어야 한다. S을 벗어나는 더 짧은 곡선이 존재하는 것은 측지선을 찾으려는 목적과 상관이 없다. 즉 S를 마치 우주 전체라고 생각해야 한다. 예를 들어 보기 2.1.1에서 땅속으로 파고들어가서 로스앤젤레스로부터 런던까지의 더 짧은 경로를 찾을 수 있다. 그러나 그러한 경로는 "우주", 즉 이 경우에는 지구 표면을 벗어나기 때문에 고려 대상이 되지 않는다.

두 점을 잇는 측지선은 한 개가 아니라 여러 개 있을 수 있다. 예를 들어, 지구에서 북극과 남극을 잇는 측지선은 무수히 많다.

선분을 이어 직선을 얻는 것처럼 짧은 측지선을 연결하여 긴 측지선을 얻을 수도 있다. 일반적으로 곡선을 충분히 잘게 나누었을 때 모든 조각이 정의 2.1.1의 의미에서 가장 짧으면 그 곡선을 "측지선"이라 한다. 이러한 측지선은 비교적 짧은 거리에서는 최소 경로이지만 먼 거리에서는 아닐 수가 있다.

보기 2.1.2 종이를 말아서 원기둥을 만들고 원기둥에 있는 두 점을 줄로 연결하고 탱탱하게 잡아 당기면 그 두 점을 연결하는 측지선을 얻게 된다. 줄로 원기둥을 몇 번 감느냐에 따라 무수히 많은 측지선을 얻을 수 있다. 그러나 두 점 사이에서 길이를 최소로 하는 측지선은 유일하다(어떤 경우에는 두 개이다).

또한 측지선은 스스로 교차할 수도 있다. 이러한 예를 원뿔에 줄을 탱탱하게 감아서 만들어 보아라(그림 2.2).

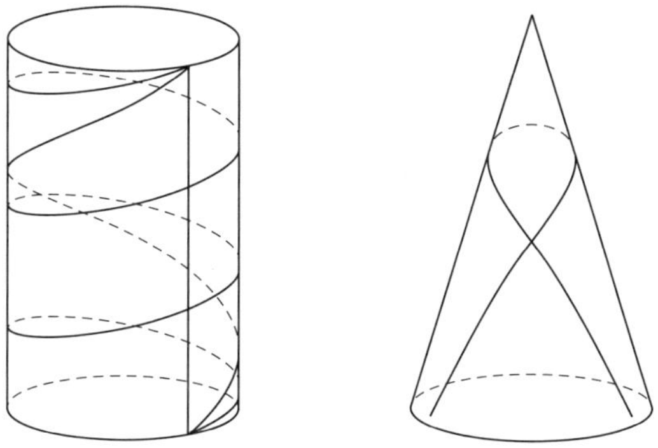

그림 2.2. 측지선

정의 2.1.2 (측지 삼각형) 세 꼭짓점을 측지선으로 연결하여 만든 "삼각형"을 **측지 삼각형**이라 한다.

다음 보기와 같이 간단한 실험으로 휜 곡면에 있는 측지 삼각형의 내각의 합이 $180°$일 필요가 없음을 알 수 있다.

보기 2.1.3 종이로 부채꼴을 만들고 모서리를 붙여서 원뿔을 만들어보자(그림 2.3). 원뿔에 있는 세 점 A, B, C를 표시하고 원뿔을 탁자에 펼쳐서 평평하게 한 다음 점 사이에 선분을 긋는 방법으로 세 점을 측지 선분으로 연결한다. 종이가 말려서 원뿔이 되더라도 이러한 선분은 여전히 종이에서 가장 짧은 곡선이다. 왜냐하면 종이를 펼치든지 원뿔로 만들든지 그어진 선분은 늘어나거나 줄어들지 않으므로 종이에 그어진 선분의 길이는 변하지 않기 때문이다. 따라서 $\triangle ABC$는 원뿔에 있는 측지 삼각형이다.

부채꼴의 중심각을 θ라 하자. 원뿔의 꼭짓점이 $\triangle ABC$의 내부에 있는 경우 다음이 성립한다.

$$\angle A + \angle B + \angle C = 540 - \theta \tag{2.1}$$

특히 $\theta < 360°$이면 $\angle A + \angle B + \angle C > 180°$임을 알 수 있다.

부채꼴 두 개를 붙여서 중심각의 크기 θ가 $\theta > 360°$인 부채꼴을 만들 수 있다. 이러한 부채꼴의 모서리를 붙이면 말안장 모양의 곡면을 얻는다(그림 2.4). 이 경우에 말안장 곡면에서 부채꼴의 꼭짓점을 포함하도록 측지

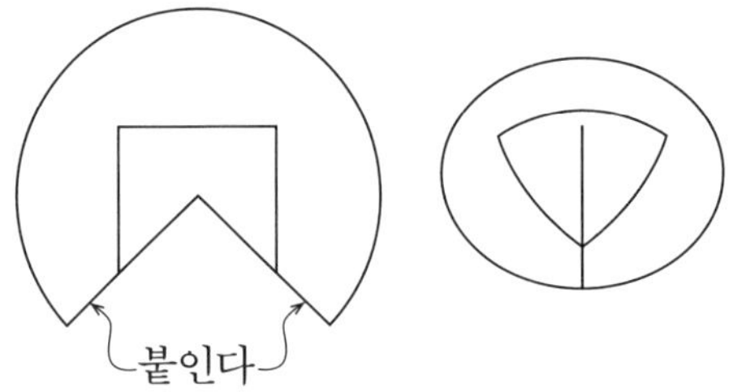

그림 2.3. 원뿔에 있는 삼각형

삼각형을 그린 다음 식 (2.1)을 적용하면 측지 삼각형의 내각의 합은 180° 보다 작아진다.

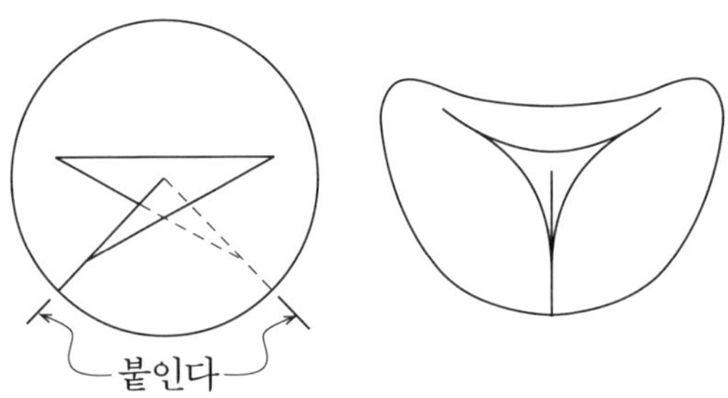

그림 2.4. 말안장에 있는 삼각형

위 보기를 바탕으로 곡면에 있는 측지 삼각형의 내각의 합은 곡면이 말안장 모양이면 180° 보다 작고 곡면이 원뿔과 같이 엎어진 사발 모양이면 180° 보다 커진다고 추측할 수 있다. 이러한 결과는 이차원 생명체가 자신이 살고 있는 곡면의 모양이 말안장인지 엎어진 사발인지를 알고자 할 때 곡면을 벗어나지 않고 단지 측지 삼각형의 내각의 합을 구해 180°와 비교하여 알아낼 수 있도록 해준다. 유사한 과정을 거치면 우리들과 같은 삼차원 생명체가 그들의 우주가 휘어졌는지를 알고자 할 때 그들의 우주를 벗어날 필요 없이 측량을 통해 알아낼 수 있게 된다. (우리가 살고 있는 우주는 **휘어 있다.**그러나 곡률(휜 정도)을 알아내기 위해서는 대단히 큰 삼각형을 고려해야 한다.)

유명한 **가우스-보네 정리**가 적어도 충분히 매끄러운 곡면에서는 위 문단의 추측이 참이라고 말한다. 가우스-보네 정리는 대학의 미분 기하학 과목에서 다룬다.[1] 여기서는 곡면이 구인 경우로 제한하여 이 정리를 증명함으로써 조금의 위안을 얻게 될 것이다(62쪽의 정리 2.3.1).

---

[1] [17], Chap. 7 §8 참조

문제 2.1.1 중심각의 크기가 $0° < \theta < 540°$ 인 임의의 부채꼴로부터 얻은 곡면에 대해 식 (2.1)을 증명하여라. $\theta \geq 540°$ 인 경우 곡면에 있는 측지 삼각형의 내부에 부채꼴의 꼭짓점이 존재할 수 없음을 보여라. 부채꼴의 꼭짓점이 내부에 없는 경우 측지 삼각형의 내각의 합은 얼마인가?

2.2 구면의 측지선

정의 2.2.1 구면과 구의 중심을 지나는 평면과의 교선을 **대원**이라고 한다. 구면에 있는 다른 원은 "작은 원"이라 불린다(그림 2.5).

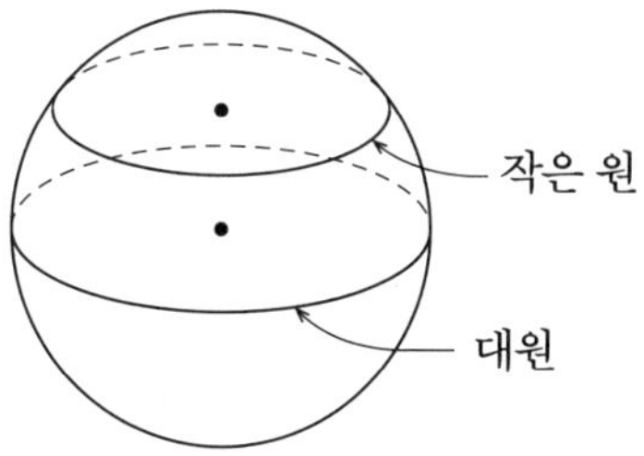

그림 2.5

A와 B를 구면의 두 점이라 하고 C를 구의 중심이라 하자. $\angle ACB$에 대응하는 호 $\widehat{\mathrm{AB}}$는 대원의 한 조각으로 길이가 다음과 같다.

$$\text{길이}(\widehat{\mathrm{AB}}) = R(\angle ACB)$$

여기서 R은 구의 반지름이고 $\angle ACB$는 라디안을 단위로 한다.

구면에서 곡선의 길이를 계산할 때에는 구면 좌표계를 사용하는 것이 편리하다. 구의 중심 C를 원점으로 하고 z축의 양의 부분이 점 A를 지나가는 $\mathbb{E}^3$의 직교 좌표계를 생각해보자. 이 때 구면의 점 P의 구면 좌표는 (R, θ, ϕ)로 주어지는데 여기서 R, ϕ, θ는 다음과 같다(그림 2.6 참조).

R은 구의 반지름, $\phi = \angle PCA$,
θ는 양의 x축과 $\overrightarrow{CP}$의 xy평면에의 정사영 사이의 각

기본적인 삼각법으로부터 구면 좌표계와 직교 좌표계의 관계가 다음과 같음을 알 수 있다.

$$x = R\sin\phi\cos\theta, \qquad y = R\sin\phi\sin\theta, \qquad z = R\cos\phi$$

정리 2.2.1 구면에서 두 점 사이의 가장 짧은 경로는 대원의 호이다.

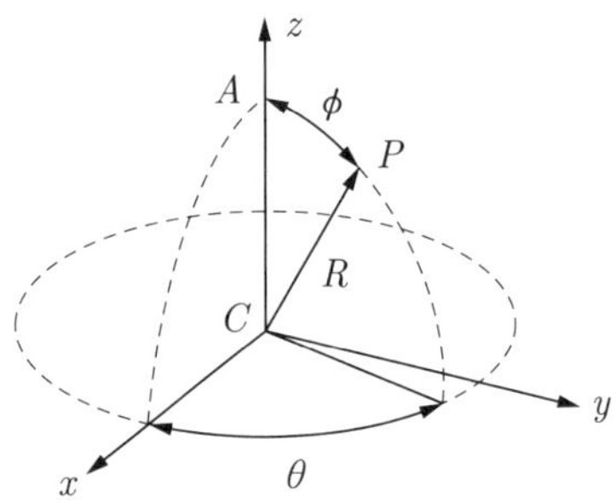

그림 2.6. 구면 좌표계

증명. $\sigma : [a, b] \to S$를 구면 S에서 다음을 만족하는 매개화된 곡선이라 하자.

$$\sigma(a) = A, \qquad \sigma(b) = B$$

직교 좌표계에서의 매개화가 $\sigma(t) = (x(t), y(t), z(t))$라 하자. 그러면 곡선 σ의 길이는 다음 공식에 의해 계산할 수 있다.

$$\text{길이}(\sigma) = \int_a^b \sqrt{x'(t)^2 + y'(t)^2 + z'(t)^2}\ dt \tag{2.2}$$

구면 좌표계를 사용하여 매개화하면 다음과 같다.

$$x(t) = R\sin\phi(t)\cos\theta(t), \quad y(t) = R\sin\phi(t)\sin\theta(t), \quad z(t) = R\cos\phi(t) \tag{2.3}$$

(2.3)를 미분하면 다음과 같다.

$$\begin{aligned} x'(t) &= R\big[\phi'(t)\cos\phi(t)\cos\theta(t) - \theta'(t)\sin\phi(t)\sin\theta(t)\big], \\ y'(t) &= R\big[\phi'(t)\cos\phi(t)\sin\theta(t) + \theta'(t)\sin\phi(t)\cos\theta(t)\big], \\ z'(t) &= -R\phi'(t)\sin\phi(t) \end{aligned}$$

이를 식 (2.2)에 대입하면 다음을 얻는다.

$$\begin{aligned} \text{길이}(\sigma) &= \int_a^b R\sqrt{\phi'(t)^2 + \theta'(t)^2\sin^2\phi(t)}\ dt \\ &\geq \int_a^b R\phi'(t)\ dt = R(\phi(b) - \phi(a)) = R(\angle BCA) = \text{길이}(\widehat{\text{AB}}) \end{aligned}$$

등호는 모든 t에 대해 $\theta'(t) = 0$ 또는 $\sin^2\phi(t) = 0$, 즉 σ가 호 $\widehat{\text{AB}}$를 벗어나지 않는 경우에 성립한다. □

구면에서 측지선에 대한 기하학은 평면의 직선에 대한 기하학과 다르다. 예를 들어 구면에서 서로 다른 두 대원은 항상 어떤 한 지름의 양 끝점에서 만나기 때문에 구면에는 평행한 측지선이 존재하지 않는다(그림 2.7).

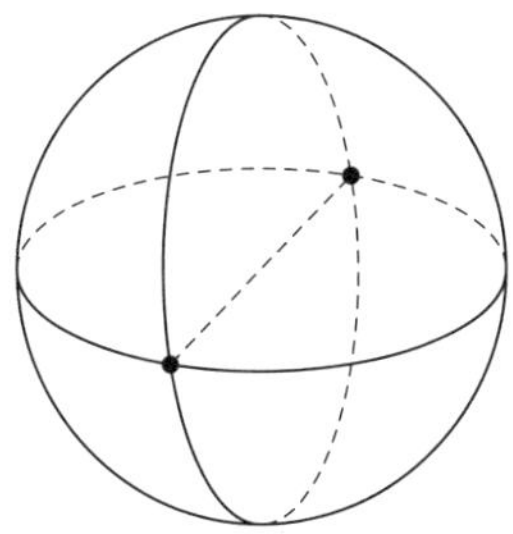

그림 2.7. 대원은 항상 만난다

2.3 구면 삼각형의 여섯 개의 각

구면에서 측지 삼각형을 **구면 삼각형**이라 한다. $\triangle ABC$를 중심 O인 구면에서의 구면 삼각형이라 하고, 꼭짓점 A의 대변을 a, 꼭짓점 B의 대변을 b, 꼭짓점 C의 대변을 c라 하자. $\triangle ABC$에는 여섯 개의 각(세 **호각** $\angle a$, $\angle b$, $\angle c$와 세 **꼭짓각** $\angle A$, $\angle B$, $\angle C$)이 존재한다(그림 2.8).

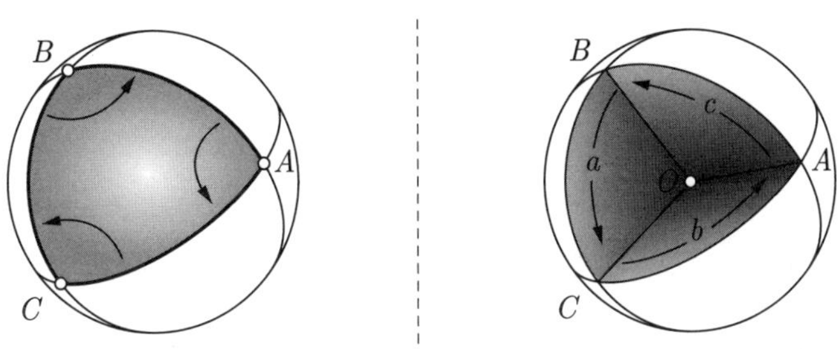

ΔABC의 꼭짓각 ΔABC의 호각

그림 2.8. 여섯 개의 각

호각은 다음과 같이 삼각형의 변에 대응되는 각을 나타낸다.

$$\angle a = \angle(\overrightarrow{OB}, \overrightarrow{OC}), \quad \angle b = \angle(\overrightarrow{OC}, \overrightarrow{OA}), \quad \angle c - \angle(\overrightarrow{OA}, \overrightarrow{OB})^{2)}$$

꼭짓각은 한 번에 세 종류의 각을 나타낸다. 즉 $\angle A$는 다음과 같다.

1. A에서 두 호 $\overset{\frown}{\mathrm{AB}}$와 $\overset{\frown}{\mathrm{AC}}$ 사이의 각,

---

[2] $\angle(\overrightarrow{OA}, \overrightarrow{OB})$는 두 벡터 $\overrightarrow{OA}$, $\overrightarrow{OB}$ 사이의 각을 나타낸다. 그리고 구면에서는 $0°$와 $180°$ 사이의 각만을 다룬다.

2. A에서 호 $\overparen{\mathrm{AB}}$에 접하는 벡터 $\overrightarrow{V}$와 호 $\overparen{\mathrm{AC}}$에 접하는 벡터 $\overrightarrow{W}$ 사이의 각,

3. 두 평면 $\overline{ABO}$와 $\overline{ACO}$ 사이의 각

위의 두 번째의 각은 첫 번째 각의 정의이므로 같다. 두 번째와 세 번째의 각는 $\overrightarrow{V}$와 $\overrightarrow{W}$가 두 평면 $\overline{ABO}$와 $\overline{ACO}$의 교선인 직선 $\overleftrightarrow{AO}$에 수직이므로 같음을 알 수 있다(그림 2.9).

$\angle B$와 $\angle C$에 대해도 비슷한 명제가 성립한다.

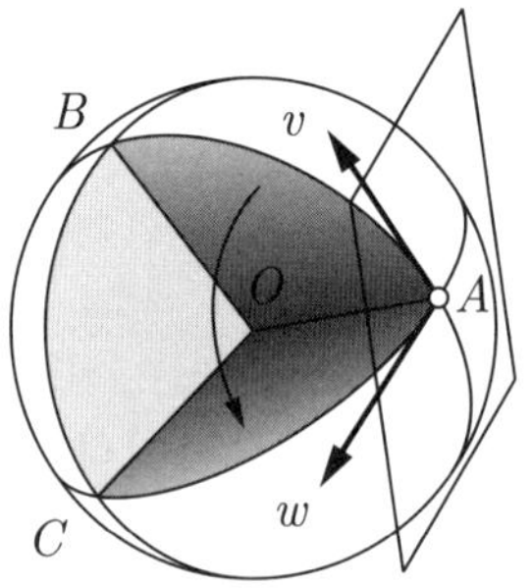

꼭짓각$\angle A$

그림 2.9. 꼭짓각

이제부터 기호를 간단히 하기 위해 다음과 같이 정하자.

$$\overrightarrow{A} = \overrightarrow{OA}, \qquad \overrightarrow{B} = \overrightarrow{OB}, \qquad \overrightarrow{C} = \overrightarrow{OC}$$

그리고 구면 삼각형의 각에 대해는 향을 고려하지 않을 목적으로 두 각 $\angle(\overrightarrow{A}, \overrightarrow{B})$와 $\angle(\overrightarrow{B}, \overrightarrow{A})$는 동일한 각으로 여길 것이다.

보조정리 2.3.1 구면 삼각형 $\triangle ABC$에 대해 다음이 성립한다.

1. 호각은 아래와 같다.

$$\angle a = \angle(\overrightarrow{B}, \overrightarrow{C}), \qquad \angle b = \angle(\overrightarrow{C}, \overrightarrow{A}), \qquad \angle c = \angle(\overrightarrow{A}, \overrightarrow{B})$$

2. 꼭짓각은 아래와 같다.

$$\begin{aligned}\angle A &= \angle(\overrightarrow{A} \times \overrightarrow{B}, \overrightarrow{A} \times \overrightarrow{C}),\\ \angle B &= \angle(\overrightarrow{B} \times \overrightarrow{C}, \overrightarrow{B} \times \overrightarrow{A}),\\ \angle C &= \angle(\overrightarrow{C} \times \overrightarrow{A}, \overrightarrow{C} \times \overrightarrow{B})\end{aligned}$$

여기서 $\times$는 "외적"이다.

증명. 1. 호각의 정의이므로 자명하다.

2. $\vec{A} \times \vec{B}$는 $\overline{ABO}$에 수직이고 $\vec{A} \times \vec{C}$는 $\overline{ACO}$에 수직이다. 이로부터 $\angle A = \angle(\vec{A} \times \vec{B}, \vec{A} \times \vec{C})$이 거의 성립하는 것을 할 수 있는데 그 이유는 두 평면 사이의 각은 법벡터 사이의 각과 같기 때문이다. 문제가 되는 것은 교차하는 두 평면이 서로 보각[3]인 두 개의 각을 결정하기 때문에 $\angle(\vec{A} \times \vec{B}, \vec{A} \times \vec{C})$이 $\angle A$와 같은지 아니면 $180° - \angle A$와 같은지이다.

$\vec{V}$를 A에서 $\widehat{\mathrm{AB}}$의 접선, $\vec{W}$를 A에서 $\widehat{\mathrm{AC}}$의 접선이라 하자.[4] 그러면 다음을 얻는다.

$$\angle A = \angle(\vec{V}, \vec{W}) \tag{2.4}$$

$\vec{V}$와 $\vec{W}$가 $\vec{A}$에 수직이므로 오른손 법칙으로부터 $\vec{A} \times \vec{V}$는 $\vec{V}$를 $\vec{A}$를 중심으로 오른쪽으로 $90°$ 회전시켜 얻은 방향을 가리킨다. 비슷하게 $\vec{A} \times \vec{W}$도 $\vec{A}$를 중심으로 $\vec{W}$의 오른쪽 $90°$ 방향을 가리킨다. 회전은 각을 보존하므로 다음을 얻는다.

$$\angle(\vec{V}, \vec{W}) = \angle(\vec{A} \times \vec{V}, \vec{A} \times \vec{W}) \tag{2.5}$$

한편, $\vec{A} \times \vec{V}$는 $\vec{A} \times \vec{B}$와 동일한 방향을 가리키고[5], $\vec{A} \times \vec{W}$는 $\vec{A} \times \vec{C}$와 동일한 방향을 가리킨다. 그러므로 다음을 얻는다.

$$\angle(\vec{A} \times \vec{V}, \vec{A} \times \vec{W}) = \angle(\vec{A} \times \vec{B}, \vec{A} \times \vec{C}) \tag{2.6}$$

식 (2.4), (2.5), (2.6)으로부터 다음이 성립함을 알 수 있다.

$$\angle A = \angle(\vec{A} \times \vec{B}, \vec{A} \times \vec{C})$$

비슷한 논의를 통하여 $\angle B = \angle(\vec{B} \times \vec{C}, \vec{B} \times \vec{A})$와 $\angle C = \angle(\vec{C} \times \vec{A}, \vec{C} \times \vec{B})$가 성립함을 알 수 있다. □

정리 2.3.1 구면 삼각형 $\triangle ABC$에 대해 다음이 성립한다.

$$\angle A + \angle B + \angle C = \pi + \frac{\text{넓이}(\triangle ABC)}{R^2} \tag{2.7}$$

여기서, 단위는 라디안이고 R은 구의 반지름이다.

특히, $\angle A + \angle B + \angle C > 180°$가 성립한다.

---

[3] 두 보각의 합은 $180°$이다.

[4] 좀 더 정확하게는, $\vec{V}$는 $\widehat{\mathrm{AB}}$를 따라 A부터 B까지 움직이는 입자의 초기 속도이다. 비슷한 정의가 $\vec{W}$에게도 적용된다.

[5] $\vec{A}, \vec{B}$와 $\vec{V}$가 동일한 평면에 놓여있으므로 오른 손 법칙을 사용하면 동일한 방향을 가리킴을 알 수 있다.

증명. 구면의 점 P에 대해 $-P$를 P에서 지름을 그었을 때 반대쪽 끝점, 즉 P의 **대척점**이라고 하자. P에서 각 θ를 이루는 두 대원은 꼭짓점이 P와 $-P$인 구의 한 조각을 둘러싸게 된다. 그림 2.10은 다음과 같이 구면의 넓이에 대한 조각의 넓이의 비가 원 전체에 대응되는 각에 대한 각 θ의 비와 같음을 보여준다.

$$\frac{\text{넓이(조각)}}{\text{넓이(구면)}} = \frac{\theta}{2\pi}$$

구면의 넓이는 $4\pi R^2$이므로 다음을 얻는다.

$$\text{넓이(조각)} = 2R^2\theta$$

$\triangle ABC$의 각각의 꼭짓각은 이와 같은 구면의 조각에 대응된다. 이들을 각각

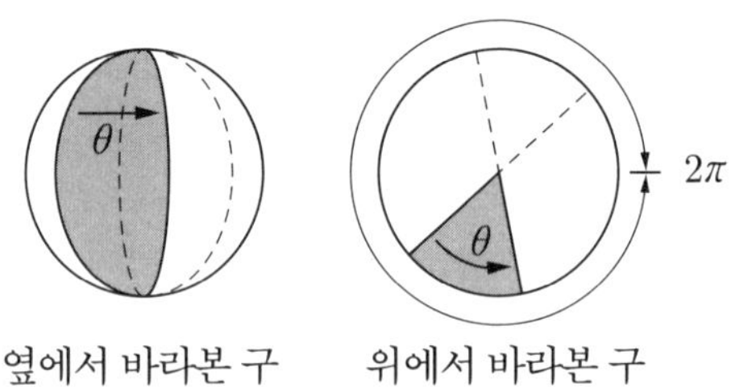

그림 2.10. 조각의 넓이 $= 2 \times R^2 \times$(조각의 각)

"A-조각", "B-조각", "C-조각"이라 부르자. C를 포함하고 $\widehat{\mathrm{AB}}$를 경계의 일부로 하는 반구면을 H_C라 하자. 그러면 H_C는 A-조각과 B-조각을 둘 다 포함하고 C-조각은 일부분만 포함한다. 그림 2.11은 세 조각을 바라보는 두 가지 다른 방법을 나타내고 있다. 오른쪽 그림에서는 H_C가 온전히 보이도록 구를 회전하였다. 이 때 C-조각의 일부는 보이는 반구의 뒤, 즉 구의 뒤쪽에 놓이게 된다.

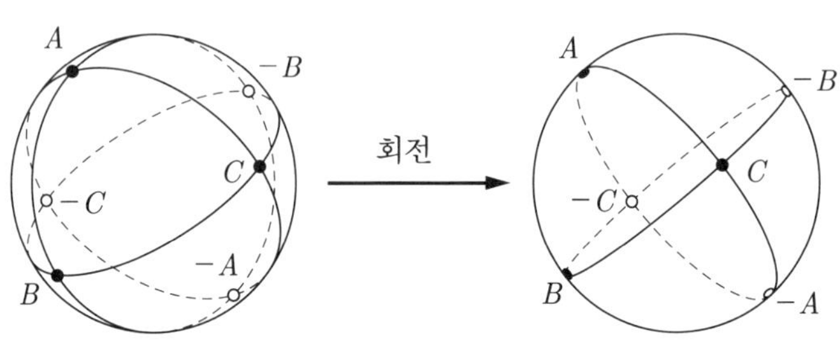

그림 2.11. 구의 회전

그림 2.11로부터 다음을 얻는다.

$$\begin{aligned}\text{넓이}(H_C) &= \text{넓이}(\triangle ABC) + \text{넓이}(\triangle(-A)BC) \\ &\quad + \text{넓이}(\triangle A(-B)C) + \text{넓이}(\triangle(-A)(-B)C),\end{aligned} \tag{2.8}$$

$$\text{넓이}(A\text{-조각}) = \text{넓이}(\triangle ABC) + \text{넓이}(\triangle(-A)BC), \tag{2.9}$$

$$\text{넓이}(B\text{-조각}) = \text{넓이}(\triangle ABC) + \text{넓이}(\triangle A(-B)C), \tag{2.10}$$

$$\text{넓이}(C\text{-조각}) = \text{넓이}(\triangle ABC) + \text{넓이}(\triangle AB(-C)) \tag{2.11}$$

구의 중심에 대한 반사 f는 구에 있는 각 점 P를 대척점 $-P$로 보내는 등거리 변환이다.[6] $f(\triangle AB(-C)) = \triangle(-A)(-B)C$이고 f가 등거리 변환이므로 다음을 얻는다.

$$\text{넓이}(\triangle AB(-C)) = \text{넓이}(\triangle(-A)(-B)C)$$

그러므로 식 (2.11)에 의해 다음이 성립한다.

$$\text{넓이}(C\text{-조각}) = \text{넓이}(\triangle ABC) + \text{넓이}(\triangle(-A)(-B)C) \tag{2.12}$$

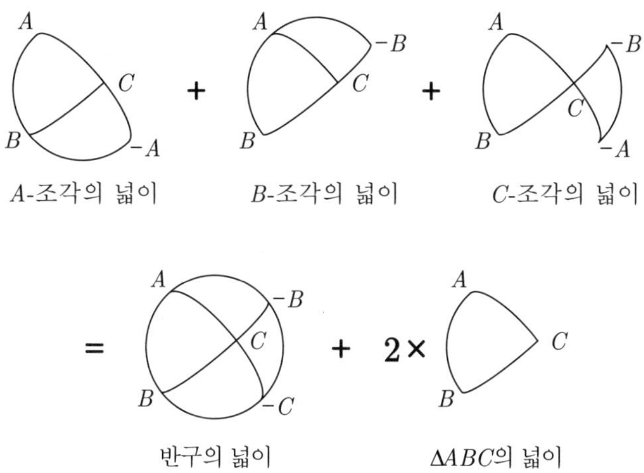

그림 2.12

식 (2.9), (2.10)과 (2.12)의 합과 식 (2.8)을 비교하면 다음이 성립함을 알 수 있다(그림 2.12 참조).

$$\begin{aligned}&\text{넓이}(A\text{-조각}) + \text{넓이}(B\text{-조각}) + \text{넓이}(C\text{-조각}) \\ &\quad = \text{넓이}(H_C) + 2\,\text{넓이}(\triangle ABC)\end{aligned} \tag{2.13}$$

한편, 다음이 성립한다.

$$\text{넓이}(A\text{-조각}) = 2R^2\angle A,$$
$$\text{넓이}(B\text{-조각}) = 2R^2\angle B,$$
$$\text{넓이}(C\text{-조각}) = 2R^2\angle C,$$

---

[6] 구의 중심이 원점일 때 f를 좌표를 사용하여 나타내면 $f(x, y, z) = (-x, -y, -z)$이다.

$$넓이(H_C) = 2\pi R^2 = \frac{1}{2}넓이(구)$$

이를 식 (2.13)에 대입하면 다음을 얻는다.

$$2R^2\angle A + 2R^2\angle B + 2R^2\angle C = 2\pi R^2 + 2넓이(\triangle ABC)$$

양변을 $2R^2$으로 나누면 식 (2.7)을 얻는다. □

따름정리 2.3.1 구면의 한 영역이 그 내부에 적어도 한 개의 측지 삼각형을 포함하는 경우 그 영역과 평면의 영역 사이에는 등거리 변환이 존재하지 않는다.

증명. 등거리 변환은 거리를 보존하므로 가장 짧은 곡선을 가장 짧은 곡선으로 대응시킨다. 그러므로 만약에 구면의 영역과 평면의 영역 사이에는 등거리 변환이 존재하면 이 등거리 변환은 구면의 측지 삼각형을 평면의 측지 삼각형으로 보낸다. 그런데 등거리 변환은 또한 각을 보존한다.[7]) 이로부터 구면 삼각형의 각의 합은 평면 삼각형의 각의 합과 같아야 하는데 이것은 정리 2.3.1에 위배된다. □

2.4 변에 대한 코사인 법칙

$\triangle ABC$를 구면 삼각형이라 하고, 꼭짓점 A의 대변을 a, 꼭짓점 B의 대변을 b, 꼭짓점 C의 대변을 c라 하자.

정리 2.4.1 (변에 대한 코사인 법칙)

$$\cos\angle a = \cos\angle b\cos\angle c + \sin\angle b\sin\angle c\cos\angle A$$

증명. 내적을 사용하여 $\cos\angle A$를 계산하자. 보조정리 2.3.1에 의해 $\angle A = \angle(\overrightarrow{A}\times\overrightarrow{B}, \overrightarrow{A}\times\overrightarrow{C})$이므로 다음을 얻는다.

$$(\overrightarrow{A}\times\overrightarrow{B})\cdot(\overrightarrow{A}\times\overrightarrow{C}) = |\overrightarrow{A}\times\overrightarrow{B}||\overrightarrow{A}\times\overrightarrow{C}|\cos\angle A$$

한편, $\angle(\overrightarrow{A},\overrightarrow{B}) = \angle c$이고 $\angle(\overrightarrow{A},\overrightarrow{C}) = \angle b$이므로 다음을 얻는다.

$$|\overrightarrow{A}\times\overrightarrow{B}| = |\overrightarrow{A}||\overrightarrow{B}|\sin\angle c, \qquad |\overrightarrow{A}\times\overrightarrow{C}| = |\overrightarrow{A}||\overrightarrow{C}|\sin\angle b$$

---

[7]) 이 명제에 대해 우리는 단지 평면에서 참임을 증명하였다. 일반적으로 참인 이유는 어떠한 각이라도 무한히 작은 길이의 호에 대응되기 때문이다. 이러한 호는 근본적으로 선분으로 볼 수 있고, 따라서 각은 코사인 법칙을 사용하여 무한히 작은 길이로부터 계산된다. 등거리 변환이 무한히 작은 길이를 보존하므로 각 또한 보존하여야 한다.

따라서 $|\vec{A}| = |\vec{B}| = |\vec{C}| = R$로부터 다음이 성립한다.

$$\begin{aligned}(\vec{A} \times \vec{B}) \cdot (\vec{A} \times \vec{C}) &= (|\vec{A}||\vec{B}| \sin \angle c)(|\vec{A}||\vec{C}| \sin \angle b) \cos \angle A \\ &= R^4 \sin \angle b \sin \angle c \cos \angle A\end{aligned} \tag{2.14}$$

벡터 대수학의 표준 항등식[8]을 사용하여 식 (2.14)의 좌변을 다음과 같이 간단하게 만들 수 있다.

$$\begin{aligned}(\vec{A} \times \vec{B}) \cdot (\vec{A} \times \vec{C}) &= \det \begin{pmatrix} \vec{A} \cdot \vec{A} & \vec{A} \cdot \vec{C} \\ \vec{B} \cdot \vec{A} & \vec{B} \cdot \vec{C} \end{pmatrix} \\ &= \det \begin{pmatrix} |\vec{A}|^2 & |\vec{A}||\vec{C}| \cos \angle b \\ |\vec{B}||\vec{A}| \cos \angle c & |\vec{B}||\vec{C}| \cos \angle a \end{pmatrix} \\ &= \det \begin{pmatrix} R^2 & R^2 \cos \angle b \\ R^2 \cos \angle c & R^2 \cos \angle a \end{pmatrix} \\ &= R^4 \cos \angle a - R^4 \cos \angle b \cos \angle c\end{aligned}$$

이 결과와 식 (2.14)로부터 다음을 얻는다.

$$R^4 \cos \angle a - R^4 \cos \angle b \cos \angle c = R^4 \sin \angle b \sin \angle c \cos \angle A$$

마지막으로 양변을 R^4으로 나누고 양변에 $\cos \angle b \cos \angle c$을 더하면 된다. □

참고. 삼각형을 풀기[9] 위해 코사인 법칙을 사용할 때, 반올림에 의해 계산 결과가 정확하지 않을 수 있다. 그러므로 모든 계산에서 적어도 소수점 아래 다섯 자리 혹은 여섯 자리까지 다루는 것이 좋다. 더 좋은 방법은 중간 결과를 저장하기 위해 계산기의 메모리를 사용하면 계산기가 처리할 수 있는 한 계산이 정확해질 것이다.

문제 2.4.1 (SAS와 SSS) 다음 구면 삼각형을 풀어라.

a) $\angle A = 60°,\ \ \angle b = 70°, \angle c = 80°$

b) $\angle a = 60°,\ \ \angle b = 70°, \angle c = 80°$

---

[8] $(\vec{A} \times \vec{B}) \cdot (\vec{C} \times \vec{D}) = (\vec{A} \cdot \vec{C})(\vec{B} \cdot \vec{D}) - (\vec{A} \cdot \vec{D})(\vec{B} \cdot \vec{C}) = \det \begin{pmatrix} \vec{A} \cdot \vec{C} & \vec{A} \cdot \vec{D} \\ \vec{B} \cdot \vec{C} & \vec{B} \cdot \vec{D} \end{pmatrix}$

[9] '삼각형을 푼다'는 것은 삼각형의 세 각과 세 변의 길이를 알아 낸다는 뜻이다.

2.5 쌍대 구면 삼각형

쌍대(혹은 "극") 삼각형이 중요한 이유는 꼭짓점은 원래 삼각형의 변에 대응되고 변은 원래 삼각형의 꼭짓점에 대응되기 때문이다. 따라서 원래 삼각형의 변에 대한 정리는 쌍대 삼각형의 꼭짓점에 대한 정리를 공짜로 제공하고, 원래 삼각형의 꼭짓점에 대한 정리는 쌍대 삼각형의 변에 대한 정리를 제공한다. 이러한 "쌍대성"을 사용하면 우리의 수고를 반으로 줄일 수 있다.

쌍대성은 수학의 여러 분야에서 사용된다. 우리는 이 책의 4장에서 쌍대성을 다시 보게 될 것이다.

정의 2.5.1 (쌍대 구면 삼각형) $\triangle ABC$를 구면 삼각형이라 하자. **쌍대 삼각형** $^*\triangle ABC$는 $\overrightarrow{A^*}, \overrightarrow{B^*}, \overrightarrow{C^*}$가 다음과 같은 구면 삼각형 $\triangle A^*B^*C^*$이다.

$$\overrightarrow{A^*} = \frac{\overrightarrow{B} \times \overrightarrow{C}}{R\sin\angle a}, \qquad \overrightarrow{B^*} = \frac{\overrightarrow{C} \times \overrightarrow{A}}{R\sin\angle b}, \qquad \overrightarrow{C^*} = \frac{\overrightarrow{A} \times \overrightarrow{B}}{R\sin\angle c}$$

여기서 R은 구의 반지름이고, 이 장의 나머지 부분에서도 사용할 것으로, O가 구의 중심일 때 $\overrightarrow{A^*} = \overrightarrow{OA^*}$, $\overrightarrow{B^*} = \overrightarrow{OB^*}$, $\overrightarrow{C^*} = \overrightarrow{OC^*}$이다. 위의 식에서 상수 $R\sin\angle a$, $R\sin\angle b$, $R\sin\angle c$는 벡터의 크기를 조절하기 위한 것으로 $|\overrightarrow{A^*}| = |\overrightarrow{B^*}| = |\overrightarrow{C^*}| = R$이 된다. (두 벡터 $\overrightarrow{V}$와 $\overrightarrow{W}$에 대해 $|\overrightarrow{V} \times \overrightarrow{W}| = |\overrightarrow{V}||\overrightarrow{W}|\sin\angle(\overrightarrow{V}, \overrightarrow{W})$이고, 보조정리 2.3.1에 의해 $\angle a = \angle(\overrightarrow{B}, \overrightarrow{C})$, $\angle b = \angle(\overrightarrow{C}, \overrightarrow{A})$, $\angle c = \angle(\overrightarrow{A}, \overrightarrow{B})$임을 기억하자.)

$\overrightarrow{A^*}$는 원래 삼각형의 변 a를 포함하는 평면 $\overline{BCO}$에 수직이다. 비슷하게 $\overrightarrow{B^*}$는 b를 포함하는 평면에 수직이고 $\overrightarrow{C^*}$는 c를 포함하는 평면에 수직이다. 이러한 의미로 쌍대 삼각형의 꼭짓점은 원래 삼각형의 변에 대응된다. 다음 정리는 동일한 의미로 쌍대 삼각형의 변이 원래 삼각형의 꼭짓점에 대응됨을 보여준다. 마지막으로 따름정리 2.5.3에 의해 쌍대 삼각형의 각각의 각은 원래 삼각형의 대응되는 각과 보각[10]관계이다.

정리 2.5.1 A^*, B^*, C^*를 정의 2.5.1에서의 쌍대 삼각형의 꼭짓점이라 하자. a^*를 A^*의 대변, b^*를 B^*의 대변, c^*를 C^*의 대변이라 하자. 그러면 다음이 성립한다.

$$\overrightarrow{A} = s\Big(\frac{\overrightarrow{B^*} \times \overrightarrow{C^*}}{R\sin\angle a^*}\Big), \qquad \overrightarrow{B} = s\Big(\frac{\overrightarrow{C^*} \times \overrightarrow{A^*}}{R\sin\angle b^*}\Big), \qquad \overrightarrow{C} = s\Big(\frac{\overrightarrow{A^*} \times \overrightarrow{B^*}}{R\sin\angle c^*}\Big)$$

단, $s = \pm 1$로서 $\det[\overrightarrow{A}, \overrightarrow{B}, \overrightarrow{C}]$의 부호이다.[11]

[10]두 보각은 합하면 $180°$가 된다.

증명. $\overrightarrow{B^*} \times \overrightarrow{C^*}$를 계산하면 다음과 같다.

$$\begin{aligned}\overrightarrow{B^*} \times \overrightarrow{C^*} &= \Big(\frac{\overrightarrow{C} \times \overrightarrow{A}}{R\sin\angle b}\Big) \times \Big(\frac{\overrightarrow{A} \times \overrightarrow{B}}{R\sin\angle c}\Big) \\ &= \frac{(\overrightarrow{C} \times \overrightarrow{A}) \times (\overrightarrow{A} \times \overrightarrow{B})}{R^2 \sin\angle b \sin\angle c}\end{aligned} \tag{2.15}$$

아래와 같이 주어지는 벡터 항등식을 기억하자.

$$\overrightarrow{X} \times (\overrightarrow{Y} \times \overrightarrow{Z}) = (\overrightarrow{X} \cdot \overrightarrow{Z})\overrightarrow{Y} - (\overrightarrow{X} \cdot \overrightarrow{Y})\overrightarrow{Z}$$

이를 사용하여 식 (2.15)에서 우변의 분자를 계산하면 다음과 같다.

$$\begin{aligned}(\overrightarrow{C} \times \overrightarrow{A}) \times (\overrightarrow{A} \times \overrightarrow{B}) &= ((\overrightarrow{C} \times \overrightarrow{A}) \cdot \overrightarrow{B})\overrightarrow{A} - ((\overrightarrow{C} \times \overrightarrow{A}) \cdot \overrightarrow{A})\overrightarrow{B} \\ &= \det[\overrightarrow{A}, \overrightarrow{B}, \overrightarrow{C}]\overrightarrow{A} + \overrightarrow{0}\end{aligned}$$

그러므로 다음을 얻는다.

$$\overrightarrow{B^*} \times \overrightarrow{C^*} = \Big(\frac{\det[\overrightarrow{A}, \overrightarrow{B}, \overrightarrow{C}]}{R^2 \sin\angle b \sin\angle c}\Big)\overrightarrow{A}$$

이로부터 $\overrightarrow{A}$는 다음과 같다.

$$\overrightarrow{A} = \Big(\frac{R^2 \sin\angle b \sin\angle c}{\det[\overrightarrow{A}, \overrightarrow{B}, \overrightarrow{C}]}\Big)(\overrightarrow{B^*} \times \overrightarrow{C^*})$$

한편, $0^\circ < \angle a^*, \angle b, \angle c < 180^\circ$이므로 $0 < \sin\angle a^*, \sin\angle b, \sin\angle c$이다. 이로부터 다음을 얻는다.

$\overrightarrow{A}$는 $s\Big(\dfrac{\overrightarrow{B^*} \times \overrightarrow{C^*}}{R\sin\angle a^*}\Big)$과 같은 방향을 가리킨다.

또한, $|\overrightarrow{B^*}| = |\overrightarrow{C^*}| = R$이고 $\angle(\overrightarrow{B^*}, \overrightarrow{C^*}) = \angle a^*$이므로 다음을 얻는다.

$$R = \frac{\overrightarrow{B^*} \times \overrightarrow{C^*}}{R\sin\angle a^*}$$

따라서 $|\overrightarrow{A}| = R$이므로 다음이 성립한다.

$$\overrightarrow{A} = s\Big(\frac{\overrightarrow{B^*} \times \overrightarrow{C^*}}{R\sin\angle a^*}\Big)$$

다른 등식도 비슷한 방법에 의해 유도된다. □

---

[11] $\det[\overrightarrow{A}, \overrightarrow{B}, \overrightarrow{C}]$는 $\overrightarrow{A}, \overrightarrow{B}, \overrightarrow{C}$를 행벡터로 갖는 3×3 행렬의 결정자(행렬식)이다.

따름정리 2.5.1 (쌍대 삼각형의 쌍대) $^*\triangle ABC$의 쌍대는 다음과 같다.

$$^*(^*\triangle ABC) = \begin{cases} \triangle ABC, & \det[\overrightarrow{A}, \overrightarrow{B}, \overrightarrow{C}] \geq 0 \\ \triangle(-A)(-B)(-C), & \det[\overrightarrow{A}, \overrightarrow{B}, \overrightarrow{C}] \leq 0 \end{cases}$$

따름정리 2.5.2 다음이 성립한다.

$$^*(^*\triangle ABC) \cong \triangle ABC$$

증명. 따름정리 2.5.1에 의해 $^*(^*\triangle ABC)$는 $\triangle ABC$와 같거나 구의 중심에 대한 $\triangle ABC$의 반사와 같다. □

따름정리 2.5.3 A^*, B^*, C^*를 정의 2.5.1에서의 쌍대 삼각형의 꼭짓점이라 하자. a^*를 A^*의 대변, b^*를 B^*의 대변, c^*를 C^*의 대변이라 하자. 그러면 다음이 성립한다.

$$\begin{aligned} \angle A + \angle a^* = \angle A^* + \angle a = 180°, \\ \angle B + \angle b^* = \angle B^* + \angle b = 180°, \\ \angle C + \angle c^* = \angle C^* + \angle c = 180° \end{aligned} \tag{2.16}$$

증명. 정의 2.5.1과 보조정리 2.3.1으로부터 다음을 얻는다.

$$\begin{aligned} \angle a^* &= \angle(\overrightarrow{B^*}, \overrightarrow{C^*}) \\ &= \angle(\overrightarrow{C} \times \overrightarrow{A},\ \overrightarrow{A} \times \overrightarrow{B}) \\ &= \angle(-\overrightarrow{A} \times \overrightarrow{C},\ \overrightarrow{A} \times \overrightarrow{B}) \\ &= 180° - \angle(\overrightarrow{A} \times \overrightarrow{C},\ \overrightarrow{A} \times \overrightarrow{B}) \\ &= 180° - \angle A \end{aligned}$$

따라서 다음이 성립한다.

$$\angle A + \angle a^* = 180°$$

이 결과를 $\triangle A^*B^*C^*$의 쌍대 $\triangle A^{**}B^{**}C^{**}$에 적용하면 다음을 얻는다.

$$\angle A^* + \angle a^{**} = 180° \tag{2.17}$$

여기서 a^{**}는 A^{**}의 대변이다. 한편, 따름정리 2.5.2에 의해 $\triangle A^{**}B^{**}C^{**}$은 $\triangle ABC$와 합동이므로 $\angle a^{**} \cong \angle a$이다. 그러므로 식 (2.17)에 의해 다음이 성립한다.

$$\angle A^* + \angle a = 180°$$

이로서 (2.16)의 첫 번째 식을 증명하였다. 다른 두 식도 비슷한 방법을 적용하면 증명된다. □

문제 2.5.1 a) $\mathbb{R}^3$에서 중심이 $(0,0,0)$인 단위 구에 있는 세 점 A,B,C가 다음과 같다.

$$A=(0,\ 0,\ 1),\qquad B=\Big(\frac{\sqrt{2}}{2},\ 0,\ \frac{\sqrt{2}}{2}\Big),\qquad C=\Big(0,\ \frac{\sqrt{3}}{2},\ \frac{1}{2}\Big)$$

이 때 $\triangle ABC$의 쌍대 삼각형의 꼭짓점을 찾아라.

b) $\triangle ABC$와 쌍대 삼각형에 대해 직접 계산을 통해 정리 2.5.1, 따름정리 2.5.1 그리고 따름정리 2.5.3가 성립함을 확인하여라.

c) 단위 구에 $\triangle ABC$와 $^*\triangle ABC$를 그려라.

2.6 각에 대한 코사인 법칙

다음 결과는 쌍대성을 사용하여 변에 대한 코사인 법칙으로부터 바로 얻을 수 있다.

따름정리 2.6.1 (각에 대한 코사인 법칙) $\triangle ABC$를 구면 삼각형이라 하고 A의 대변을 a, B의 대변을 b, C의 대변을 c라 하자. 그러면 다음이 성립한다.

$$\cos\angle A=-\cos\angle B\cos\angle C+\sin\angle B\sin\angle C\cos\angle a \tag{2.18}$$

증명. 쌍대 삼각형 $\triangle A^*B^*C^*={}^*\triangle ABC$에 변에 대한 코사인 법칙(정리 2.4.1)을 적용하면 다음을 얻는다.

$$\cos\angle a^*=\cos\angle b^*\cos\angle c^*+\sin\angle b^*\sin\angle c^*\cos\angle A^* \tag{2.19}$$

여기서 a^*는 A^*의 대변, b^*는 B^*의 대변, c^*는 C^*의 대변이다. 보조정리 2.5.3으로부터 $\angle a^*=180-\angle A$, $\angle b^*=180-\angle B$, $\angle c^*=180-\angle C$이다. 이를 식 (2.19)에 대입하고 임의의 각 θ에 대해 $\cos(180^\circ-\theta)=-\cos\theta$, $\sin(180^\circ-\theta)=\sin\theta$를 사용하면 식 (2.18)을 얻는다. □

세 꼭짓각이 주어지면 구면 삼각형은 완전하게 풀린다. 그러므로 두 구면 삼각형의 세 꼭짓각이 각각 동일하면 두 삼각형은 합동이다. 평면 기하에서는 두 삼각형의 세 각이 일치하면 두 삼각형은 단지 닮은 삼각형일 뿐이다.

보기 2.6.1 구면 삼각형의 세 꼭짓각이 $\angle A = 60°$, $\angle B = 70°$, $\angle C = 80°$일 때 세 호각 $\angle a$, $\angle b$, $\angle c$를 구하여라.

풀이. 각에 대한 코사인 법칙으로부터 다음을 얻는다.

$$\begin{aligned}\cos\angle a &= \frac{\cos\angle A + \cos\angle B \cos\angle C}{\sin\angle B \sin\angle C} \approx \frac{.50000 + (.34202)(.17365)}{(.93969)(.98481)}\\ &\approx .60447\end{aligned}$$

이로부터 $\angle a$는 다음과 같다.

$$\angle a \approx \arccos(.60447) \approx 52.809°$$

같은 방법으로 계산하면 다음과 같다.

$$\begin{aligned}\cos\angle b &= \frac{\cos 70° + \cos 60° \cos 80°}{\sin 60° \sin 80°} \approx \frac{.34202 + (.50000)(.17365)}{(.86603)(.98481)}\\ &\approx .50283\\ \cos\angle b &= \frac{\cos 80° + \cos 60° \cos 70°}{\sin 60° \sin 70°} \approx \frac{.17365 + (.50000)(.34202)}{(.86603)(.93969)}\\ &\approx .42353\end{aligned}$$

따라서 다음을 얻는다.

$$\angle b \approx 59.813°, \qquad \angle c \approx 64.943°$$ □

구면에서 **동일한 꼭짓점**을 갖는 각들을 결합하면 각은 평면에서처럼 더해진다. 예를 들어 그림 2.13에서 $\angle a + \angle b + \angle c = 360°$이다. 그 이유는 구면에서 두 곡선 사이의 각은, 정의에 의해, 곡선의 접선 사이의 각과 같기 때문이다. 따라서 여러 각이 동일한 꼭짓점을 가지면 이들 각은 한 접평면에서 벡터들 사이의 각처럼 결합한다.

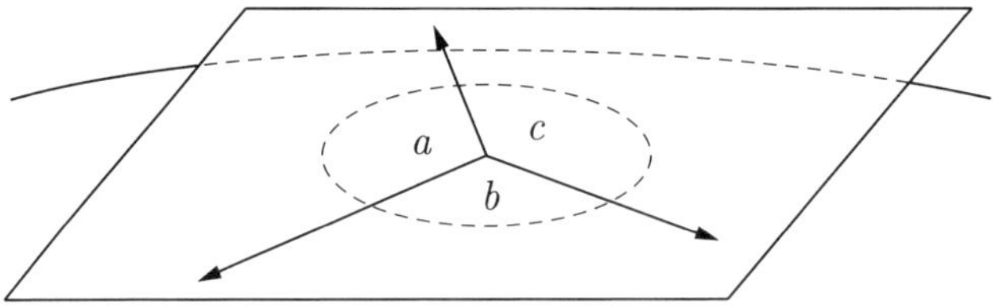

그림 2.13. $a + b + c = 360°$

보기 2.6.2 정십이면체는 대칭인 닫힌 곡면으로 열두 개의 합동인 정오각형을 각 꼭짓점에 세 개씩 모이도록 변을 따라 붙인 것이다(그림 2.14). 각 변의 길이가 10 cm 일 때 정십이면체의 꼭짓점에서 중심까지의 거리를 구하여라.

풀이. 정십이면체에서 A와 B를 인접한 꼭짓점이라 하고 중심을 O라 하자. $\angle AOB$의 크기를 알면 $\triangle AOB$를 풀어서, 즉 다음과 같이 평면의 삼각형에 대한 코사인 법칙을 사용하여 길이 OA를 알아낼 수 있다.

$$(10\,\mathrm{cm})^2 = 2(OA)^2 - 2(OA)^2 \cos\angle AOB \tag{2.20}$$

구면 삼각형을 풀어서 $\angle AOB$를 구해보자. 정십이면체를 외접구에 사영시키면 열두 개의 합동인 "구면 오각형"으로 이루어진 구면을 얻는다. 그런 다음 각 구면 오각형을 그 중심과 꼭짓점을 이어서 다섯 개의 이등변 구면 삼각형으로 나눈다 (그림 2.14 참조). C를 한 구면 오각형의 중심이라 하고 $\triangle ABC$를 얻은 삼각형 중

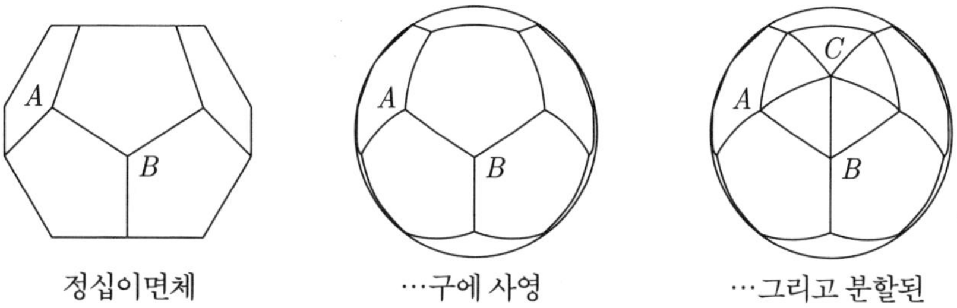

그림 2.14

하나라고 하자. 각 꼭짓점에서 세 개의 구면 오각형이 모이므로 구면 오각형의 각은 $360°/3 = 120°$로 계산된다. 오각형의 내부에서는 두 개의 삼각형이 각 꼭짓점에 모이기 때문에 다음을 얻는다.

$$\angle A = \angle B = \frac{120°}{2} = 60°$$

다섯 개의 삼각형이 오각형의 중심에서 만나므로 다음을 얻는다.

$$\angle C = \frac{360°}{5} = 72°$$

이를 각에 대한 코사인 법칙에 적용하면 다음과 같다.

$$\cos\angle\widehat{\mathrm{AB}} = \frac{\cos 72° + \cos^2 60°}{\sin^2 60°}$$

$$\approx 0.74536$$

따라서 식 (2.20)에 의해 다음을 얻는다.

$$OA \approx \frac{10\,\text{cm}}{\sqrt{2-(2)(.74536)}} = 14.01\,\text{cm} \qquad \square$$

문제 2.6.1 (구면 삼각형에 대한 ASA와 AAA) 주어진 정보를 활용하여 $\triangle ABC$를 풀어라.

a) $\angle A = 65°,\ \ \angle B = 75°,\ \ \angle c = 85°$
b) $\angle A = 65°,\ \ \angle B = 75°,\ \ \angle C = 85°$

문제 2.6.2 (그림 2.15 참조) 아래에 주어진 다면체의 각 변의 길이가 10 cm 일 때 중심으로부터 꼭짓점까지의 거리를 구하여라.

a) 정사면체
b) 깎은 정이십면체 (깎은 정이십면체는 열두 개의 합동인 정오각형과 스무 개의 합동인 정육각형을 붙여 만든 대칭이고, 닫힌 곡면이다. 이 때, 오각형과 두 개의 육각형이 각 꼭짓점에서 만난다. 깎은 정이십면체는 축구공 모양이다. 그림 2.15 참조.)

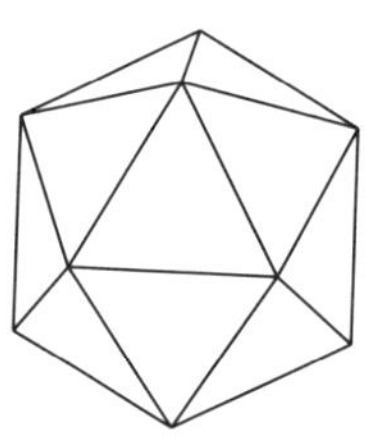
정이십면체

깎은 정이십면체

그림 2.15

2.7 구면 삼각형에 대한 사인 법칙

정리 2.7.1 (구면 삼각형에 대한 사인 법칙) $\triangle ABC$가 구면 삼각형이고 꼭짓점 A의 대변을 a, 꼭짓점 B의 대변을 b, 꼭짓점 C의 대변을 c라 하자. 그리고 A^*, B^*, C^*를 정의 2.5.1에서처럼 쌍대 삼각형의 꼭짓점이라 하자. 그러면 다음이 성립한다.

$$\frac{\sin\angle a}{\sin\angle A} = \frac{\sin\angle b}{\sin\angle B} = \frac{\sin\angle c}{\sin\angle C} = s\Big(\frac{\det[\overrightarrow{A}, \overrightarrow{B}, \overrightarrow{C}]}{\det[\overrightarrow{A^*}, \overrightarrow{B^*}, \overrightarrow{C^*}]}\Big)$$

단, $s = \pm 1$로서 $\det[\overrightarrow{A}, \overrightarrow{B}, \overrightarrow{C}]$의 부호이다.

증명. 구의 반지름을 R이라 하자. 정의 2.5.1와 정리 2.5.1에 의해 다음이 성립한다.

$$\begin{aligned}\det[\overrightarrow{A^*},\overrightarrow{B^*},\overrightarrow{C^*}] &= \overrightarrow{A^*}\cdot(\overrightarrow{B^*}\times\overrightarrow{C^*}) \\ &= \Big(\frac{\overrightarrow{B}\times\overrightarrow{C}}{R\sin\angle a}\Big)\cdot\big(\frac{R\sin\angle a^*}{s}\overrightarrow{A}\big) \\ &= \big(\frac{\sin\angle a^*}{\sin\angle a}\big)\Big(\frac{\overrightarrow{A}\cdot(\overrightarrow{B}\times\overrightarrow{C})}{s}\Big) \\ &= \big(\frac{\sin\angle a^*}{\sin\angle a}\big)\Big(\frac{\det[\overrightarrow{A},\overrightarrow{B},\overrightarrow{C}]}{s}\Big)\end{aligned} \tag{2.21}$$

그런데 $\angle A + \angle a^* = 180°$ 이므로 $\sin\angle a^* = \sin\angle A$ 이다. 이를 식 (2.21)에 대입하면 다음을 얻는다.

$$\frac{\sin\angle a}{\sin\angle A} = \frac{\det[\overrightarrow{A},\overrightarrow{B},\overrightarrow{C}]}{s\det[\overrightarrow{A^*},\overrightarrow{B^*},\overrightarrow{C^*}]}$$

$s=\pm1$ 이므로 이것으로 정리의 첫번째 등식이 증명된다. 나머지도 같은 방식으로 증명된다. □

2.8 항해 문제

구면 삼각법은 비행이나 항해시 생기는 문제를 해결하는데 일반적으로 사용된다.

위도, 경도 그리고 방위각

한 점의 **위도**는 그 점과 적도 사이의 각으로 그 점 그리고 북극과 남극을 지나는 대원을 따라서 측정된다. 예를 들어 위도 25° N[12)]에 있는 점은 적도와 북쪽으로 25°의 각을 이루고, 위도 25° S에 있는 점은 적도와 남쪽으로 25°의 각을 이룬다.

한 점의 **경도**는 그 점과 북극, 남극을 지나는 대원과 북극, 남극과 영국의 그리니치 천문대를 지나는 대원 사이의 각이다. 경도 25° W에 있는 점은 그리니치 천문대와 서쪽으로 25°의 각을 이루고 경도 25° E에 있는 점은 그리니치 천문대와 동쪽으로 25°의 각을 이룬다.

방위각은 지구 표면에서 방향을 나타낸다. 예를 들어, 방위각 N 25° E는 북쪽으로부터 동쪽으로 25°의 방향을 가리키고 S 25° W는 남쪽으로부터 서쪽으로 25°의 방향을 가리킨다.

---

12)보통 북위 25°라 읽는다. 마찬가지로, 위도 25° S는 남위 25°, 경도 25° W는 서경 25°, 경도 25° E는 동경 25°라 읽는다.

해리는 지구 중심을 꼭짓점으로 일분($1' = 1/60$도)에 대응하는 지구 표면에 있는 호의 길이이다.[13)]

마일(5280 ft)[14)]은 땅에서 일반적으로 사용되는 거리의 단위이다. 지구의 반지름은 (약) 3960 마일이다. 따라서 1해리를 마일로 바꾸면 다음과 같다.

$$\begin{aligned} 1\text{ 해리 } &= 1\text{분에 대응하는 호의 거리} \\ &= \frac{1\text{ 도}}{60}\frac{\pi\text{라디안}}{180\text{ 도}}(3960\text{ 마일}) \\ &\approx 1.15\text{ 마일} \end{aligned}$$

속도는 종종 노트(knot)로 측정된다. 1노트는 한 시간에 1해리를 가는 속도이다.

보기 2.8.1 ([3] 25쪽 example 2 참조) 뉴올리언스(New Orleans)에서 뉴욕까지의 거리를 구하고 각 도시로부터 다른 도시로의 방위각을 구하여라. 다음 정보를 사용하여라.

	위 도	경 도
뉴올리언스	30° N	90° W
뉴 욕	41° N	74° W

풀이. 뉴욕, 뉴올리언스 그리고 북극을 세 꼭짓점으로 하는 구면 삼각형을 생각해 보자. 뉴욕이 위도 41° N에 위치하고 있으므로 뉴욕과 북극 사이의 각은 $90° - 41° = 49°$이다. 뉴올리언스와 북극 사이의 각은 $90° - 30° = 60°$이다. 뉴올리언스로부터 북극까지를 잇는 호와 뉴욕으로부터 북극까지를 잇는 호 사이의 각은 뉴욕과 뉴올리언스의 경도의 차, 즉 $90° - 74° = 16°$이다(그림 2.16 참조).

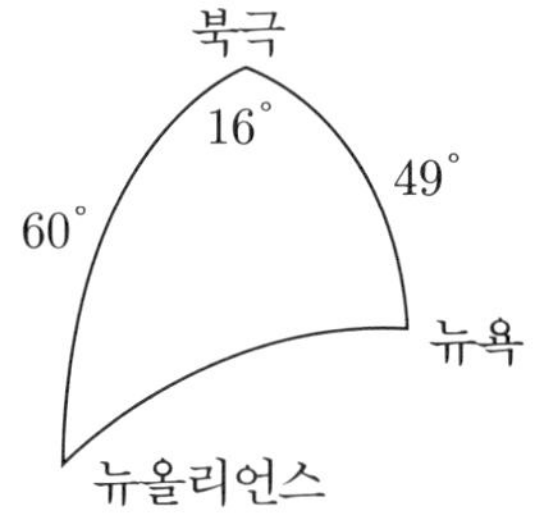

그림 2.16. 지리적 구면 삼각형

13) 1해리는 1.852 km이다.

14) 1마일은 1.609344 km이다.

뉴올리언스와 뉴욕을 잇는 호를 a라 하자. 그러면 변에 대한 코사인 법칙으로부터 다음을 얻는다.

$$\begin{aligned}\cos\angle a &= \cos 49^\circ \cos 60^\circ + \sin 49^\circ \sin 60^\circ \cos 16^\circ \\ &\approx (.65606)(.50000) + (.75471)(.86603)(.96126) \\ &\approx .95631\end{aligned}$$

이로부터 $\angle a$는 다음과 같다.

$$\begin{aligned}\angle a &\approx 16.999^\circ \\ &\approx .29670 \text{ 라디안}\end{aligned}$$

$\angle a$에 지구의 반지름을 곱하면 다음과 같이 뉴욕에서 뉴올리언스까지의 거리를 알 수 있다.

$$\begin{aligned}\text{뉴욕에서 뉴올리언스까지의 거리} &\approx (.29670)(3960\,\text{mi.}) \\ &\approx 1175\,\text{mi.}\end{aligned}$$

뉴올리언스에서의 꼭짓각 $\angle N.O.$는 뉴올리언스에서 뉴욕까지의 방향을 나타낸다. 이 때, 변에 대한 코사인 법칙으로부터 다음을 얻는다.

$$\begin{aligned}\cos\angle N.O. &= \frac{\cos 49^\circ - \cos 16.999^\circ \cos 60^\circ}{\sin 16.999^\circ \sin 60^\circ} \\ &\approx .70266\end{aligned}$$

이로부터 $\angle N.O.$는 다음과 같다.

$$\begin{aligned}\angle N.O. &\approx 45.359^\circ \\ &\approx 45^\circ 22'\end{aligned}$$

한편, 뉴욕은 뉴올리언스의 동쪽에 있으므로 방위각은 근사적으로 다음과 같다.

$$\text{뉴올리언스에서 뉴욕까지의 방위각} = \text{N } 45^\circ 22' \text{ E}$$

비슷한 계산을 하면 뉴욕에서의 꼭짓각 $\angle N.Y.$는 약 N $125^\circ 16'$이다. 방위각의 표현 방법에 따르면 모든 각은 북쪽 또는 남쪽으로부터 0°와 90° 사이의 각으로 측정되어야 한다. 그러므로 $\angle N.Y.$는 남쪽으로부터 서쪽으로의 방위각 $180^\circ - (125^\circ 16') = 54^\circ 44'$으로 표현되어야 한다. 즉 근사적으로 다음을 얻는다.

$$\text{뉴욕에서 뉴올리언스까지의 방위각} = \text{S } 54^\circ 44' \text{ W}$$ □

문제 2.8.1 로스앤젤레스(위도 N 34°3′, 경도 W 118°15′)에서 대원을 따라 하와이의 호놀루루(위도 N 21°18′, 경도 W 157°50′)까지 운항하는 비행기가 있다. 로스앤젤레스를 출발할 때 비행기는 어느 방향으로 가야 하는가? 호놀루루에 도착할 때에는 어느 방향으로 향해야 하는가? 비행기의 속도가 근사적으로 평균 500 knot(=시간당 해리)라 하면 비행기의 운항 시간은 얼마나 되는가?

문제 2.8.2 ([3] 38쪽 exercise 14 참조) 메사추세츠주(Mass.)의 보스턴과 버지니아주(Va.)의 노퍽(Norfork)에 있는 라디오 수신기가 적함의 신호를 탐지하였다. 방위각은 보스턴에서 S 83°15′ E, 노퍽에서 N 73°30′ E 이다. 적함의 위도와 경도를 구하고, 노퍽, 그리고 보스턴으로부터 적함까지의 거리를 구하여라. 다음에 주어지는 자료를 사용하여라.

	위 도	경 도
보스턴	42°21′ N	71°04′ W
노퍽	36°50′ N	76°18′ W

(**도움말**: 보스턴, 노퍽, 적함 그리고 북극을 연결하면 만들어지는 네 개의 구면 삼각형을 풀어라. 그림 2.17를 참조하여라.)

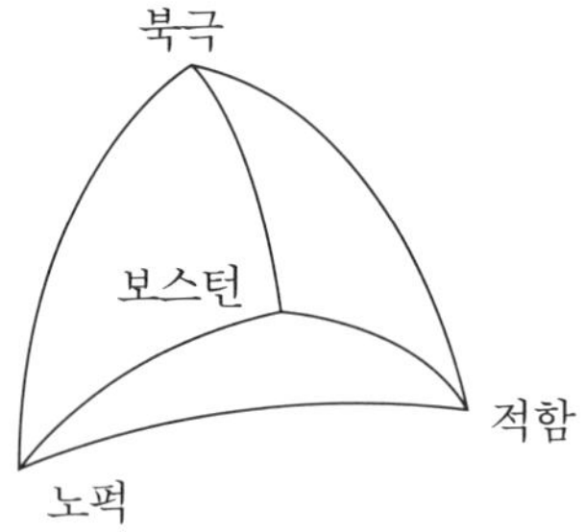

그림 2.17. 네 개의 구면 삼각형

문제 2.8.3 버뮤다 삼각지대는 대서양에 위치하는데 불가사의한 이유로 수많은 선박과 항공기들이 사라진 곳으로 알려져 있다. 버뮤다 삼각지대의 경계는 명확하지는 않은데 논의의 전개를 위해 플로리다주의 마이애미(북위 25°46′, 서경 80°12′), 푸에르토리코의 산주앙(북위 18°29′, 서경 66°8′) 그리고 버뮤다의 헤밀톤(북위 32°18′, 서경 64°47′)을 꼭짓점으로 하는 구면 삼각형이라고 하자. 버뮤다 삼각지대에서 한 선박이 침몰하였는데 그 위치는 알려지지 않았다. 생존자를 찾기 위해 몇 평방 마일을 수색해야 하는가? (**도움말**: 62쪽에 있는 정리 2.3.1를 사용하여라.)

2.9 지도 만들기

2.3절에서 어떠한 왜곡도 없이 구면인 지구의 일부분을 평평한 종이에 지도로 나타낼 수 없다는 것을 증명하였다. 지도 제작자의 목표는 묘사하고자 하는 정보가 가능한 한 정확하고 명확하게 드러나도록 왜곡을 잘 조절하는 것이다. 어떤 종류의 왜곡이 수용 가능한지는 지도의 사용 목적에 의존한다.

다음과 같은 네 가지 지도 투영법[15)]을 공부해보자.

- **심사 도법:** 측지선이 직선으로 나타나는 지도 투영법
- **원통 도법:** 넓이를 보존하는 지도 투영법
- **메르카토르 도법과 평사 도법:** 각을 보존하는 지도 투영법

81–83쪽에 있는 그림 2.18–2.21의 지도를 통해 이들 투영법을 비교해 볼 수 있다.

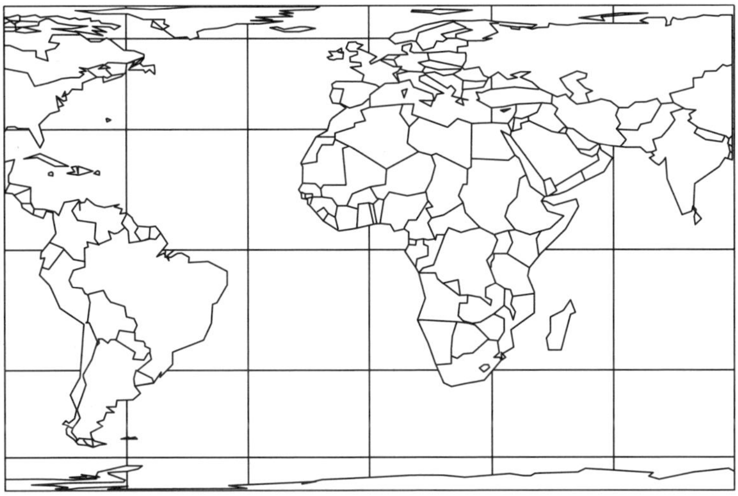

그림 2.18. 원통 도법: 위도 S90° 부터 N90° 까지

심사 도법

심사 도법은 반구 S'의 중심 O로부터 방사적으로 뻗어나가는 직선을 따라 S'을 평면에 사영시키는 지도 제작법이다. O를 포함하지 않고 반구의

15) map projection을 번역한 것이다. projection을 수학에서는 보통 사영이라 옮기는데 이 절에서는 투영 또는 도법과 혼용하여 옮겼다.

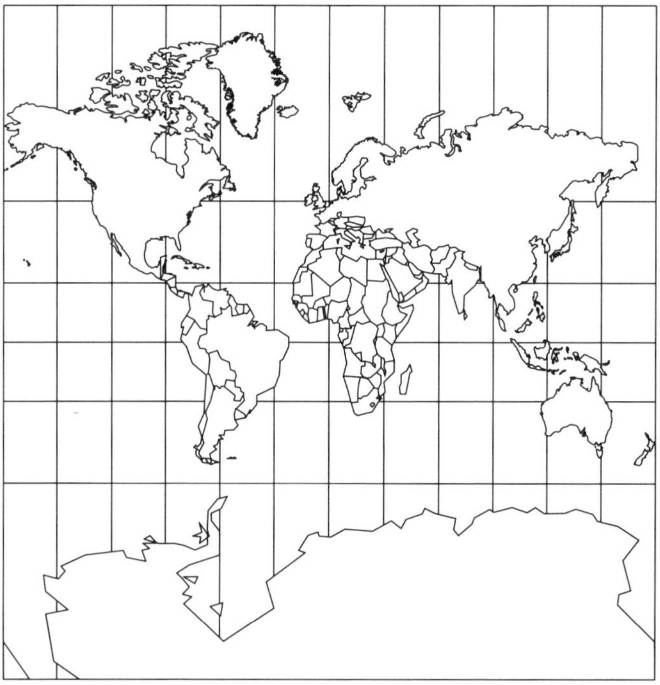

그림 2.19. 메르카토르 도법: 위도 S85° 부터 N85° 까지

그림 2.20. 심사 도법: 위도 N23.5° 부터 N90° 까지

그림 2.21. 평사 도법: 위도 N23.5° 부터 N90° 까지

경계인 대원에 평행한 평면을 H라 하자. 점 $P \in S'$의 사영 $f(P) \in H$는 직선 $\overleftrightarrow{OP}$가 H와 만나는 점이다(그림 2.22).

$$f(P) = \overleftrightarrow{OP} \cap H$$

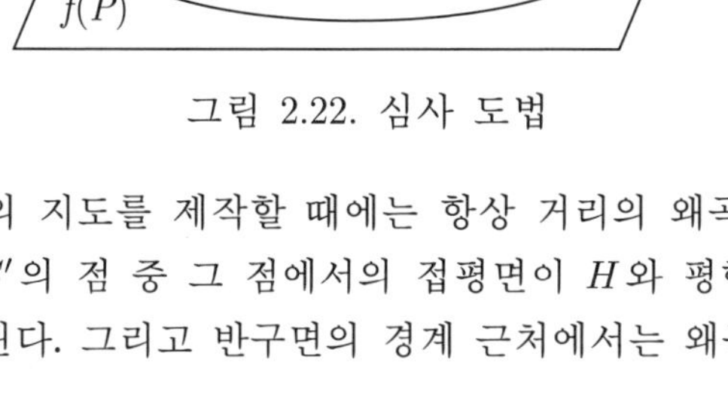

그림 2.22. 심사 도법

평면에 구면의 지도를 제작할 때에는 항상 거리의 왜곡이 일어난다. 심사 도법에서는 S'의 점 중 그 점에서의 접평면이 H와 평행한 점 근방에서 왜곡이 최소가 된다. 그리고 반구면의 경계 근처에서는 왜곡이 심하게 일어난다.

정리 2.9.1 S'의 한 곡선 C에 대해, $f(C)$가 선분인 것은 C가 대원의 호인 것과 동치이다(그림 2.23을 참조).

증명. C를 대원의 호라 하면 O를 포함하는 한 평면 M이 C를 포함하게 된다. 그러면 O와 C에 있는 임의의 점을 연결하는 직선은 M에 포함된다. 이로부터 사영 $f(C)$는 $M \cap H$에 포함되는 것을 알 수 있다. 그러므로 $f(C)$는 선분이다.

역으로, $f(C)$가 선분이라고 하면 C는 이 선분과 구의 중심을 지나는 평면에 포함된다. 따라서, C는 대원의 호이다. □

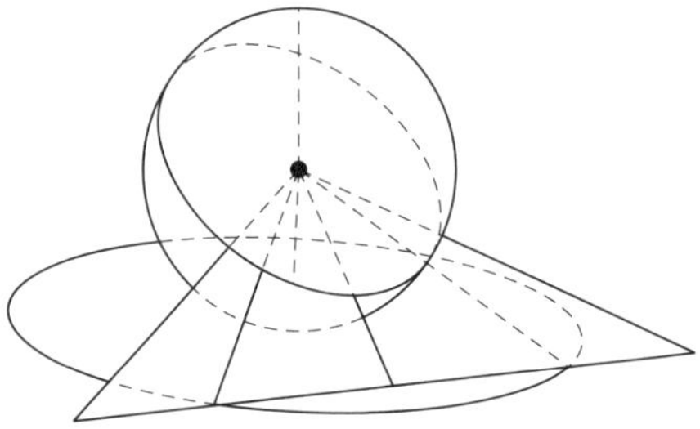

그림 2.23. 대원을 직선으로 사영

구체적인 응용으로써 임의로 주어진 지도 M의 두 점 사이의 대원 경로를 그리는 방법을 생각해보자. 먼저, 심사 도법으로 그린 지도에 두 점과 두 점을 잇는 직선을 긋는다. 이 직선을 잘게 나눈 다음 그 경계점들에 해당되는 위도와 경도의 좌표를 기록한다. 이제 M에 동일한 위도와 경도를 나타내는 점들의 위치를 표시하고, 이들을 잇는 매끄러운 곡선을 긋는다. 이렇게 얻어진 곡선은 M에서의 대원 경로이다.

한편, H에 속한 임의의 직선은 S'에 있는 한 대원의 호에 해당함을 쉽게 알 수 있다.

원통 도법

구에서 한 지름의 양 끝점을 제거한 곡면에 대해 그 지름으로부터 지름과 수직을 이루면서 방사적으로 뻗어나가는 직선을 따라 곡면을 원기둥에 사영시켜서 지도를 제작하는 방법을 원통 도법이라 한다(그림 2.24).

한 구를 S라 하고 중심축이 S의 지름을 포함하는 원기둥을 C라 하자. 한 점 $P \in S$를 원기둥으로 사영시키기 위해 지름의 한 점에서 P를 지나고 지름에 수직인 반직선을 생각하자. 그러면 사영 $f(P)$는 그 반직선과 원기둥의 교점이다(그림 2.24 참조).

구를 원기둥에 사영시키면 평평한 지도를 얻을 수 있다. 원기둥의 한쪽 끝에서 다른 쪽 끝까지 자르고 펼쳐서 평평한 장소에 놓으면 된다. 이 때 왜곡이 최소인 곳은 구의 접평면과 원기둥의 접평면이 평행한 점으로 이루어진 대원이다.

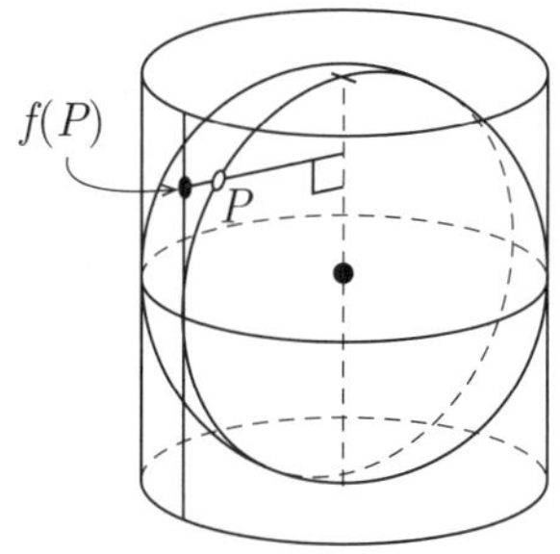

그림 2.24. 원통 도법

정리 2.9.2 원기둥과 구의 반지름이 같으면 원통 도법은 넓이를 보존한다. 즉 구면의 한 영역 R에 대해 다음이 성립한다.

$$R\text{의 넓이} = f(R)\text{의 넓이}$$

증명. 영역의 넓이는 무한히 작은 직사각형의 넓이를 더해서 얻으므로, 무한히 작은 직사각형 $ABDC$에 대해 다음이 성립함을 보이면 충분하다.

$$\text{넓이}(ABDC) = \text{넓이}(f(ABDC))$$

구면에서 위도와 경도의 좌표계를 (ϕ, θ)로 나타내자(그림 2.25 참조). ϕ는 원기둥이 구에 접하는 '적도'로부터 잰 각으로 위도를 나타내고, θ는 원기둥의 축을 중심으로 회전각을 잰 각으로 경도를 나타낸다.[16]

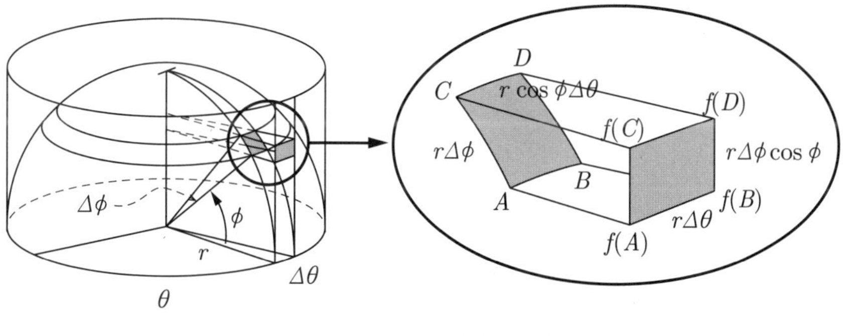

그림 2.25. 동일한 넓이

경선과 위선[17]은 서로 수직이다. 그러므로 구면에서 무한히 작은 직사각형의 꼭짓점은 무한히 근접한 점들이고, 이 점들에 대한 위도와 경도의 좌표를 다음과

[16] θ와 $90° - \phi$는 58쪽에서 논의한 구면 좌표계의 각이다.

같이 나타낼 수 있다(그림 2.25).

$$A = (\phi,\ \theta), \qquad B = (\phi,\ \theta + \Delta\theta)$$
$$C = (\phi + \Delta\phi,\ \theta), \qquad D = (\phi + \Delta\phi,\ \theta + \Delta\theta)$$

그러면 $ABDC$의 넓이는 다음과 같다.

$$\text{넓이}(ABDC) \approx \text{길이}(\widehat{\mathrm{AB}}) \times \text{길이}(\widehat{\mathrm{AC}}) \tag{2.22}$$

그리고 사영된 영역의 넓이는 다음과 같다.

$$\text{넓이}(f(ABDC)) \approx \text{길이}(f(\widehat{\mathrm{AB}})) \times \text{길이}(f(\widehat{\mathrm{AC}})) \tag{2.23}$$

위의 근사식은 변의 길이를 영으로 보내는 극한을 취하면 등식으로 바뀐다.

다음과 같이 구의 반지름을 r이라 하자.

$$r = (\text{구의 반지름})$$

호 $\widehat{\mathrm{AB}}$는 원기둥의 축으로부터 $r\cos\phi$만큼의 거리에서 각 $\Delta\theta$에 해당하므로 다음을 얻는다.

$$\text{길이}(\widehat{\mathrm{AB}}) = r\cos\phi\Delta\theta$$

$f(\widehat{\mathrm{AB}})$는 축으로부터 r만큼의 거리에서 각 $\Delta\theta$에 해당하므로 다음을 얻는다.

$$\text{길이}(f(\widehat{\mathrm{AB}})) = r\Delta\theta$$

이로부터 다음을 얻는다.

$$\frac{\text{길이}(f(\widehat{\mathrm{AB}}))}{\text{길이}(\widehat{\mathrm{AB}})} = \frac{1}{\cos\phi} \tag{2.24}$$

한편, ϕ는 A에서 $\widehat{\mathrm{AC}}$의 접선과 원기둥 사이의 각이므로 다음을 얻는다.

$$\frac{\text{길이}(f(\widehat{\mathrm{AC}}))}{\text{길이}(\widehat{\mathrm{AC}})} = \cos\phi \tag{2.25}$$

식 (2.24)와 (2.25)를 곱하고 식 (2.22)와 (2.23)을 대입하면 다음을 얻는다.

$$\frac{\text{넓이}(f(ABDC))}{\text{넓이}(ABDC)} \approx 1$$

이때 물론 변의 길이가 영으로 가는 극한에서 위의 근사식은 등식으로 바뀐다. □

---

[17])위선에서 ϕ가 상수이고, 경선에서는 ϕ가 상수이다.

정리 2.9.2로부터 면적기와 원통 도법을 다룰 수 있으면 지구에 있는 어떤 영역의 넓이도 정확하게 측정할 수 있음을 알 수 있다. 실제 사용되는 원통 도법에 의해 제작된 지도는 계산하려는 영역을 고려한 고정된 축척 계수에 의해 사람이 다룰 수 있는 크기로 줄여져 있다.

공형 사상

정의 2.9.1 (공형 사상) 공형 사상이란 각을 보존하는 함수 f이다. C와 C'이 f의 정의역에서 만나는 곡선일 때 C와 C' 사이의 각과 $f(C)$와 $f(C')$ 사이의 각이 합동일 때 f는 공형 사상이다.

보기 2.9.1 $\mathbb{R}^n$에서 공형 사상의 한 예는 다음과 같은 "인자 a에 의한 확대"이다.

$$f : \mathbb{R}^n \to \mathbb{R}^n,$$
$$f(x_1, \ldots, x_n) = (ax_1, \ldots, ax_n)$$

여기서 a는 영 아닌 상수이다. 사상 f는 모든 것의 크기를 인자 a만큼 변화시키므로 임의의 삼각형 $\triangle ABC$를 닮은 삼각형 $f(\triangle ABC)$로 보낸다.

$\triangle ABC$가 공형 사상 f의 정의역에 놓여 있는 무한히 작은 삼각형이면 $\triangle ABC$는 $f(\triangle ABC)$와 닮은 삼각형이다. 그러므로 **모든 공형 사상은 무한히 작은 환경에서는 확대와 같은 역할을 한다.** 역으로 이와 같은 역할을 하는 함수는 공형 사상이 된다는 것을 보일 수 있다. 즉 다음의 명제를 얻는다.

> "f가 무한히 작은 직사각형에 대해 확대와 같은 역할을 하면 f는 공형 사상이다."

공형 사상이 상당히 특별한 것처럼 보이나 생각만큼 희귀한 사상은 아니다. 예를 들어 모든 복소 해석 함수 $f : \mathbb{C} \to \mathbb{C}$는 공형 사상이다.[18] (왜 그런지 궁금하면 복소 해석학 과정을 들어보아라!)

메르카토르 도법

가장 일반적인 공형 사상은 게르하르드 크레머(Gerhard Kremer, 1512-1594, 또는 메르카토르로 알려져 있다)에 의해 고안된 메르카토르 사영이다. 그의 아이디어는 원통 도법의 왜곡을 보완하기 위한 것으로 원기둥의 축을

[18] $\mathbb{C}$는 복소 평면을 나타낸다.

따라 원통 사영이 공형이 될 때까지 원기둥을 늘어뜨리는 것이다. 식 (2.24)와 (2.25)로부터 다음을 얻는다.

$$길이(f(\widehat{\mathrm{AB}})) = \frac{1}{\cos\phi}길이(\widehat{\mathrm{AB}}),$$

$$길이(f(\widehat{\mathrm{AC}})) = \cos\phi 길이(\widehat{\mathrm{AC}})$$

그러므로 원통 사영이 공형이 되려면 $f(\widehat{\mathrm{AC}})$의 길이를 인자 $1/\cos^2\phi = \sec^2\phi$만큼 늘려야 한다.

원기둥 곡면에서 둘레 방향의 길이를 w, 수직 방향의 길이를 z로 하여 좌표 (w, z)를 설정하자. 원기둥을 펼쳐서 평면에 놓으면 w와 z는 평평한 지도에서 직교 좌표계를 이룬다. 기본적인 삼각법을 사용하면, (ϕ, θ)가 구에 있는 한 점을 나타내는 위도-경도 좌표일 때, 원통 도법에 의한 상은 다음 식에 의해 주어지는 점 (w, z)임을 알 수 있다.

$$w = r\theta, \qquad z = r\sin\phi \tag{2.26}$$

(2.26)의 두 번째 식을 미분하면 다음을 얻는다.

$$\frac{dz}{d\phi} = r\cos\phi$$

따라서 무한히 작은 직사각형의 높이를 인자 $\sec^2\phi$만큼 늘리기 위해서는, 다음과 같이 도함수가 $\sec^2\phi$와 z의 도함수의 곱으로 주어지는 함수 v를 사용하여 z를 치환해야 한다.

$$\frac{dv}{d\phi} = \sec^2\phi\frac{dz}{d\phi} = r\sec\phi$$

즉 v는 다음과 같다.

$$\begin{aligned} v &= \int r\sec\phi\ d\phi \\ &= r\log|\sec\phi + \tan\phi| + C \end{aligned}$$

여기서 C는 상수이다(앞으로 C를 영으로 택할 것이다). 다음 결과로부터 메르카토르 사영의 공식을 얻을 수 있다.

$$\begin{aligned} w(\phi, \theta) &= a\theta, \\ v(\phi, \theta) &= a\log|\sec\phi + \tan\phi| \end{aligned}$$

여기서 a는 임의의 양의 상수이다. (a를 변화시키면 각에는 영향이 없고 단지 크기만이 변화된다.)

메르카토르 지도에서 직선은 위선, 경선에 대해 각각 고정된 방향을 갖는 곡선을 나타낸다. 즉 이 곡선의 모든 점에서는 이 곡선과 경선 사이의 각이 일정하다. 이러한 곡선을 **항정선**(rhumb line or loxodrome)이라 부른다. 비행선이 항정선의 경로로 운행하려면 나침반에서 고정된 방향을 따라가면 된다.

문제 2.9.1 고정된 방향으로 (좌초하지 않는다고 가정하고) 영원히 항해하면 어디에 도착하는가?

평사 도법

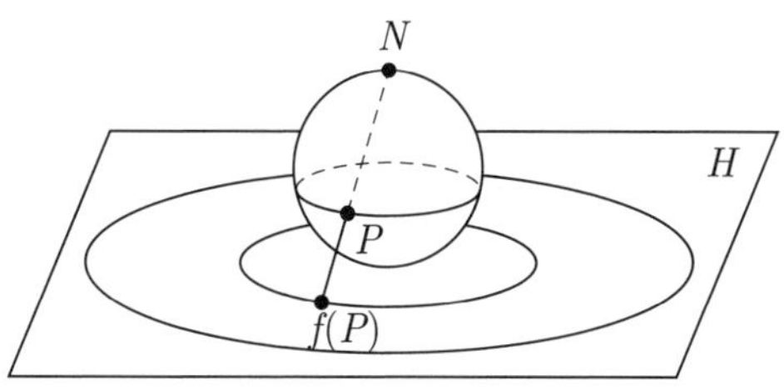

그림 2.26. 평사 도법

평사 도법은 구에 있는 한 점을 지나는 직선을 따라 그 점을 뺀 나머지 구 전체를 평면에 사영시켜서 지도를 얻는 방법이다(그림 2.25). 이러한 사영을 **입체 사영**이라 한다.[19] 다음과 같이 기호를 정하자.

$S =$ 구,

$N =$ 구에 있는 한 점,

$H = N$를 포함하지 않고 N에서의 접평면과 평행한 평면

만약 $P \in (S - \{N\})$이면 입체 사영 $f(P)$는 다음과 같다.

$$f(P) = \overleftrightarrow{NP} \cap H$$

왜곡은 접평면이 H와 평행한 점 근처에서 최소가 된다.

입체 사영이 공형임을 증명하기 위해 다음에 소개되는 두 개의 보조정리가 필요하다.

[19] 영어 'stereographic projection'을 평사 도법, 즉 지도 제작의 한 방법으로 옮겼는데 원서에서는 사영(사상)의 의미로도 혼용하여 사용된다. 따라서 이러한 사영을 입체 사영이라 따로 명시하여 옮긴다.

보조정리 2.9.1 M_1, M_2, H_1, H_2를 $\mathbb{E}^3$의 평면이라 하자. H_1과 H_2가 평행하면 두 직선 $M_1 \cap H_1$, $M_2 \cap H_1$이 이루는 각은 두 직선 $M_1 \cap H_2$, $M_2 \cap H_2$이 이루는 각과 합동이다.

증명. A를 H_1에 있는 점으로 두 직선이 A에서 만나고, B를 H_2에 있는 점으로 두 직선이 B에서 만난다고 하자. $\overrightarrow{BA}$에 의한 평행 이동은 H_2에 있는 직선을 H_1에 있는 직선으로 대응시킨다(그림 2.27). □

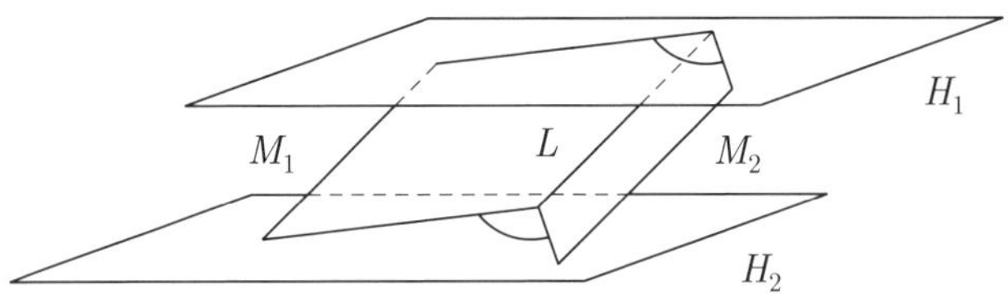

그림 2.27. 동일한 각

보조정리 2.9.2 $\mathbb{E}^3$에서 두 원 C_1과 C_2가 두 점 A와 B에서 만난다고 하자. 이 때, 두 원이 A에서 이루는 각과 B에서 이루는 각은 동일하다.

증명. $\overline{AB}$를 수직 이등분하는 평면에 대한 반사는 A에서의 각을 B에서의 각으로 대응시킨다(그림 2.28). □

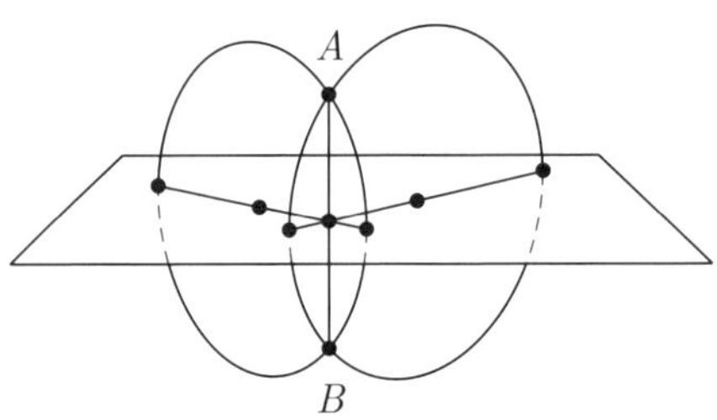

그림 2.28. 동일한 각

정리 2.9.3 입체 사영은 공형 사상이다.

증명. [그림 2.29 참조] $P \neq N$을 구에 있는 점이라 하자. $\vec{v}$, $\vec{w}$는 P에서의 접벡터이고 두 벡터가 이루는 각을 θ라 하자. M_1과 M_2는 P와 N을 포함하는 평면으로 다음과 같다고 하자.

$$M_1 = \vec{v}\text{에 접한다},$$
$$M_2 = \vec{w}\text{에 접한다}$$

그리고 두 원 C_1과 C_2를 다음과 같이 정하자.

$$C_1 = M_1 \cap S,$$
$$C_2 = M_2 \cap S$$

이 때, 두 원 C_1과 C_2는 $\vec{v}$와 $\vec{w}$처럼 P에서 만나고 두 원 사이의 각은 θ이다. 그리고 두 원의 사영은 각의 사영과 만난다. 그러므로 두 원이 P에서 이루는 각과 두 원의 사영이 $f(P)$에서 이루는 각이 합동인 것을 보여야 한다. 그런데 보조정리 2.9.2에 의해 P에서 두 원 사이의 각은 N에서 두 원 사이의 각과 합동이다. 그리고 보조정리 2.9.1에 의해 N에서 두 원 사이의 각은 두 원의 사영이 이루는 각과 합동이다. 따라서 두 원 사이의 각과 두 원의 사영이 이루는 각은 합동이다. □

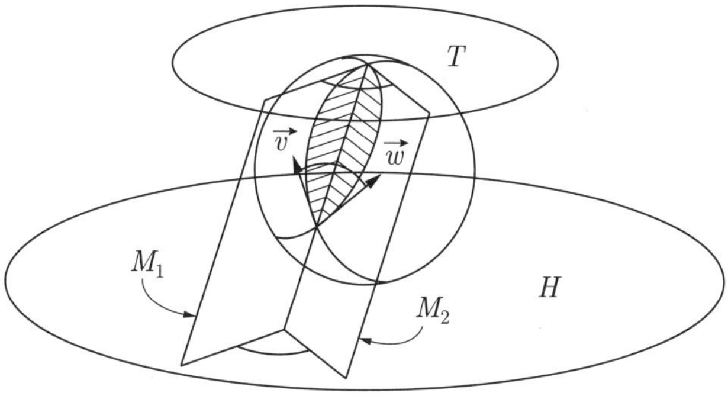

그림 2.29. 입체 사영은 공형이다

문제 2.9.2 a) $\mathbb{R}^3$에서 원점을 중심으로 하는 단위 구를 S라 하자. 이 때, 점 $N = (0,0,1)$로부터 S를 xy평면 H로 보내는 입체 사영은 다음과 같음을 보여라.

$$f(x,y,z) = \Big(\frac{x}{1-z}, \frac{y}{1-z}, 0\Big), \qquad (x,y,z \in S)$$

b) f의 역함수가 다음과 같음을 보여라.

$$f^{-1}(u,v,0) = \Big(\frac{2u}{u^2+v^2+1}, \frac{2v}{u^2+v^2+1}, \frac{u^2+v^2-1}{u^2+v^2+1}\Big)$$

여기서 $(u,v,0)$는 xy평면의 점이다. (**도움말**: $(u,v,0)$와 $(0,0,1)$를 잇는 직선이 구와 만나는 점을 구하여라.)

문제 2.9.3 f, S, N과 H를 문제 2.9.2에서와 같다고 하자. S에 있는 곡선 C에 대해 다음이 성립함을 보여라.

i) C가 N을 지나는 원인 것은 $f(C)$가 H에서 직선인 것의 필요 충분 조건이다.

ii) C가 N을 지나지 않는 원인 것은 $f(C)$가 H에서 원인 것의 필요 충분 조건이다.

(**도움말**: S에 있는 원은 S와 평면 $ax+by+cz+d=0$과의 교집합이다. 문제 2.9.2로부터 얻은 공식

$$(x,y,z)=\left(\frac{2u}{u^2+v^2+1},\frac{u^2+v^2-1}{u^2+v^2+1},\frac{2u}{u^2+v^2+1}\right)$$

을 대입하고 양변에 u^2+v^2+1을 곱하면 H에서 해당 곡선에 대한 공식을 얻을 수 있다.)

2.10 입체 사영의 응용

평면에서의 입체 사영

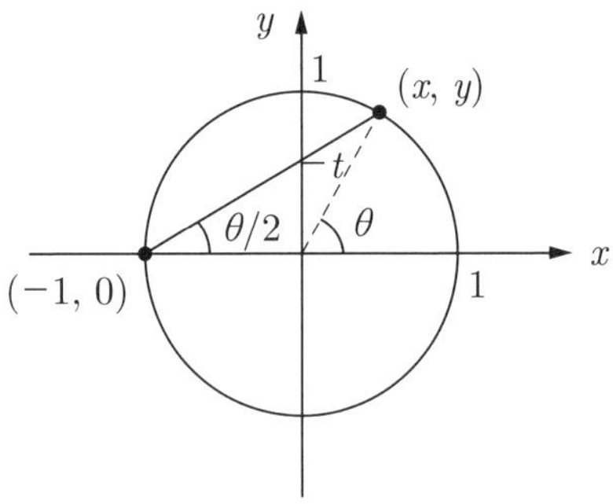

그림 2.30. 평면에서의 입체 사영

그림 2.30은 $\mathbb{R}^2$에서 점 $(-1,0)$으로부터 y축으로의 입체 사영에 의한 원 $x^2+y^2=1$의 사영을 보여주고 있다. (x,y)가 원에 있는 한 점이고 $(0,t)$가 그 점의 y축 위로의 사영이면 다음이 성립한다.

$$t=\frac{y}{x+1} \tag{2.27}$$

위의 식은 t가 (x,y)와 $(-1,0)$을 잇는 직선의 기울기임을 말한다.

(x,y)를 t로 나타내보자. 먼저 식 (2.27)로부터 다음을 얻는다.

$$y=t(x+1)$$

이를 원의 식에 대입하면 다음과 같다.

$$x^2 + t^2(x+1)^2 = 1$$

양변에 1을 빼면 다음과 같다.

$$(x^2 - 1) + t^2(x+1)^2 = 0$$

이제, $(x+1)$로 묶어 내면 다음과 같다.

$$(x+1)[(x-1) + t^2(x+1)] = 0$$

$(x,y) \neq (-1,0)$이라고 가정하면 다음을 얻는다.

$$(x-1) + t^2(x+1) = 0$$

위의 식을 x에 관해 정리하면 다음과 같다.

$$x = \frac{1-t^2}{1+t^2}$$

이를 직선의 식 $y = t(x+1)$에 대입하여 정리하면 다음을 얻는다.

$$(x,y) = \left(\frac{1-t^2}{1+t^2}, \frac{2t}{1+t^2}\right) \tag{2.28}$$

응용 1. 피타고라스 삼중쌍

다음을 만족하는 세 정수의 순서쌍 (X,Y,Z)를 **피타고라스 삼중쌍**이라 한다.

$$X^2 + Y^2 = Z^2 \tag{2.29}$$

예를 들어, $(3,4,5)$와 $(5,12,13)$은 피타고라스 삼중쌍이다.

모든 피타고라스 삼중쌍을 만들어주는 공식을 찾아보자. (X,Y,Z)를 피타고라스 삼중쌍이라 하면 (Y,X,Z)도 피타고라스 삼중쌍이므로 둘 중에 하나만 만들면 충분하다. 또한, (X,Y,Z)가 피타고라스 삼중쌍이고, D를 임의의 정수라 하면 (DX,DY,DZ)도 피타고라스 삼중쌍이므로 X,Y,Z가 공약수를 갖지 않는 피타고라스 삼중쌍 (X,Y,Z)만 찾으면 충분하다. 이제부터 X,Y,Z를 (± 1 이외의) 공약수가 없는 정수로 생각하자. 한편, X와 Y가 동시에 영이 아니면 $Z \neq 0$이다.

식 (2.29)의 양변을 Z^2으로 나누면 다음을 얻는다.

$$\frac{X^2}{Z^2} + \frac{Y^2}{Z^2} = 1 \tag{2.30}$$

그리고 x와 y를 다음과 같이 정하자.

$$x = \frac{X}{Z}, \qquad y = \frac{Y}{Z} \tag{2.31}$$

이 때, X, Y, Z가 영 아닌 정수이므로 x와 y는 영 아닌 유리수이다. 식 (2.31)을 식 (2.30)에 대입하면 다음과 같다.

$$x^2 + y^2 = 1$$

그러므로 (x, y)는 **유리수** 좌표를 갖는 단위 원의 점이다((2.31)에 의해).

$(-1, 0)$으로부터 y축으로의 입체 사영을 사용하여, (x, y)를 사영시키자. 식 (2.27)에 의해 (x, y)의 사영은 다음을 만족하는 점 $(0, t)$이다.

$$t = \frac{y}{x+1} \tag{2.32}$$

그러므로 t 또한 유리수이고, 따라서 t를 다음과 같은 기약분수로 나타낼 수 있다.

$$t = \frac{M}{N} \tag{2.33}$$

여기서 M과 N은 (± 1 이외의 공약수가 없는) 서로 소인 정수이다.

피타고라스 삼중쌍에 대한 공식을 얻기 위해 X, Y, Z를 M과 N에 관해 나타냄으로써 위의 과정을 거꾸로 진행하면 된다. 먼저, 식 (2.28)으로부터 다음을 얻는다.

$$(x, y) = \left(\frac{1-t^2}{1+t^2}, \ \frac{2t}{1+t^2}\right)$$

위의 식에 (2.33)과 (2.31)을 대입하면 다음과 같다.

$$\begin{aligned}\left(\frac{X}{Z}, \ \frac{Y}{Z}\right) &= \left(\frac{1 - M^2/N^2}{1 + M^2/N^2}, \ \frac{2M/N}{1 + M^2/N^2}\right) \\ &= \left(\frac{N^2 - M^2}{N^2 + M^2}, \ \frac{2MN}{N^2 + M^2}\right)\end{aligned} \tag{2.34}$$

(X, Y, Z)를 다음과 같이 정하면 (2.34)가 성립함을 알 수 있다.

$$(X, Y, Z) = (N^2 - M^2, \ 2MN, \ N^2 + M^2) \tag{2.35}$$

식 (2.35)로부터 임의의 정수의 쌍 M과 N에 대해 피타고라스 삼중쌍을 얻을 수 있다. 이제 남은 것은 식 (2.35)을 이용하여 모든 피타고라스 삼중쌍을 만들어낼 수 있음을 보여야 한다. 이 명제가 참이 아닐 수 있는 유일한 가능성은 식 (2.34)에서 약분된 $N^2 - M^2$, $2MN$, $N^2 + M^2$의 공약수 D가 존재하여 (X, Y, Z)가 다음과 같이 주어지는 경우이다.

$$(X, Y, Z) = \left(\frac{N^2 - M^2}{D}, \ \frac{2MN}{D}, \ \frac{N^2 + M^2}{D}\right) \tag{2.36}$$

이 경우는 공식 (2.35)로부터 얻을 수 없다.

P를 $N^2 - M^2$, $2MN$, $N^2 + M^2$의 소인수라 하면 P는 $(N^2 + M^2) + (N^2 - M^2) = 2N^2$과 $(N^2 + M^2) - (N^2 - M^2) = 2M^2$의 약수이다. 이로부터 P는 M과 N의 공약수이거나 $P = 2$이어야 한다.

M과 N은 ± 1 이외의 공약수가 없다는 가정으로부터 P는 2이어야 한다. P가 $N^2 - M^2$의 약수이므로 M과 N은 모두 짝수이거나 모두 홀수이다. 두 경우 모두 $N + M$과 $N - M$은 짝수이므로 다음과 같이 정수 M'과 N'을 얻는다.

$$M' = \frac{N - M}{2}, \qquad N' = \frac{N + M}{2}$$

식 (2.36)에서 $D = 2$라 하면 다음을 얻는다.

$$\left(\frac{N^2 - M^2}{2},\ \frac{2MN}{2},\ \frac{N^2 + M^2}{2}\right) = (Y',\ X',\ Z')$$

여기서 (X', Y', Z')은 다음과 같다.

$$(X', Y', Z') = (N'^2 - M'^2,\ 2N'M',\ N'^2 + M'^2)$$

위의 식은 X와 Y가 자리를 바꾼 것 외에는 (2.35)와 같은 형태이다. 따라서 다음 주장의 명제를 증명하였다.

주장 2.10.1 (X, Y, Z)가 피타고라스 삼중쌍인 것은 (X, Y, Z)를 다음과 같이 나타낼 수 있음과 동치이다.

$$(X, Y, Z) = (DX', DY', DZ') \text{ 또는 } (DY', DX', DZ')$$

여기서 D, M, N은 정수이고 (X', Y', Z')은 다음과 같다.

$$(X', Y', Z') = (N^2 - M^2,\ 2NM,\ N^2 + M^2)$$

문제 2.10.1 주장 2.10.1에서 $D = 1$이고 $1 \leq M < N \leq 5$인 피타고라스 삼중쌍을 모두 찾아라.

문제 2.10.2 문제 2.9.2의 결과를 이용하여 $W^2 + X^2 + Y^2 = Z^2$을 만족하는 정수의 네 쌍 (W, X, Y, Z)의 공식을 찾아라.

응용 2. 유리 삼각 함수의 적분

다음과 같은 형태의 적분을 생각해보자.

$$\int R(\cos\theta, \sin\theta)\ d\theta \tag{2.37}$$

여기서 $R(x,y)$는 유리 함수(분모와 분자가 모두 다항식인 분수 함수)이다. 공식 (2.28)을 사용하여 다음과 같이 나타내자.

$$x = \cos\theta = \frac{1-t^2}{1+t^2}, \tag{2.38}$$

$$y = \sin\theta = \frac{2t}{1+t^2} \tag{2.39}$$

여기서 $(x,y) \neq (-1,0)$은 단위 원에 있는 임의의 점이다(그림 2.30 참조).

식 (2.39)를 미분하면 다음을 얻는다.

$$\begin{aligned}\cos\theta d\theta &= \frac{2-2t^2}{(1+t^2)^2}dt \\ &= \Big(\frac{1-t^2}{1+t^2}\Big)\Big(\frac{2}{1+t^2}dt\Big) \\ &= \cos\theta\frac{2}{1+t^2}dt\end{aligned}$$

위에서 마지막 줄은 식 (2.38)을 이용한다. 이로부터 다음을 얻는다.

$$d\theta = \frac{2}{1+t^2}dt \tag{2.40}$$

식 (2.38), (2.39)과 (2.40)을 사용하여 (2.37)의 적분식을 치환하면 다음과 같다.

$$\int R\Big(\frac{1-t^2}{1+t^2}, \frac{2t}{1+t^2}\Big)\frac{2}{1+t^2}dt \tag{2.41}$$

피적분 함수는 이제 t에 관한 유리 함수가 되므로 부분 분수로 분해하여 적분할 수 있다.

보기 2.10.1 다음 적분을 계산해보자.

$$\int \sec\theta\ d\theta = \int \frac{1}{\cos\theta}d\theta$$

식 (2.38), (2.39)과 (2.40)을 사용하여 치환하여 계산하면 다음과 같다.

$$\begin{aligned}\int \frac{1+t^2}{1-t^2}\frac{2}{1+t^2}dt &= \int \frac{2}{1-t^2}dt \\ &= \int \Big(\frac{1}{1+t} + \frac{1}{1-t}\Big)dt \text{ (부분분수)} \\ &= \log|1+t| - \log|1-t| + C\end{aligned} \tag{2.42}$$

원래 문제의 해를 얻기 위해 위의 결과를 θ의 함수로 나타내자. 식 (2.27), (2.38)과 (2.39)를 결합하면 다음을 얻는다.

$$t = \frac{\sin\theta}{1+\cos\theta}$$

이를 $\log|1+t| - \log|1-t| + C$에 대입하면 다음과 같은 해를 얻는다.

$$\log\left|1+\frac{\sin\theta}{1+\cos\theta}\right| - \log\left|1-\frac{\sin\theta}{1+\cos\theta}\right| + C$$

또는, 그림 2.30으로부터 다음을 얻는다.[20)]

$$t = \tan\frac{\theta}{2}$$

이를 식 (2.42)의 결과에 대입하면 다음과 같다.

$$\log\left|1+\tan\frac{\theta}{2}\right| - \log\left|1-\tan\frac{\theta}{2}\right| + C$$

세 번째 동치인 해는 식 (2.42)의 결과를 로그의 성질을 사용하여 다음과 같이 계산하여 얻은 것이다.

$$\begin{aligned}
\log|1+t| - \log|1-t| &= \log\left|\frac{1+t}{1-t}\right| \\
&= \log\left|\frac{1+t}{1-t}\frac{1+t}{1+t}\right| \\
&= \log\left|\frac{1+t^2}{1-t^2} + \frac{2t}{1-t^2}\right| \\
&= \log\left|\frac{1}{\cos\theta} + \frac{\sin\theta}{\cos\theta}\right| \\
&= \log|\sec\theta + \tan\theta|
\end{aligned}$$

위의 세 번째 줄에서 식 (2.38)과 (2.39)을 사용하였다. 이것이 미적분학 책에서 보통 소개되는 공식이다.

문제 2.10.3 이 절의 방법을 사용하여 다음을 계산하여라.

$$\int \frac{1}{1+\cos\theta} d\theta$$

20) 이러한 이유로 이와 같은 치환 적분을 미적분학 책에서 "반각 공식"이라 한다.

제 3 장

원뿔 곡선

3.1 원뿔의 절단선

$\mathbb{E}^3$에서 만나는 두 직선 L과 A에 대해 A를 축으로 하여 L을 회전시키면 **직원뿔**을 얻는다(두 직선이 서로 수직이 아닌 경우로 제한한다. 만약 서로 수직이면 평면을 얻는다). A를 축으로 L을 회전시켜 얻는 직선을 원뿔의 **모선**이라 한다. 또한, 직선 A를 원뿔의 **축**, L과 A가 만나는 점 V를 원뿔의 **꼭짓점**이라 하고 표준 용어는 아니지만 L과 A 사이의 각 α를 원뿔의 "**반꼭짓각**"이라 부른다($0 < \alpha < 90°$, 그림 3.1 참조).

원뿔의 절단선(간단히 "원뿔 곡선")이란 직원뿔과 평면과의 교선을 말한다.

이 장의 나머지 부분에서 사용할 기호들을 아래와 같이 정하자.

K − 꼭짓점이 V인 직원뿔,

H = 한 평면,

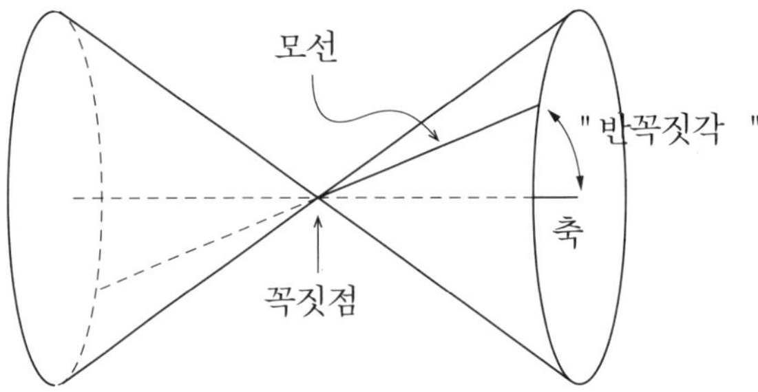

그림 3.1. 직원뿔

$$C = H \cap K,\ \text{원뿔 곡선},$$
$$\alpha = K\text{의 반꼭짓각},$$
$$\beta = H\text{와 } K\text{의 축 사이의 각}$$

그림 3.2에서는 여러 위치에 있는 평면 H가 "모서리"로 보이도록 옆에서 보았을 때의 α와 β를 나타내고 있다.

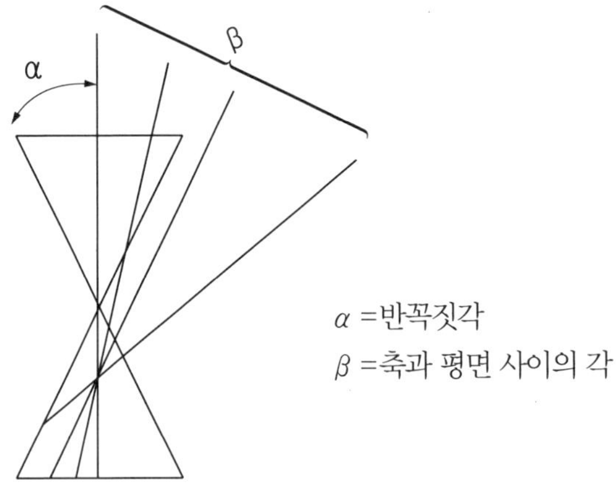

그림 3.2. 옆에서 보기

원뿔 곡선의 일반적인 모양은 두 조건(α와 β의 상대적인 각의 크기와 V가 H의 점인지의 여부)에 의존한다. 두 조건에 대해 원뿔 곡선 C는 다음과 같은 특성을 갖는다.

a. $V \notin H$이면 **매끄럽다**,
b. $V \in H$이면 **퇴화**, 즉 **특이하다**.

그리고 다음과 같이 분류된다.

i. $\alpha < \beta$이면 **타원**,

ii. $\alpha = \beta$ 이면 **포물선**,

iii. $\alpha > \beta$ 이면 **쌍곡선**

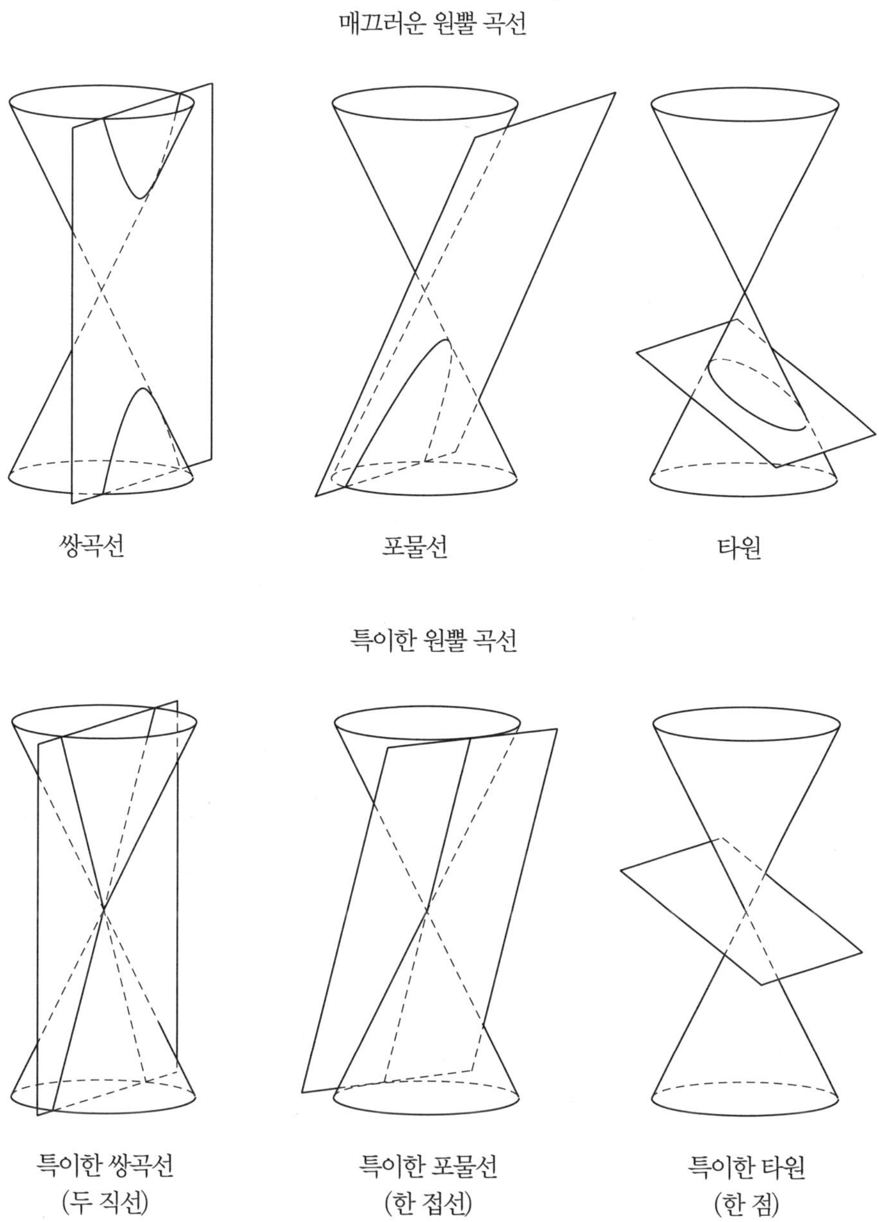

그림 3.3. 원뿔 곡선의 여섯 가지 형태

그러므로 원뿔 곡선의 기본 형태에는 $2 \times 3 = 6$ 가지가 있다(그림 3.3 참조). 특이한 쌍곡선은 V 에서 만나는 두 직선으로 이루어지고, 특이한 포물선은 한 직선이고, 그리고 특이한 타원은 한 점이다. 흥미로운 원뿔 곡선은 매끄러운 곡선, 즉 타원(매끄러운 타원), 포물선(매끄러운 포물선), 쌍곡선(매끄러운 쌍곡선)이다.

문제 3.1.1 (해시계) 해시계는 보통 평평한 받침대와 수직으로 세운 지시침으로 구성된다. 해가 천구를 가로질러 운동할 때, 지시침의 그림자가 받침대 표면에서 이동하게 된다. 이 때 그림자의 위치를 통해 낮의 시간을 알게 되는 것이다.

그림자의 끝은 움직이면서 다음 두 가지 조건에 의존하는 곡선을 그린다.

1) 해시계가 놓여 있는 장소의 위도 (지시침과 지구의 자전축 사이의 각을 결정한다.)
2) 계절 (지구가 태양의 주위를 도는 공전 궤도 상의 위치, 따라서 지구의 자전축과 태양으로부터 오는 광선 사이의 각을 결정한다. 그림 3.4를 참조)

해시계에서 그림자의 끝은 어떤 곡선을 그리는지 말하여라. 또한 계절과 위도가 곡선의 모양을 어떻게 바꾸는지를 설명하여라. 해시계가 놓여 있는 장소와 계절이 다음과 같을 때 곡선의 모양을 말하여라.

장소 : a. 북극, b. 북위 45°, c. 적도

계절 : i. 하지(태양의 고도가 가장 높은 날),
ii. 동지(태양의 고도가 가장 낮은 날),
iii. 춘분 또는 추분(태양이 적도를 지나는 날)

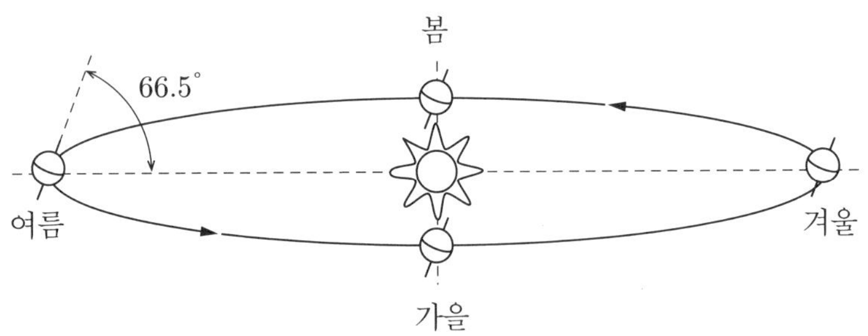

그림 3.4. 사계절

(**도움말**: 지구가 자전축을 중심으로 회전한다고 생각하는 대신에 지구는 고정되어 있고, 해가 하늘에서 큰 원을 그리면서 움직이고 있다고 생각하는 것이 문제 해결에 도움이 된다. 지구의 크기는 태양까지의 거리와 비교하여 무시해도 되므로 지구의

반지름이 영인 것처럼 생각해도 된다. 지구의 자전축과 태양 주위를 회전하는 공전 궤도가 놓인 평면과의 각은 약 66.5도이다.)

3.2 타원과 쌍곡선의 초점

원뿔 곡선의 초점이 갖는 성질은 실제 응용에서 매우 중요하게 사용된다. 초점의 성질에 대한 연구는 적어도 그리스의 기하학자 페르가의 아폴로니우스(B.C. 262-190)가 살던 시대부터 연구되어 왔다. 여기서는 1822년 벨기에의 수학자 당드랑(G. P. Dandelin)에 의해 전개된 현대적인 논의의 방법을 따른다.

당드랑의 방법은 원뿔 K에 내접하고 평면 H에 접하는 "당드랑의 구"를 사용한다.[1)] 원뿔 곡선이 타원이나 쌍곡선이면 정확히 두 개의 구가 H에 접하고(그림 3.6과 3.9를 참조), 원뿔 곡선이 포물선이면 단 하나의 구만 K에 내접하고 H에 접하게 된다. 앞으로 이들 구가 당연히 존재한다고 생각할 것이다.

S_1을 K에 내접하면서 H에 접하는 구라 하자. 그러한 구가 두 개 있는 경우에는 다른 한 구를 S_2라 하자. 이 때, S_1 또는 S_2가 H에 접하는 점을 원뿔 곡선 C의 **초점**이라 한다. 이들 점을 다음과 같이 나타내자.

$$F_1 = S_1 \cap H, \qquad F_2 = S_2 \cap H$$

정리 3.2.1 C를 타원이라 하면 임의의 점 $P \in C$에 대해 $PF_1 + PF_2$는 일정하다(그림 3.5).

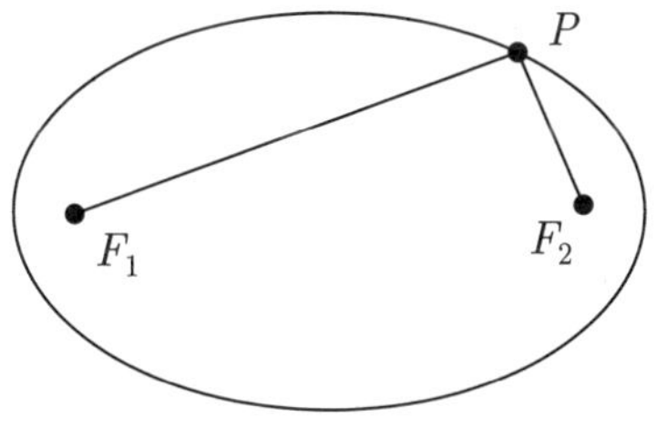

그림 3.5. 타원

증명. [그림 3.6 참조] P를 타원에 있는 임의의 점이라 하자. 그러면 S_1과 S_2가 각각 F_1과 F_2에서 H에 접하므로 $\overleftrightarrow{PF_1}$은 F_1에서 S_1에 접하고 $\overleftrightarrow{PF_2}$는 F_2에서 S_2

1) 구가 원뿔에 내접하면 구의 중심은 원뿔의 축에 놓인다.

에 접한다. Q_1과 Q_2를 각각 S_1과 S_2가 원뿔에 접하여 생기는 원이라 하자. 그리고 다음과 같이 두 점 R_1과 R_2를 정하자.

$$R_1 = \overleftrightarrow{PV} \cap S_1, \qquad R_2 = \overleftrightarrow{PV} \cap S_2$$

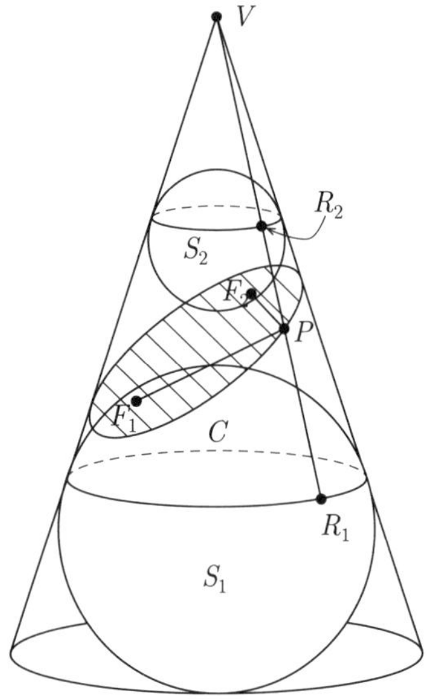

그림 3.6. 당드랑의 방법: 타원

S_1과 S_2가 각각 Q_1과 Q_2를 따라 K에 접하므로 $\overleftrightarrow{PR_1}$은 R_1에서 S_1에 접하고 $\overleftrightarrow{PR_2}$는 R_2에서 S_2에 접한다. 따라서 문제 1.9.6으로부터 다음을 얻는다.

$$PF_1 = PR_1, \qquad PF_2 = PR_2$$

이로부터 다음이 성립함을 알 수 있다.

$$PF_1 + PF_2 = PR_1 + PR_2$$

그런데 $PR_1 + PR_2 = R_1R_2$로 두 원 Q_1과 Q_2 사이의 거리이다. 한편, 두 원 Q_1과 Q_2 사이의 거리는 P에 의존하지 않으므로 $PF_1 + PF_2$는 임의의 점 $P \in C$에 대해 동일한 값을 갖는다. □

보기 3.2.1 (타원 그리기) 평면의 F_1과 F_2에 못을 박는다. F_1F_2 보다 긴 길이 l의 줄을 준비하여 그 끝을 F_1과 F_2에 묶는다. 연필로 줄을 팽팽하게 유지시키면서 두 못의 주위로 곡선을 그린다. 이 때, 생기는 곡선이 F_1

과 F_2을 초점으로 갖는 타원이고 또한 곡선에 있는 임의의 점 P에 대해 $PF_1 + PF_2 = l$을 만족한다(그림 3.7).

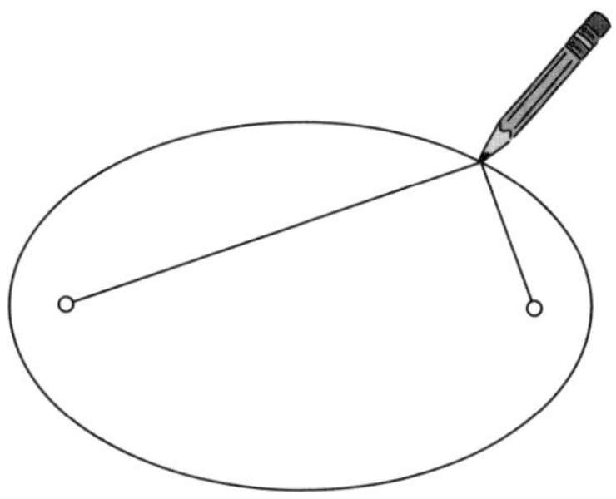

그림 3.7. 타원 그리기

정리 3.2.2 C를 쌍곡선이라 하면 임의의 점 $P \in C$에 대해 $|PF_1 - PF_2|$는 일정하다(그림 3.8).

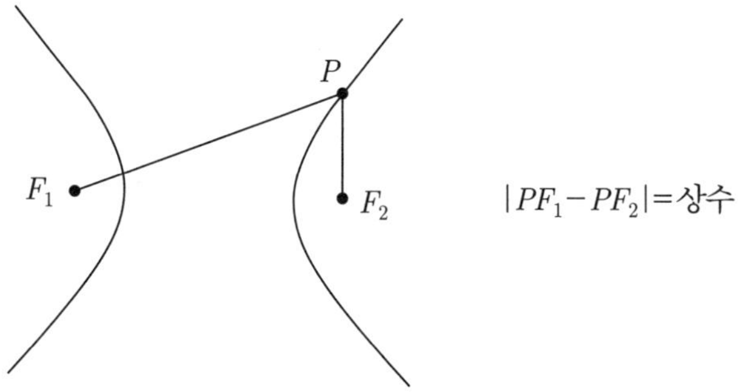

그림 3.8. 쌍곡선

문제 3.2.1 정리 3.2.1의 증명을 참조하여 정리 3.2.2를 증명하여라.
(**도움말**: 그림 3.6과 3.9를 비교하여라.)

보기 3.2.2 (쌍곡선 그리기) F_1, F_2에 못을 고정시키고 F_1에 있는 못을 중심으로 회전하도록 막대를 결합시킨다. 그리고 다음을 만족하는 길이의 줄을 준비한다.

$$0 < (\text{막대의 길이}) - (\text{줄의 길이}) < F_1F_2$$

줄의 한쪽 끝을 막대의 고정되지 않은 쪽 끝에 묶고 줄의 다른 쪽 끝은 F_2에 있는 못에 고정시킨다. 줄이 탱탱하도록 막대의 옆에 연필을 붙여서 움직이면 곡선이 그려진다. 이 때, 이 곡선이 쌍곡선의 한 조각이고 쌍곡선에

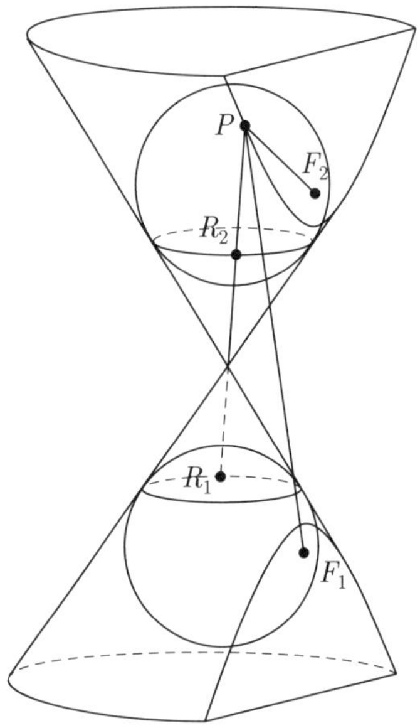

그림 3.9. 당드랑의 방법: 쌍곡선

있는 임의의 점 P에 대해 식 $|PF_1 - PF_2| = $(막대의 길이) − (줄의 길이)가 성립한다(그림 3.10).

(정교한 그림을 그리기 위해서는 연필 심, 막대에 줄이 고정된 점, 그리고 막대의 회전 중심 F_1이 모두 한 직선에 놓여 있어야 한다.)

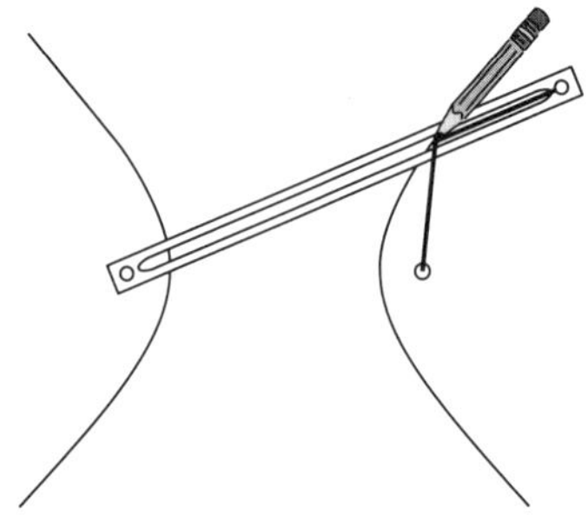

그림 3.10. 쌍곡선 그리기

문제 3.2.2 보기 3.2.1과 3.2.2에 제안된 방법을 따라 그려진 곡선이 정리 3.2.1 또는 정리 3.2.2의 조건을 만족시키는지를 확인하여라.

문제 3.2.3 41 쪽의 문제 1.9.7에 의해 만들어지는 내접원과 같은 원을 원뿔의 축을 중심으로 회전시켜서 원뿔에 내접하고 한 평면에 접하는 구를 만드는 방법을 설명하여라.

3.3 이심률과 준선; 포물선의 초점

원이 아닌 매끄러운 원뿔 곡선에는 적어도 하나의 **준선**이 존재한다. 준선에 대해 알아보기 위해 S를 K에 내접하면서 H에 접하는 구라 하자. 그러면 S와 K의 교집합은 원이다. 모든 원은 평면에 놓이므로, E를 $S \cap K$를 포함하는 평면이라 하자. 이때 다음과 같이 주어지는 직선 D가 원뿔 곡선 C의 준선이다.

$$D = E \cap H$$

그리고 초점 $F = S \cap H$는 D와 "관련된 초점"이다(그림 3.11 참조).

한편, C가 원일 때에는 E가 H에 평행하고, 따라서 이 경우에는 준선이 존재하지 않는다.

원뿔 곡선 C의 **이심률**은 다음과 같이 주어지는 비 e를 말한다.

$$e = \frac{\cos\beta}{\cos\alpha}$$

이 때, e가 다음을 만족하는 것을 알 수 있다.

$$\begin{aligned} &C\text{가 쌍곡선이면 } e > 1, \\ &C\text{가 포물선이면 } e = 1, \\ &C\text{가 원아닌 타원이면 } 0 < e < 1, \\ &C\text{가 원이면 } e = 0 \end{aligned}$$

정리 3.3.1 C가 원 아닌 원뿔 곡선이고 이심률이 e, 준선이 D 그리고 관련된 초점이 F일 때, 임의의 점 $P \in C$에 대해 다음이 성립한다.

$$PF = (e)(PD)$$

증명. [그림 3.11 참조] $S \cap K$를 포함하는 평면을 E라 하고, P를 C에 있는 임의의 점이라 하자. 다음을 만족하는 점 Z, T, R을 선택하자.

$$\begin{aligned} &Z \in E\text{이고 } \overline{ZP}\text{는 } E\text{에 수직}, \\ &T \in D\text{이고 } \overline{TP}\text{는 } D\text{에 수직}, \\ &R = \overline{VP} \cap S \end{aligned}$$

$\overline{ZP}$와 원뿔의 축, 둘 다 E에 수직이므로 $\overline{ZP}$는 원뿔의 축에 평행하다. $\overline{ZP}$가 E에 수직이고 D가 E에 놓여 있으므로 $\overline{ZP}$는 D에 수직이다. 또한 $\overline{TP}$가 D에 수직이므로 평면 $\overline{ZPT}$는 D에 수직이다. 이때, D가 H에 놓여 있으므로 다음

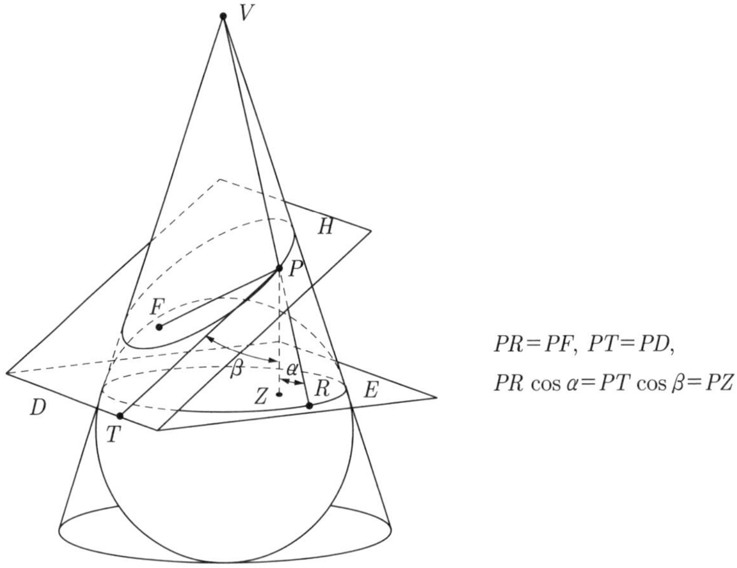

그림 3.11. 당드랑의 방법: 준선

명제가 성립한다.

$$\text{평면 } \overline{ZPT}\text{는 } H\text{에 수직이다.}$$

이를 이용하면 $\overline{ZP}$가 원뿔의 축에 평행하므로 다음을 얻는다.

$$\angle ZPT = \beta,$$

$$\angle ZPR = \alpha$$

그러므로 다음이 성립한다.

$$PZ = PR\cos\alpha = PT\cos\beta$$

그런데 $\overline{PR}$과 $\overline{PF}$가 각각 R과 F에서 S에 접하므로 $PR = PF$이고 $\overline{PT}$가 D에 수직이므로 $PT = PD$이다. 이로부터 다음을 얻는다.

$$PF\cos\alpha = PD\cos\beta$$

양변을 $\cos\alpha$로 나누면 증명이 완성된다. □

따름정리 3.3.1 포물선 C에 대해 초점을 F, 준선을 D라 하면 다음이 성립한다.

$$\text{임의의 } P \in C\text{에 대해} \quad PF = PD \tag{3.1}$$

증명. C가 포물선이면 $e = 1$이다. (그림 3.12) □

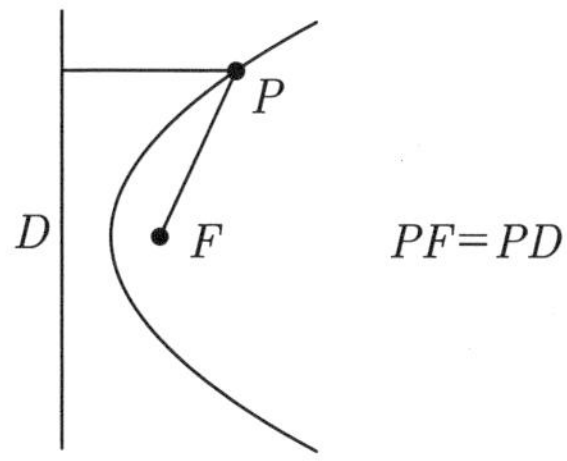

그림 3.12. 포물선

보기 3.3.1 (포물선 그리기) 두 막대를 영문자 "T"와 같이 직각이 되게 엮어서 "T자"를 만든다. 그리고 "T자"의 몸통과 길이가 동일한 줄을 준비한다.

초점 F와 준선 D를 정하고, 줄의 한쪽 끝을 "T자"의 몸통 밑부분에 고정시키고, 다른 쪽 끝은 평면의 점 F에 고정시킨다. 이제 "T자"의 가로대를 준선을 따라 밀면서 곡선을 그린다. 이때, 연필은 "T자"의 몸통에 밀착되어 있으면서 줄을 팽팽하게 당겨야 한다. 이렇게 그려진 곡선은 초점을 F로 하고 준선을 D로 하는 포물선의 일부분이다(그림 3.13).

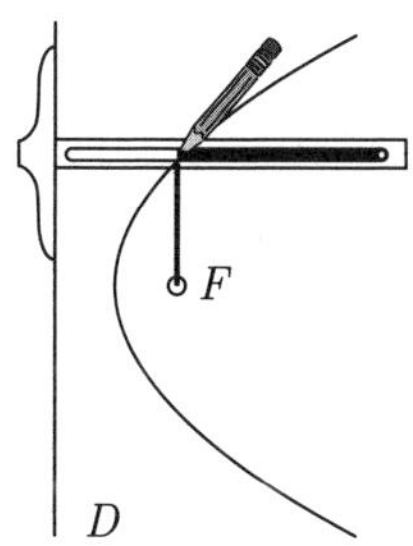

그림 3.13. 포물선 그리기

문제 3.3.1 보기 3.3.1의 방법을 따라 그려진 곡선의 점 P에 대해 $PF = PD$가 성립함을 보여라.

3.4 접선

어떠한 직선도 원뿔 곡선과 두 점보다 많은 점에서 만날 수 없다. 이 명제를 증명하기 위해서는 직선의 방정식($x = a$ 또는 $y = mx + b$)을 원뿔 곡선의 방정식(3.6절 참조)에 대입하고 x에 관해 풀어야 한다. $y = mx+b$를 대입하면 교점의 x좌표를 구할 수 있는 다음과 같은 이차 방정식을 얻는다.

$$Ax^2 + Bx + C = 0$$

이 방정식에는 기껏해야 두 개의 해가 존재한다.

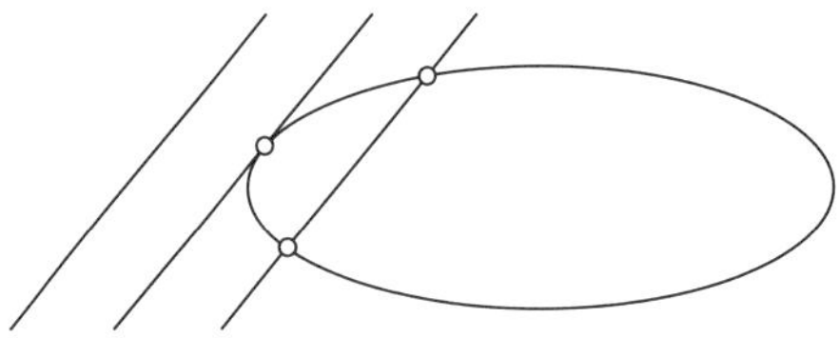

그림 3.14. 매끄러운 원뿔 곡선과 만나는 직선

원뿔 곡선과 두 점에서 만나는 직선은 할선[2)]이다.

원뿔 곡선과 한 점에서 만나는 직선에는 다음 세 가지 경우가 있다.

a) 원뿔 곡선에 접한다.

b) 원뿔 곡선이 쌍곡선이고, 쌍곡선의 점근 선과 평행한 직선이다.

c) 원뿔 곡선이 포물선이고 포물선의 축과 평행한 직선이다.

정리 3.4.1 C를 매끄러운 원뿔 곡선이라 하고, P를 C의 한 점, F를 초점이라 하자. C가 포물선이면 D를 준선이라 하고, 그 외에는 $\widetilde{F}$를 다른 초점이라 하자. 이때 다음이 성립한다.

a) C가 타원이면 벡터 $-\overrightarrow{PF}$와 $\overrightarrow{P\widetilde{F}}$ 사이의 각을 이등분하는 직선은 P에서 C에 접한다(그림 3.15).

b) C가 쌍곡선이면 $\overrightarrow{PF}$와 $\overrightarrow{P\widetilde{F}}$ 사이의 각을 이등분하는 직선은 P에서 C에 접한다(그림 3.16).

c) C가 포물선이면 P에서 D에 내린 수선의 발을 R이라 하자. 이 때, $\overrightarrow{PF}$와 $\overrightarrow{PR}$ 사이의 각을 이등분하는 직선은 P에서 C에 접한다(그림 3.17).

증명. $\overleftrightarrow{AB}$를 P를 지나는 직선이라 하자. 이때, A와 B 사이에 P가 있다고 하자.

a) C가 타원이고 $\angle APF \cong \angle BP\widetilde{F}$라고 가정하자. 정리 3.2.1에 의해 다음을 만족하는 상수 k가 존재한다.

$$\text{임의의 } Q \in C\text{에 대해} \quad QF + Q\widetilde{F} = k$$

[2)] 한 곡선의 할선이란 그 곡선과 (국소적으로) 두 점에서 만나는 직선을 말한다.

그런데 $\angle APF \cong \angle BP\widetilde{F}$이므로 주장 1.7.1과 문제 1.7.1로부터 경로 $FP\widetilde{F}$가 F에서 $\overleftrightarrow{AB}$의 한 점을 거쳐 $\widetilde{F}$까지의 경로 중 가장 짧은 경로이다. 따라서 다음을 얻는다.

$$Q \in \overleftrightarrow{AB}\text{이고 } Q \neq P\text{이면} \quad QF + Q\widetilde{F} > k$$

다른 말로 하면 $\overleftrightarrow{AB}$는 P에서만 C와 만난다.

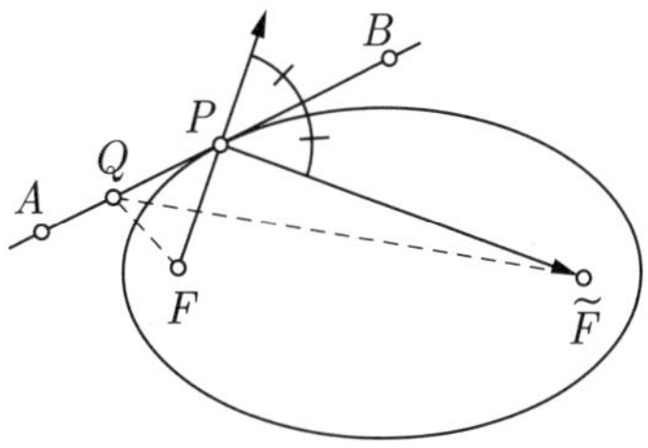

그림 3.15. 타원의 접선

b) C가 쌍곡선이고 $\angle APF \cong \angle AP\widetilde{F}$라고 가정하자. 정리 3.2.2에 의해 임의의 $Q \in C$에 대해 $|QF - Q\widetilde{F}| = k$인 상수 k가 존재한다.

E를 반직선 $\overrightarrow{PF}$에 있고 $PE = P\widetilde{F}$를 만족하는 점이라 하자. 그러면 $EF = |PF - P\widetilde{F}|$이므로 다음을 얻는다.

$$EF = k$$

그런데 $\overleftrightarrow{AB}$가 $\angle FP\widetilde{F}$를 이등분하므로 이등변 삼각형 $\triangle EP\widetilde{F}$의 밑변을 수직 이등분한다. 따라서 $Q \neq P$가 $\overleftrightarrow{AB}$의 점이면 $\triangle EQ\widetilde{F}$도 이등변 삼각형이다. 특히, 다음이 성립한다.

$$QE = Q\widetilde{F}$$

세 점 Q, E, F가 한 직선에 있지 않으므로 $QE < QF + EF$이고 $QF < QE + EF$인 것은 자명하다. 그러므로 다음이 성립한다.

$$QE - EF < QF < QE + EF$$

위 식에서 QE를 빼면 $-EF < QF - QE < EF$이므로 다음을 얻는다.

$$|QF - QE| < EF$$

그런데 $QE = Q\widetilde{F}$이고 $EF = k$이므로 $Q \neq P$인 $\overleftrightarrow{AB}$에 있는 임의의 Q에 대해 다음이 성립한다.

$$|QF - Q\widetilde{F}| < k \tag{3.2}$$

이것으로 $\overleftrightarrow{AB}$가 C에 접한다는 것을 거의 증명하였다. 이제 남은 것은 단지 $\overleftrightarrow{AB}$가 점근 선에 평행일 가능성을 없애는 것이다. 쌍곡선은 평면을 세 영역으로 나눈다. 쌍곡선의 사이에 있는 가운데 영역, 그리고 바깥 쪽으로 두 영역, F를 포함하는 영역과 $\widetilde{F}$를 포함하는 영역이 있다. 평면을 정의역으로 하는 함수 f를 $f(Q) = QF - Q\widetilde{F}$로 정의하자. 그러면 쌍곡선에서 $f = \pm k$이고, F를 포함하는 영역에서는 $f < -k$, 가운데 영역에서는 $-k < f < k$, $\widetilde{F}$를 포함하는 영역에서는 $f > k$임을 알 수 있다. 식 (3.2)로부터 $\overleftrightarrow{AB}$에서는 $-k \leq f \leq k$이므로 $\overleftrightarrow{AB}$는 절대로 쌍곡선을 가로질러 바깥 쪽 영역으로 들어갈 수 없다. 따라서 $\overleftrightarrow{AB}$는 쌍곡선에 접하게 된다.

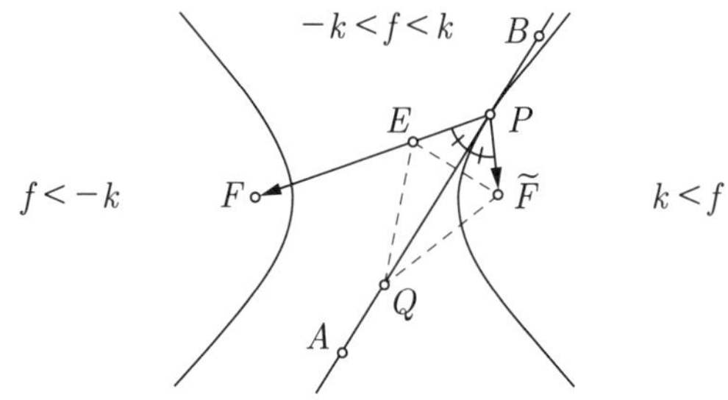

그림 3.16. 쌍곡선의 접선

c) C가 포물선이고 $\angle FPA \cong \angle RPA$라고 가정하자. 따름정리 3.3.1에 의해 다음이 성립한다.

$$Q \in C\text{인 것은 } \quad QF = QD\text{인 것의 필요 충분 조건}$$

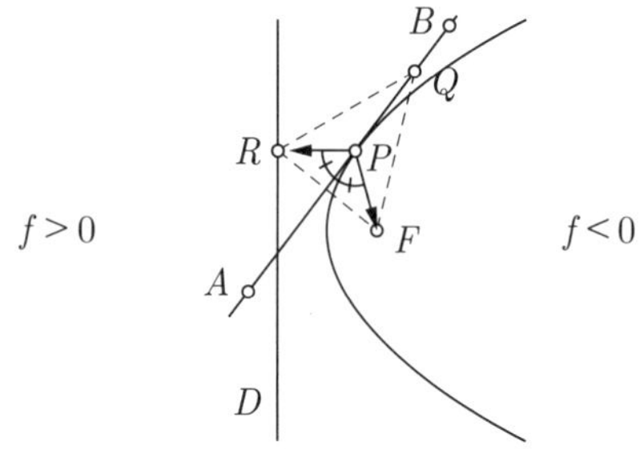

그림 3.17. 포물선의 접선

한편, $\overline{PR}$이 D에 수직이므로 다음이 성립한다.

$$PR = PF$$

따라서 $\triangle RPF$는 이등변 삼각형이이다. Q가 $\overleftrightarrow{AB}$의 점이라 하자. 그러면 $\triangle RQF$도 이등변 삼각형이다. 특히, 다음이 성립한다.

$$QF = QR$$

$Q \neq P$이면 $\overline{QR}$이 D에 수직이 아니므로 $QR > QD$이다. 따라서 다음이 성립한다.

$$QF - QD = QR - QD > 0$$

이로부터 $\overleftrightarrow{AB}$는 포물선과 P에서만 만나는 것을 알 수 있다. 포물선은 두 개의 열린,[3] 연결된 평면 영역의 경계이다. 한 영역은 F를 포함하고 다른 영역은 D를 포함한다. 함수 f를 $f(Q) = QF - QD$로 정의하자. 그러면 초점을 포함한 영역에서 $f < 0$이고 준선을 포함한 영역에서는 $f > 0$이다. 그런데 $\overleftrightarrow{AB}$에서 $f \geq 0$이므로 $\overleftrightarrow{AB}$는 절대로 포물선을 가로질러 다른 영역으로 들어갈 수 없다. 그러므로 $\overleftrightarrow{AB}$는 접선이다. □

문제 3.4.1 타원과 쌍곡선의 초점이 같을 때, 타원과 쌍곡선은 서로 수직으로 만남을 증명하여라.

3.5 원뿔 곡선의 초점에 모이는 성질

빛과 소리가 매끄러운 곡면에서 반사하는 방향은 곡면의 접평면에서 반사하는 방향과 같다. 이 때 물론 입사각과 반사각은 같다라는 법칙을 따른다. 매끄러운 원뿔 곡선의 초점과 접선 사이의 특별한 관계 때문에 초점을 지나는 직선을 축으로 타원 또는 쌍곡선을 회전시켜 만든 거울, 또는 대칭축 주위로 포물선을 회전시켜 만든 거울에는 특별히 실제 응용에서 유용한 초점에 모이는 성질이 있다.

포물면 거울

그림 3.18에서는 대칭 축에 평행하게 포물면 거울로 들어온 빛이 포물면의 초점으로 반사되는 것을 볼 수 있다. "맞꼭지각"이므로 $\angle LPB \cong \angle RPA$이 성립하고 정리 3.4.1에 의해 $\angle RPA \cong \angle FPA$이다. 그러므로 $\angle LPB \cong \angle FPA$이다. 이는 입사각과 반사각이 같음을 뜻한다.

반사 망원경은 많은 양의 빛을 한 지점에 모으는 능력 때문에 포물면 거울을 사용한다. 천문학자들은 보통은 너무 희미해서 찾기도 어려운 별을 반사 망원경을 사용하여 관찰하기도 한다. 또한 포물면 거울은 햇빛 모음기, 집음기, 수신 안테나 등에 사용된다.

[3] 집합 $A \subset \mathbb{R}^2$가 "열려 있다"라는 것은 임의의 점 $x \in A$에 대해 x의 적당한 근방이 A에 포함된다는 것을 말한다.

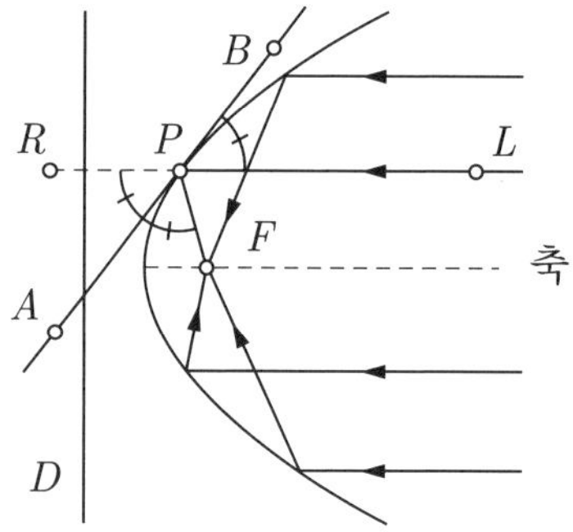

그림 3.18. 포물면 반사기

포물면 거울의 초점에서 방사된 에너지는 대칭 축에 평행한 빔으로 반사된다. 이러한 이유로 포물면 반사기는 전조등, 광선 집중기, 방향성 송출기를 제작하는데 사용된다.

쌍곡면 거울

쌍곡면 거울의 한 초점을 향해 쏘아진 빛은 거울에서 다른 초점으로 반사된다. 그림 3.19에서 정리 3.4.1과 맞꼭지각의 합동에 의해 $\angle LPB \cong \angle \widetilde{F}PA \cong \angle FPA$ 임을 볼 수 있다.

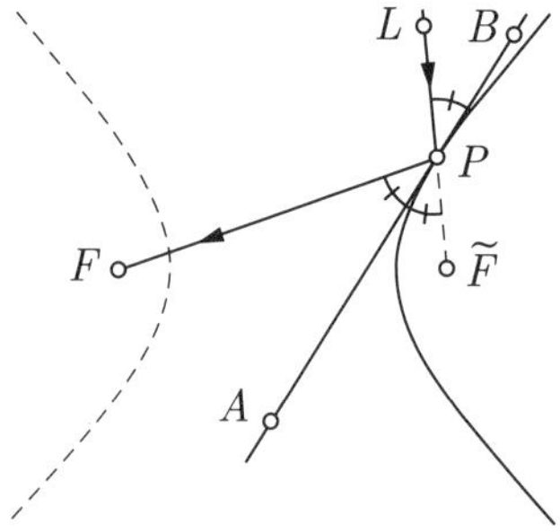

그림 3.19. 쌍곡면 반사기

어떤 반사 망원경은 본래의 초점보다 더 편리한 곳으로 빛을 향하게 하기 위해 포물면 반사기에 추가로 이차적인 쌍곡면 거울을 사용한다. 그림 3.20에서 포물선과 쌍곡선은 동일한 초점 $\widetilde{F}$를 갖는다. 포물면 거울로 들어온 빛은 $\widetilde{F}$를 향하여 반사되고, 쌍곡면 거울에서 되반사되어 쌍곡선의 다른 초점으로 진행한다.

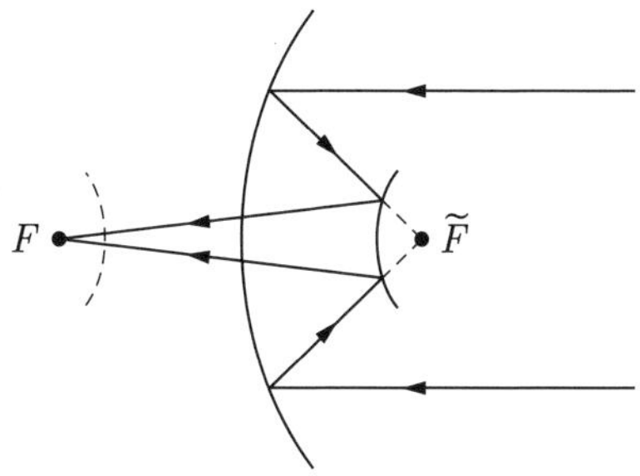

그림 3.20. 포물면-쌍곡면 복합 반사기

타원면 거울

정리 3.4.1의 또 다른 결과는 타원면 반사기의 한 초점에서 방사된 에너지는 다른 초점으로 반사된다는 것이다. 치과의 진료용 램프는 환자의 입속에 있는 한 지점에 빛을 집중시키기 위해 타원면 반사기를 사용한다(그림 3.21). 워싱턴 주에 있는 미국 의회 의사당에는 타원면 모양의 "속삭이는 갤러리"가 있는데, 한 초점에서 속삭이는 소리를 다른 초점에서는 들을 수 있고, 그 외의 장소에서는 들을 수 없게 설계되었다.

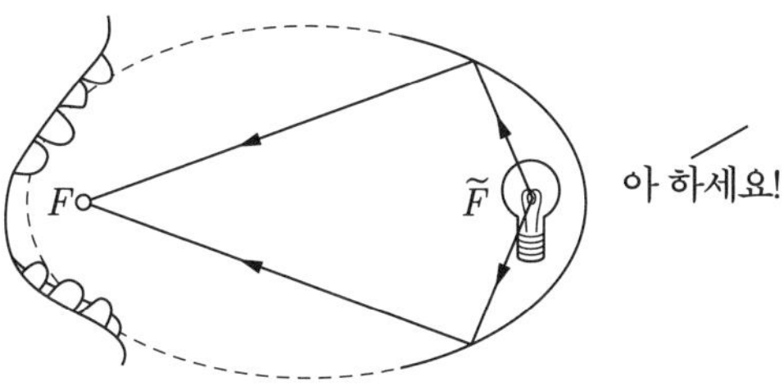

그림 3.21. 치과의 진료용 램프

3.6 연습 문제 : 매끄러운 원뿔 곡선의 표준 방정식

문제 3.6.1 (포물선의 방정식) xy평면에서 초점이 $F = (c, 0)$이고 준선이 직선 $x = -c$인 포물선을 C라 하자. 식 (3.1)을 사용하여 C가 다음 방정식을 만족함을 보여라.

$$y^2 = 4cx$$

문제 3.6.2 (쌍곡선과 타원의 방정식) xy평면에서 초점 $F_1, F_2 = (\pm c, 0)$가 x축에 있는 쌍곡선 또는 타원을 C라 하자. (단 $c \geq 0$)

a) 상수 $a > 0$와 $s = \pm 1$에 대해 다음이 성립함을 보여라.

$$\text{임의의 } P \in C\text{에 대해} \quad PF_1 + sPF_2 = \pm 2a \tag{3.3}$$

여기서 s의 값은 다음과 같이 결정된다.

$$s = \begin{cases} 1, & (C\text{가 타원}), \\ -1, & (C\text{가 쌍곡선}) \end{cases}$$

b) C가 다음 방정식을 만족함을 밝혀라.

$$\frac{x^2}{a^2} + s\frac{y^2}{b^2} = 1 \tag{3.4}$$

여기서, a와 b는 다음에 의해 결정된다.

$$b^2 = s(a^2 - c^2)$$

(**도움말**: 식 (3.3)을 $PF_1 = \pm 2a - sPF_2$로 바꾸고 P의 좌표 (x, y)와 F_1, F_2의 좌표를 사용하여 방정식을 얻은 다음, 양변을 제곱하여 정리하고, 그리고 제곱근 항을 제거하기 위해 다시 제곱해라.)

c) C가 쌍곡선일 때, 점근 선의 기울기가 $\pm b/a$임을 보여라. (**도움말**: 식 (3.4)를 y^2/x^2에 관해 정리하고 x를 무한으로 보내는 극한을 취하여라.)

d) e가 원뿔 곡선의 이심률이고, D가 초점 $(c, 0)$과 관련된 준선일 때, 다음이 성립함을 보여라.

$$e = \frac{c}{a}, \qquad D = \{(x, y) \mid x = \frac{a}{e}\}$$

(**도움말**: 위의 방정식은 두 점 $(a, 0)$과 $(-a, 0)$이 C에 놓여 있음을 말한다. 정리 3.3.1의 증명으로부터 D가 직선 $\overleftrightarrow{F_1F_2}$에 수직임을 알 수 있고, 이로부터 D는 $x = d$와 같은 형태의 식으로 표현된다. 이 식과 정리 3.3.1을 사용하여 미지수 e와 d에 대한 두 개의 방정식을 만들고 풀어라.)

문제 3.6.3 (극 좌표에서 매끄러운 원뿔 곡선의 방정식) $0 < d, e$라 하자. 이 때, 초점이 $(0, 0)$이고, 관련된 준선이 직선 $x = -d$이고, 이심률이 e인 매끄러운 원뿔 곡선은 극 좌표를 사용하여 다음과 같이 매개화 됨을 보여라.

$$r = \frac{p}{1 - e\cos\theta} \tag{3.5}$$

여기서 $p = de$이다.

식 (3.5)는 $e = 0$일 때에도 곡선을 매개화함을 알 수 있다. 이 경우 C는 원("무한 준선"을 갖는 타원)이다.

3.7 로란 항법

전자 항법

로란(LORAN(LOng RAnge Navigation)) 시스템은 선박이나 항공기의 조종사가 눈에 보이는 이정표에 의지하지 않고 자신의 위치를 알 수 있게 해준다. F_1과 F_2에 위치한 전파 기지국에서 동시에 신호를 보내고 P에 있는 선박이 그 신호를 수신한다고 생각하자. 이 때 항해사는 F_2에서 보낸 신호를 수신한 시각 t_2와 F_1에서 보낸 신호를 수신한 시각 t_1 사이의 차를 측정하여 다음과 같이 나타낸다.

$$\Delta t = t_2 - t_1$$

T_1을 F_1에서 보낸 신호가 배에 도달할 때까지 걸린 시간, T_2을 F_2에서 보낸 신호가 배에 도달할 때까지 걸린 시간이라 하면, 선박으로부터 F_1까지의 거리와 선박으로부터 F_2까지의 거리의 차는 다음과 같다.

$$PF_2 - PF_1 = c(T_2 - T_1) = c\Delta t$$

여기서 c는 빛의 속도이다.

그런데 신호가 언제 보냈는지를 정확히 알지 못한 상황에서 항해사가 T_1과 T_2를 바로 알아낼 수는 없다. 그러나 신호가 도착한 시간의 차 Δt는 정밀하게 측정할 수 있으므로 배의 위치는 다음과 같이 주어지는 쌍곡선의 한 점 P이다.

$$|PF_2 - PF_1| = c\Delta t$$

그러므로 세 기지국 F_1, F_2, F_3로부터 신호를 받는다면 항해사는 배의 위치를 정확하게 알아낼 수 있다. 두 기지국씩 쌍을 이루면 각각의 쌍은 배를 포함하는 쌍곡선을 결정하므로 배의 정확한 위치는 세 쌍곡선의 교점이다. 항해사는 쌍곡선을 그려서 교점을 알아내거나 대수적으로 방정식을 세우고 풀어서 지도에서 배의 위치를 알아낼 수 있다. (실제로는 지구의 곡률을 보정하는 것과 전파 신호가 반사되거나 여타 다른 오류가 발생할 가능성을 고려하는 것이 필요하다.)

문제 3.7.1 안개가 짙게 낀 카슨 만[4)]을 향하고 있는 한 유조선이 세 곳의 전파 기지국 F_1, F_2, F_3에서 동시에 보낸 신호를 받았다. 세 기지국은 한 직선에 있고 F_2가 다른 두 기지국 사이에 있다(그림 3.22 참조). F_2로부터

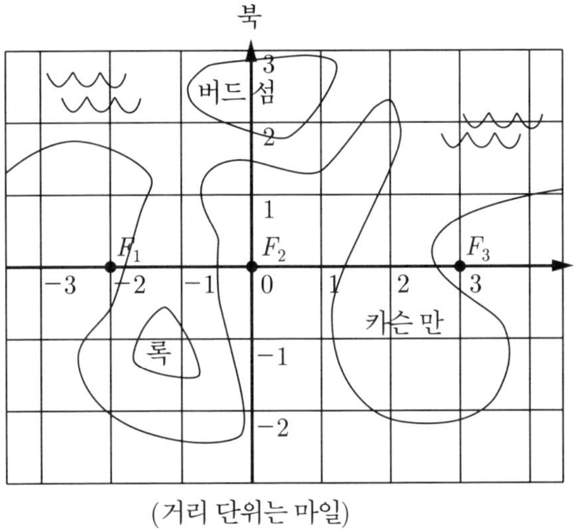

그림 3.22. 카슨 만과 그 주변

신호를 받고 7.22×10^{-6}초 후에 F_1로부터 신호를 수신하였고, F_2로부터 신호를 받고 6.30×10^{-6}초 후에 F_3으로부터 신호를 수신하였다. 배의 위치는 어디인가? 그리고 이 때, 배가 좌초되지 않으려면 어느 방향으로 가야 하는가? (빛의 속도는 약 186,000 mi. / sec이다.) (**도움말**: F_1, F_2, F_3가 x축에 놓이도록 좌표 계를 설정하고 쌍곡선의 방정식을 쓰고 방정식을 풀어라.)

3.8 케플러의 행성 운동 법칙

요하네스 케플러(1571-1630)는 티코 브라헤(1546-1601)가 관측한 천체의 자료를 주의깊게 분석하여 행성의 궤도가 타원이라는 것을 발견하였다. 케플러가 이룩한 이러한 성취를 온전히 평가하기는 어려운 일이다. 티코 브라헤의 정리되지 않은 자료로부터 행성의 궤도를 손으로 계산하였을 뿐만 아니라, 케플러는 브라헤의 관측이 어떤 경로를 따라 움직이는 관찰대(지구)에서 수행되었다는 사실을 보정해야만 하였다. 더구나, 이러한 연구가 진행되었을 때는 대부분의 천문학자들이 지구는 움직이지 않고 우주의 중심에 고정되어 있고, 모든 천체가 지구를 중심으로 복잡한 궤도를 움직인다고 믿고 있는 시대였다.

---

[4] 카슨 만은 캐나다 온타리오주의 매소소가 주립공원 내에 있다.

케플러의 법칙

1. 모든 행성은 타원 궤도를 따라 움직이고, 타원의 한 초점은 태양과 그 행성이 이루는 계의 무게 중심이다.
2. 행성과 태양을 연결하는 가상적인 선분이 같은 시간 동안 쓸고 지나가는 넓이는 항상 같다(그림 3.23).
3. 행성의 공전 주기의 제곱(즉 행성의 "1년"에 해당하는 시간의 제곱)은 궤도의 긴 반지름의 세제곱에 비례한다.

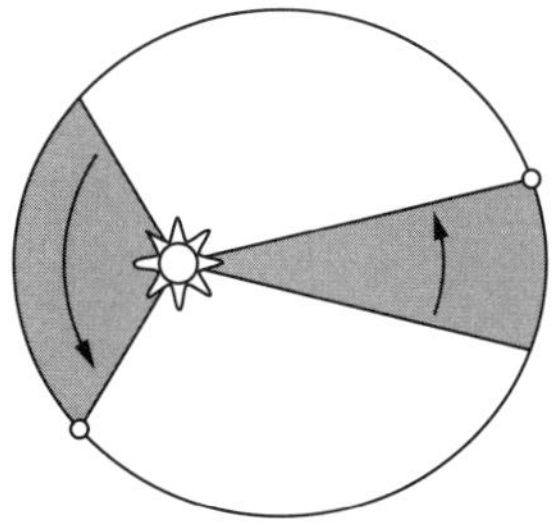

그림 3.23. 동일 시간에 동일한 넓이

좀 더 일반적으로, 태양 주위을 돌고 있는 어떠한 물체라도 그 궤도는 태양 근처에 초점을 둔 원뿔 곡선의 형태이다. 타원에서 닫힌 궤도 여행을 하는 물체도 있고, 매우 빠르게 이동하는 어떤 물체는 쌍곡선이나 포물선을 따라 태양으로부터 멀리 달아나기도 한다(그림 3.24).

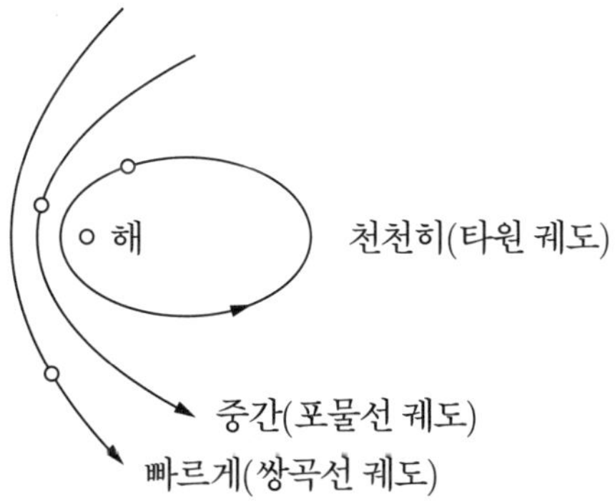

그림 3.24. 매우 큰 질량을 가진 물체 주위의 궤도

케플러의 법칙을 근거로 아이작 뉴턴(1643-1727)은 자신의 유명한 운동 법칙과 만유인력의 법칙(중력의 "역제곱 법칙")을 공식화하고 입증하였다. 이 절에서는 사건의 역사적 순서를 뒤집어서 뉴턴의 법칙으로부터 케플러의

법칙을 유도하고자 한다.[5] 반대 방향으로 전개하는 논의는 문제에서 개략적으로 다루었다(문제 3.8.1 참조).

뉴턴의 운동 법칙

1. 아무런 힘도 받지 않은 물체는 일정한 속도로 직선을 따라 움직인다.
2. 물체에 주어진 힘은 물체의 질량과 가속도의 곱이다(“$f = ma$”).
3. 두 물체가 상호 간에 힘을 가했을 때, 두 힘은 항상 크기가 같고 방향이 반대이다(“모든 작용에 대해 크기는 동일하고 방향이 반대인 반작용이 존재한다”).

뉴턴의 법칙에서 암묵적으로 가정하는 것은 물체의 운동을 측정하는 관찰자가 가속도가 없는, 즉 “관성” 좌표 계에 있다는 것이다. 관성 좌표 계에서는 x, y, z-축은 시간이 흐름에 따라 가속도가 0인 상태로 등속운동을 할 수도 있다. 뉴턴 물리학의 근본적인 통찰은 어떤 대상을 정지된 좌표계에서 측정하였을 때와 관성 좌표 계에서 측정하였을 때 그 물리적 성질이 동일하다는 것이다. 이 주제는 5장에서 자세히 언급할 것이다.

공간을 자유롭게 움직이고, 상호 간에 작용하는 중력을 제외하면 외부로부터 어떠한 힘도 받지 않는 두 질점 m과 M으로 이루어진 고립계를 생각해보자.이 계에 주어진 벡터와 힘을 다음과 같이 정하자.

$$\begin{aligned} \vec{r} &= 0\text{부터 } m\text{까지의 벡터}, \\ \vec{f} &= m\text{에 작용하는 힘}, \\ \vec{R} &= 0\text{부터 } M\text{까지의 벡터}, \\ \vec{F} &= M\text{에 작용하는 힘} \end{aligned} \tag{3.6}$$

그리고 이들 벡터의 크기를 다음과 같이 정하자(힘은 크기와 방향을 가지므로 벡터로 표현된다).

$$r = |\vec{r}|, \qquad f = |\vec{f}|, \qquad R = |\vec{R}|, \qquad F = |\vec{F}|$$

두 물체 계의 질량 중심은 다음과 같이 주어지는 점이다.

$$\text{질량 중심} = m\vec{r} + M\vec{R}$$

한편, 뉴턴의 운동 제2법칙으로부터 다음을 얻는다.

$$\vec{f} = m\vec{r}'', \qquad \vec{F} = M\vec{R}'' \tag{3.7}$$

---

[5] [12]에서 쉬운 기하학을 사용한 아름다운 해석을 볼 수 있다.

여기서, 그리고 이 절의 나머지 부분에서 프라임 기호 $'$은 $t=$시간에 대한 미분을 나타낸다. 뉴턴의 제3법칙으로부터는 다음을 얻는다.

$$\overrightarrow{F} = -\overrightarrow{f} \tag{3.8}$$

이로부터 다음이 성립하는 것을 알 수 있다.

$$m\overrightarrow{r}'' + M\overrightarrow{R}'' = \overrightarrow{0}$$

즉 질량 중심은 가속도 없이 등속 운동을 한다. 그러므로 원점이 질량 중심에 놓인 관성 좌표 계로 바꾸어서 계산을 간단하게 할 수 있다. 바뀐 좌표계에서는 다음이 성립한다.

$$m\overrightarrow{r} + M\overrightarrow{R} = \overrightarrow{0} \tag{3.9}$$

또한 이러한 가정으로부터 다음을 얻는다.

$$\overrightarrow{R} = -\frac{m}{M}\overrightarrow{r}, \tag{3.10}$$

$$\overrightarrow{F} = -\overrightarrow{f} \tag{3.11}$$

이제 남은 것은 $\overrightarrow{r}$과 $\overrightarrow{f}$를 계산하는 것이다.

중력에 대한 뉴턴의 역제곱 법칙에 의하면 두 물체 사이의 중력의 크기는 다음과 같이 두 물체의 질량을 곱한 양에 비례하고, 두 물체 사이의 거리를 제곱한 양에 반비례한다.

$$f = \frac{GMm}{(r+R)^2} = \frac{1}{r^2}\frac{GMm}{(1+\frac{m}{M})^2} \tag{3.12}$$

여기서 G는 상수("중력 상수")이고, 식 (3.12)의 두 번째 줄은 식 (3.10)으로부터 얻는다. 행성 m에 작용하는 중력 $\overrightarrow{f}$는 m으로부터 M을 향하므로 다음과 같다.

$$\overrightarrow{f}\text{의 방향} = -(\overrightarrow{r}\text{의 방향}) \tag{3.13}$$

케플러의 제2법칙을 유도하기 위해 무한히 짧은 시간 Δt 동안 t가 변할 때 $\overrightarrow{r}$이 쓸고 간 넓이를 고려해보자. 이 시간 동안 $\overrightarrow{r}$에 의해 쓸린 무한히 작은 넓이 ΔA는 근사적으로 $\overrightarrow{r}$과 $\Delta\overrightarrow{r}$을 변으로 갖는 삼각형의 넓이와 같다. 여기서 $\Delta\overrightarrow{r}$은 다음과 같이 주어진다.

$$\Delta\overrightarrow{r} = \overrightarrow{r}(t+\Delta t) - \overrightarrow{r}(t)$$

한편, 삼각형의 넓이는 이웃한 두 변이 $\overrightarrow{r}$과 $\Delta\overrightarrow{r}$인 평행사변형의 넓이의

절반과 같으므로 다음을 얻는다.

$$\Delta A \approx \frac{1}{2}|\vec{r} \times \Delta\vec{r}|$$

Δt가 매우 작으면 다음과 같이 생각할 수 있다.

$$\Delta\vec{r} \approx \vec{r}'\Delta t$$

이로부터 다음을 얻는다.

$$\Delta A \approx \frac{1}{2}|\vec{r} \times \vec{r}'|\Delta t$$

위 식에서 양변에 극한 $\Delta t \to 0$을 취하면 등호가 성립한다. 그러므로 $\vec{r}$에 의해 쓸린 넓이의 변화율은 다음과 같다.

$$\frac{dA}{dt} = \frac{1}{2}|\vec{r} \times \vec{r}'| \tag{3.14}$$

케플러의 제2법칙은 dA/dt가 상수라는 것이다. 이를 증명하기 위해 식 (3.14)에서의 $\vec{r} \times \vec{r}'$을 미분하면 다음과 같다.

$$\begin{aligned}\frac{d}{dt}(\vec{r} \times \vec{r}') &= \vec{r}' \times \vec{r}' + \vec{r} \times \vec{r}'' \\ &= \vec{r} \times \vec{r}'' \\ &= \vec{r} \times \frac{\vec{f}}{m}\end{aligned} \tag{3.15}$$

(위에서 마지막 등호는 뉴턴의 제2법칙으로부터 유도된다.) 식 (3.13)으로부터 $\vec{f}$는 $\vec{r}$과 평행함을 알 수 있다. 한편, $\vec{r} \times \vec{r} = \vec{0}$이므로 다음을 얻는다.

$$\frac{d}{dt}(\vec{r} \times \vec{r}') = \vec{0}$$

따라서 다음을 얻는다.

$$\vec{r} \times \vec{r}'\text{은 상수 벡터}$$

그러므로 $dA/dt = (1/2)|\vec{r} \times \vec{r}'|$는 상수이고 이는 케플러의 제2법칙이 증명되었음을 말한다.

상수 벡터 $\vec{r} \times \vec{r}'$를 다음과 같이 나타내자.

$$\vec{N} = \vec{r} \times \vec{r}' \tag{3.16}$$

$\vec{r}$은 원점 O를 시점으로 m을 종점으로 하고 $\vec{N}$에 수직이다. 그러므로 m은 $\vec{N}$에 수직이고 원점을 지나는 평면에 놓여 있다. $\vec{N}$이 상수 벡터이므로 이 평면은 시간에 따라 변하지 않는다. 따라서 m의 전체 궤도는 이 평면에

놓이게 된다.

m의 궤도가 한 평면에 놓이므로 m의 궤도를 포함하는 평면을 xy평면이 되도록 좌표를 설정하자. $\vec{i}$, $\vec{j}$와 $\vec{k} = \vec{i} \times \vec{j}$를 각각 x, y, z 방향의 단위 벡터라 하자. 이제 $\vec{r}$을 다음과 같이 나타내자.

$$\vec{r} = (r\cos\theta)\vec{i} + (r\sin\theta)\vec{j} = r(\cos\theta\,\vec{i} + \sin\theta\,\vec{j}) \tag{3.17}$$

여기서 θ는 $\vec{r}$과 x축 사이의 각이다. 위 식을 t에 관해 두 번 미분하면 다음과 같다.

$$\vec{r}\,' = r'(\cos\theta\,\vec{i} + \sin\theta\,\vec{j}) + r\theta'(-\sin\theta\,\vec{i} + \cos\theta\,\vec{j}) \tag{3.18}$$

$$\begin{aligned}\vec{r}\,'' &= (r'' - r\theta'^2)(\cos\theta\,\vec{i} + \sin\theta\,\vec{j}) \\ &\quad + (2r'\theta' + r\theta'')(-\sin\theta\,\vec{i} + \cos\theta\,\vec{j})\end{aligned} \tag{3.19}$$

식 (3.16), (3.17), 그리고 (3.18)을 결합하면 다음을 얻는다.

$$(r^2\theta')\vec{k} = \vec{N}$$

위에서 $r^2\theta'$이 상수임을 알 수 있다. $a = |\vec{N}|$이라 하면 다음을 얻는다.

$$\theta' = \frac{a}{r^2} \tag{3.20}$$

여기서 a는 $\vec{r}$에 의해 쓸린 넓이의 변화률의 두 배와 같은 상수이다.

$a = r^2\theta'$을 미분하면 $0 = 2r'\theta' + r\theta''$이다. 이를 식 (3.19)에 대입하면 다음을 얻는다.

$$\vec{r}\,'' = (r'' - r\theta'^2)(\cos\theta\,\vec{i} + \sin\theta\,\vec{j})$$

위의 식을 뉴턴의 제2법칙 $\vec{f} = m\vec{r}\,''$에 대입하고, 식 (3.12), (3.13)과 결합하면 m의 운동을 표현하는 이계 미분 방정식을 다음과 같이 얻는다.

$$m(r'' - r\theta'^2) = -\frac{1}{r^2}\frac{GMm}{(1+\frac{m}{M})^2} \tag{3.21}$$

이 방정식을 풀기 위해 연쇄 법칙을 사용하고, 식 (3.20)을 이용하여 t에 대한 미분을 θ에 대한 미분으로 대체하자.

$$\begin{aligned}\frac{d^2r}{dt^2} &= \frac{d}{dt}\Big(\frac{dr}{d\theta}\frac{d\theta}{dt}\Big) = \frac{d}{dt}\Big(\frac{dr}{d\theta}\frac{a}{r^2}\Big) \\ &= \frac{d}{dt}\Big(\frac{dr}{d\theta}\Big)\frac{a}{r^2} + \frac{dr}{d\theta}\frac{d}{dt}\Big(\frac{a}{r^2}\Big) \\ &= \frac{d}{d\theta}\Big(\frac{dr}{d\theta}\Big)\frac{d\theta}{dt}\frac{a}{r^2} + \frac{dr}{d\theta}\Big(\frac{-2a}{r^3}\frac{dr}{dt}\Big)\end{aligned}$$

$$= \frac{d^2r}{d\theta^2}\left(\frac{a}{r^2}\right)^2 + \frac{dr}{d\theta}\left(\frac{-2a}{r^3}\frac{dr}{d\theta}\frac{d\theta}{dt}\right)$$
$$= \frac{d^2r}{d\theta^2}\frac{a^2}{r^4} - 2\left(\frac{dr}{d\theta}\right)^2\frac{a^2}{r^5}$$

그러므로 식 (3.21)로부터 다음을 얻는다.

$$\frac{d^2r}{d\theta^2}\frac{a^2}{r^4} - 2\left(\frac{dr}{d\theta}\right)^2\frac{a^2}{r^5} - \frac{a^2}{r^3} = -\frac{1}{r^2}\frac{GM}{(1+\frac{m}{M})^2}$$

양변에 $-r^2/a^2$을 곱해 m의 궤도를 표현하는 r과 θ에 대한 이계 미분 방정식을 얻는다.

$$-\frac{1}{r^2}\frac{d^2r}{d\theta^2} + \frac{2}{r^3}\left(\frac{dr}{d\theta}\right)^2 + \frac{1}{r} = \frac{GM}{a^2(1+\frac{m}{M})^2} \tag{3.22}$$

식 (3.22)은 다음과 같이 다시 쓰기 전에는 꽤 어려워 보인다.

$$\frac{d^2}{d\theta^2}\left(\frac{1}{r}\right) + \frac{1}{r} = \frac{GM}{a^2(1+\frac{m}{M})^2} \tag{3.23}$$

위의 식은 변수 $(1/r)$과 θ에 대한 상수 계수를 갖는 선형 이계 상 미분 방정식이다. 이 방정식의 일반해는 다음과 같다.

$$\frac{1}{r} = \frac{GM}{a^2(1+\frac{m}{M})^2} - B\cos(\theta-\theta_0) = \frac{1-e\cos(\theta-\theta_0)}{p} \tag{3.24}$$

여기서 B와 θ_0는 상수이고 p와 e는 다음과 같다.

$$p = \frac{a^2(1+\frac{m}{M})^2}{GM}, \qquad e = pB \tag{3.25}$$

식 (3.24)와 120쪽에 있는 공식 (3.5)를 비교하면 초점이 원점에 있고, 특성값이 p, 이심률이 e이고, 준선이 y축에 평행한 원뿔 곡선은 극 좌표로 다음 방정식에 의해 주어진다는 것을 알 수 있다.

$$\frac{1}{r} = \frac{1-e\cos\theta}{p}$$

또한, 식 (3.24)로부터 xy평면에서 초점이 원점에 있는 원뿔 곡선에 대해, 추가적인 상수 θ_0는 원뿔 곡선의 준선이 y-축으로부터 기울어진 각을 나타낸다는 것을 알 수 있다.

이것으로 케플러의 제1법칙에 대한 증명을 마친다.

케플러의 제3법칙을 증명해 보자. t를 θ의 함수로 여기면, θ가 a에서 b까지 움직일 때 t의 변화량은 다음과 같다.

$$\Delta t = \int_a^b \frac{dt}{d\theta}d\theta$$

식 (3.20)으로부터 $dt/d\theta = r^2/a$이므로 궤도가 닫힌 경우, 한 번 회전하는데 걸리는 시간, 즉 주기는 다음과 같다.

$$\text{주기} = \int_0^{2\pi} \frac{r^2}{a} d\theta$$

한편, 극 좌표에서 넓이를 계산하는 표준 공식에 의해 궤도 안쪽의 넓이는 다음과 같다.

$$\text{넓이} = \frac{1}{2}\int_0^{2\pi} r^2 \, d\theta$$

그러므로 다음을 얻는다.

$$\text{궤도의 주기} = \frac{2}{a}(\text{궤도 안쪽의 넓이})$$

그런데, 타원 안쪽의 넓이는 다음과 같이 주어진다.

$$\text{넓이} = \frac{\pi}{4} LL'$$

여기서 L과 L'은 다음과 같다.

$$L = (\text{장축의 길이}), \qquad L' = (\text{단축의 길이})$$

이심률이 e이고 특성값이 p인 타원의 장축과 단축의 길이는 120쪽에 있는 공식 (3.5)에 의해 쉽게 계산된다. 여기서 기억해야 할 것은 장축의 양 끝점은 $\theta = 0$ 또는 π인 점이고, 단축의 양 끝점은 $y = r\sin\theta$가 최대 또는 최솟값을 갖는 점, 즉 $\cos\theta = e$인 점이라는 것이다. 계산을 하면 다음을 확인할 수 있다.

$$L = \frac{2p}{1-e^2}, \qquad L' = \frac{2p}{\sqrt{1-e^2}}$$

따라서 궤도 안쪽의 넓이와 주기는 다음과 같다.

$$\begin{aligned} \text{넓이} &= \pi\frac{p^2}{(1-e^2)^{3/2}} = \pi p^2\left(\frac{L}{2p}\right)^{3/2} \\ &= 2^{-3/2}\pi p^{1/2} L^{3/2}, \\ \text{주기} &= \frac{2}{a}(\text{넓이}) = 2^{-1/2}\pi\left(\frac{p}{a^2}\right)^{1/2} L^{3/2} \\ &= \pi\frac{(1+\frac{m}{M})}{\sqrt{2GM}} L^{3/2} \end{aligned}$$

위에서 마지막 등호의 계산은 p의 정의(식 (3.25))에 의한 것이다.

이것으로 케플러의 제3법칙에 대한 증명을 마친다.

두 번째 질점

두 번째 질점의 궤도는 식 (3.10), 즉 다음 식에 의해 결정된다.

$$\overrightarrow{R} = -\frac{m}{M}\overrightarrow{r}$$

두 벡터가 크기 인자 $-m/M$에 의해서만 다르기 때문에 두 질점의 궤도는 비슷한 모양이고 주기는 같게 된다.

문제 3.8.1 (케플러의 법칙으로부터 중력에 대한 뉴턴의 역제곱 법칙이 어떻게 유도되는가?) 뉴턴의 시대에 살고 있고 케플러의 법칙을 아는 것으로 생각하자. 목표는 케플러의 법칙을 사용하여 두 질점 계에서의 중력을 측정하는 것이다. $m, \overrightarrow{r}, r, \overrightarrow{f}, f, M, \overrightarrow{R}, R, \overrightarrow{F}, F$는 식 (3.6)에서 정의한 것과 같다. 원점을 두 질점 계의 질량 중심에 놓고 중력 $\overrightarrow{f}$와 $\overrightarrow{F}$는 모르는 것으로 생각하자.

a) 케플러의 제2법칙과 m의 궤도가 평면에 놓인다는 사실로부터 $\overrightarrow{f}$가 항상 원점을 향하거나 항상 원점과 반대 방향을 향한다는 것을, 따라서 m은 M을 향하는 것(또는 그 반대 방향을 향하는 것)을 유도하여라. (도움말: 뉴턴의 운동 제2법칙($\overrightarrow{f} = m\overrightarrow{r}''$)과 식 (3.15)를 이끌어 낸 논의를 사용하여라.)

b) 케플러의 제1법칙으로부터 다음과 같은 역제곱 법칙을 유도하여라.

$$f = \frac{C}{r^2}$$

여기서 C는 상수이다. (도움말: r, θ를 m의 궤도를 포함하는 평면에 주어진 극 좌표라 하자. 그러면 케플러의 제1법칙으로부터 다음을 얻는다.

$$r = \frac{p}{1 - e\cos\theta}$$

여기서 p와 e는 적당한 상수이다. 식 (3.21)을 유도한 논의로부터 다음을 알 수 있다.

$$f = m(r'' - r\theta'^2)$$

이제 연쇄 법칙과 식 (3.20)을 사용하여라.)

두 물체 계의 에너지

케플러의 두 물체 계에 있는 전체 에너지는 다음과 같다.

$$E = KE_m + KE_M + U$$

여기서 KE_m과 KE_M은 두 물체의 운동 에너지로 다음과 같이 주어진다.

$$KE_m = \frac{1}{2}m|\overrightarrow{r}'|^2, \qquad KE_M = \frac{1}{2}M|\overrightarrow{R}'|^2$$

그리고 계의 위치 에너지 U는 다음과 같다.

$$U = E_\infty - \frac{GMm}{r+R}$$

E_∞는 상수로, 두 물체가 무한히 멀리 떨어져서 영의 속도로 움직일 때 계에 있는 에너지의 양을 나타낸다. 식 (3.10), (3.18), (3.20), (3.24), (3.25)를 사용하고 간단한 대수 계산을 하면 다음을 얻는다.

$$E = E_\infty - \frac{1}{2p}\frac{GMm}{(1+\frac{m}{M})}(e^2-1)$$

문제 3.8.2 a) 궤도가 닫힌 경우, 다음이 성립함을 보여라.

$$E = E_\infty - \frac{1}{L}\frac{GMm}{(1+\frac{m}{M})}$$

여기서 L은 장축의 길이이다.

b) 1000 킬로그램의 위성이 지구 표면에서 가장 높을 때와 가장 낮을 때가 각각 35,000 km와 15,000 km인 타원 궤도로 쏘아 올려졌다. 위성을 27,000 km 높이의 원형 궤도로 옮기기 위해 필요한 에너지는 얼마인가? (**도움말**: m을 위성의 질량, M을 지구의 질량이라 하면 $m/M \approx 0$이다. GM을 계산하기 위해 뉴턴의 운동 제2법칙, 역제곱 법칙과 지구 표면에서의 중력 가속도가 약 $9.8\,\mathrm{m/sec^2}$인 것을 이용하여라. 지구의 평균 반지름은 약 6371 km이다.)

3.9 부록: 표준 이차 방정식

다음과 같은 일반적인 이차 방정식을 생각해 보자.

$$Ax^2 + Bxy + Cy^2 + Dx + Ey + F = 0 \tag{3.26}$$

(여기서 A, B, C 모두 다는 영이 아니다.) 이 방정식은 좌표 변환에 의해 다음과 같은 표준 형태로 변형된다.

1. 쌍곡선 또는 비지 않은 타원[6]의 표준 형태:

$$\frac{x^2}{a^2} + s\frac{y^2}{b^2} = t$$

[6]'비지 않은 타원'은 방정식을 만족하는 점이 존재하는 타원을 말한다. 한편, 방정식을 만족하는 점이 존재하지 않는 타원을 '빈 타원'이라 한다.

여기서 s와 t는 다음과 같다.

$$s = \begin{cases} 1 & (\text{타원의 경우}), \\ -1 & (\text{쌍곡선의 경우}) \end{cases}$$

$$t = \begin{cases} 1 & (\text{매끄러운 경우}), \\ 0 & (\text{특이한 경우}) \end{cases}$$

2. 빈 타원의 표준 형태:

$$\frac{x^2}{a^2} + \frac{y^2}{b^2} = -1$$

3. 포물선의 표준 형태:

$$y^2 = 4cx$$

여기서 c는 다음과 같다.

$$c = \begin{cases} \text{양의 상수} & (\text{매끄러운 경우}), \\ 0 & (\text{특이한 경우}) \end{cases}$$

이로부터 이차 방정식의 그래프는 원뿔 곡선이거나 공집합임을 알 수 있다.

한편, 방정식을 표준 형태로 변형하지 않고도 주어진 원뿔 곡선이 쌍곡선인지, 타원인지, 포물선인지, 매끄러운지, 또는 특이한 곡선인지를 알아낼 수 있음이 알려져 있다(아래의 정리 3.9.1을 참조).

식 (3.26)을 표준 형태로 변형하기 위해서는 새로운 원점과 이 원점을 지나는 새로운 직교 좌표 축을 선택하여 새 좌표 계 x', y'을 만들어야 한다. 새 좌표 계가 올바르게 만들어졌다면, 식 (3.26)은 새 좌표 계에서 표준 형태로 변형된다.

표준 좌표 계에서 벡터 $\vec{i}$는 x의 방향을, $\vec{j}$는 y의 방향을 가리킨다. $\vec{i}$와 $\vec{j}$를 반시계 방향으로 θ만큼 회전하면 다음 벡터를 얻는다.

$$\begin{aligned} \vec{i}\,' &= \cos\theta\,\vec{i} + \sin\theta\,\vec{j}, \\ \vec{j}\,' &= -\sin\theta\,\vec{i} + \cos\theta\,\vec{j} \end{aligned}$$

원점을 $(x, y) = (a, b)$로 하고 좌표 축이 $\vec{i}\,'$과 $\vec{j}\,'$방향으로 향하는 새 좌표계 x', y'을 만들자(그림 3.25). 새 좌표 계에서 좌표가 (x', y')인 점 P의 위치는 다음과 같이 (a, b)에서 출발하여 $\vec{i}\,'$ 방향으로 x' 만큼, $\vec{j}\,'$ 방향으로

y' 만큼 움직인 곳이다.

$$P = (a,b) + x'\overrightarrow{i}' + y'\overrightarrow{j}'$$

이로부터 x, y 좌표 계에서의 P의 좌표는 다음과 같음을 알 수 있다.

$$x = a + x'\cos\theta - y'\sin\theta, \tag{3.27}$$

$$y = b + x'\sin\theta + y'\cos\theta \tag{3.28}$$

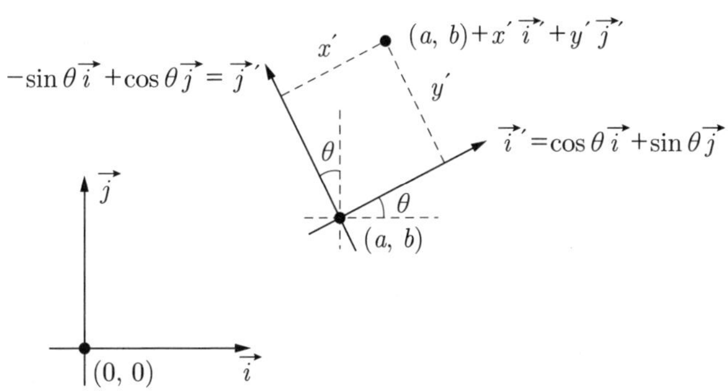

그림 3.25

공식 (3.27)과 (3.28)을 방정식 (3.26)에 대입하면 다음을 얻는다.

$$A(a + x'\cos\theta - y'\sin\theta)^2 + \cdots + F = 0$$

제곱을 계산하고 정리하면 다음과 같다.

$$A'x'^2 + B'x'y' + C'y'^2 + D'x' + E'y' + F' = 0 \tag{3.29}$$

여기서 계수들은 다음과 같다.

$$\begin{aligned}
A' &= A\cos^2\theta + B\cos\theta\sin\theta + C\sin^2\theta,\\
B' &= (C - A)\sin 2\theta + B\cos 2\theta,\\
C' &= C\cos^2\theta - B\cos\theta\sin\theta + A\sin^2\theta,\\
D' &= (2Aa + Bb + D)\cos\theta + (Ba + 2Cb + E)\sin\theta,\\
E' &= (Ba + 2Cb + E)\cos\theta + (-2Aa - Bb - D)\sin\theta,\\
F' &= Aa^2 + Bab + Cb^2 + Da + Eb + F
\end{aligned} \tag{3.30}$$

보조정리 3.9.1 다음과 같이 정리 3.9.1에서 주어진 식은 위의 변환에 대해 불변이다.

$$\begin{aligned}&B'^2 - 4A'C' = B^2 - 4AC,\\&A'E'^2 + F'B'^2 + C'D'^2 - B'E'D' - 4A'C'F'\\&\qquad = AE^2 + FB^2 + CD^2 - BED - 4ACF\end{aligned}$$

증명. [독자에게 남긴다.] □

θ를 아래와 같이 변형하면

$$\theta = \frac{1}{2}\arctan\left(\frac{B}{A-C}\right)$$

다음을 얻는다.

$$B' = 0 \tag{3.31}$$

$B^2 - 4AC \neq 0$이면, 아래와 같이 치환하여

$$a = \frac{2AE - BD}{B^2 - 4AC}, \qquad b = \frac{2CD - BE}{B^2 - 4AC}$$

다음도 얻는다.

$$D' = 0, \qquad E' = 0$$

이 경우 방정식 (3.29)는 다음과 같다.

$$A'x'^2 + B'y'^2 + F' = 0$$

위의 방정식은 물론 쌍곡선이나 타원의 표준 형태로 바로 변형될 수 있다.

$B^2 - 4AC = 0$이면, 보조정리 3.9.1에 의해 $B'^2 - 4A'C' = 0$이므로 방정식 (3.31)로부터 $A' = 0$ 또는 $C' = 0$이다. 그러므로 방정식 (3.29)는 다음과 같은 형태이다.

$$C'y'^2 + D'x' + E'y' + F' = 0 \quad \text{또는} \quad A'x'^2 + D'x' + E'y' + F' = 0$$

위의 첫 번째 식에서 양변을 C'으로 나누고 $y'' = y' + E'/2C'$, $x'' = x'$으로 치환하고 계산하면 y'을 소거할 수 있다. 두 번째 식에서는 비슷한 방법으로 양변을 A'으로 나누고 $y'' = x' + E'/2A'$, $x'' = y'$으로 치환하고 계산하면 된다. 어느 경우에나 포물선 방정식의 표준 형태로 변형된다.

정리 3.9.1 방정식 (3.26)의 그래프가 공집합이 아닌 경우 그래프는 다음과

같다.

$$\begin{aligned} B^2 - 4AC &< 0\text{이면 쌍곡선,} \\ B^2 - 4AC &= 0\text{이면 포물선,} \\ B^2 - 4AC &> 0\text{이면 타원,} \\ AE^2 + FB^2 + CD^2 - BED - 4ACF &\neq 0\text{이면 매끄러운 곡선,} \\ AE^2 + FB^2 + CD^2 - BED - 4ACF &= 0\text{이면 특이 곡선} \end{aligned}$$

증명. 표준 형태의 이차 방정식에 대해 정리가 성립하는 것은 명백하다. 한편, 보조정리 3.9.1에 의해 이차 방정식을 B^2-4AC이나 $AE^2+FB^2+CD^2-BED-4ACF$를 변화시키지 않고 표준형으로 변형시킬 수 있다. □

제 4 장

사영 기하학

사영 기하학은 어떤 응용을 염두에 두고 고안된 수학의 한 예이다. 그러나 본래 추구하던 응용과 전혀 상관없는 분야에서 사영 기하학은 지대한 영향을 끼치고 있다. 원근법을 분석하기 위해 르네상스 시대에 화가들에 의해 고안된 사영 기하학은 18세기와 19세기를 지내는 동안 기하학의 전 분야를 재 구성하는 방향으로 꽃을 피웠다. 최근에는 대수 방정식의 현대적 연구를 위한 기초를 제공하고 있고, 한편으론 양자 역학에서 물리적으로나 수학적으로 그 역할을 수행하고 있다.

4.1 원근법

우리가 어떤 풍경을 바라볼 때 우리의 눈은 그 풍경에 있는 사물에 직접 반응하지 않는다. 대신에 그 풍경의 점으로부터 나오는 광선을 인식하고 그것에 반응한다. 정확한 원근 그림을 그리기 위해 화가는 먼저 풍경의 각 점으로부터 그의 눈까지의 가상의 직선을 이용하여 풍경을 **사영화시킨다**.

그런 다음 각각의 가상의 직선들과 만나는 한 평면에 풍경을 **사영시킨다**. 이들 교점의 합집합은 화가의 눈에 비친 원래의 풍경과 똑같은 상을 나타낸다(그림 4.1).

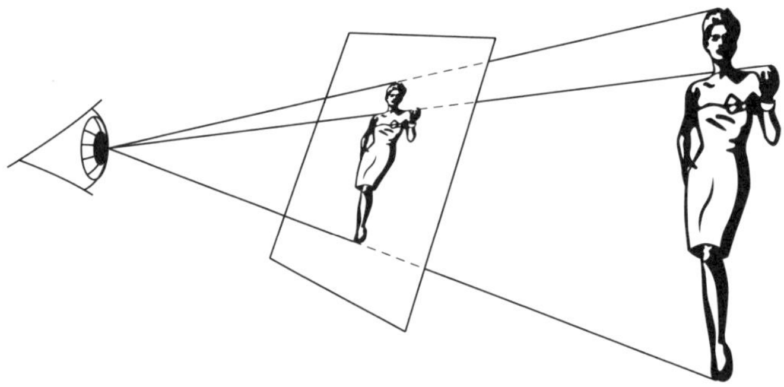

그림 4.1. 한 평면에의 사영

사영 기하학은 도형의 사영에 대해 불변하는 기하학적 성질을 연구하는 학문이다. 다음은 두 가지 기본적인 사영이다(그림 4.2 참조).

1. **중심 사영**. 주어진 점 P와 $P \notin H$인 평면 H에 대해 함수 f를 다음과 같이 정하자.

$$f(Q) = \overleftrightarrow{PQ} \cap H$$

   여기서 임의의 점 Q에 대해 $\overleftrightarrow{PQ}$는 H와 평행하지 않다고 하자. 이 때 f를 **P로부터 H로의 사영**이라고 부른다. 그리고 P를 사영 f의 **중심**이라고 한다.

2. **평행 사영**. $\vec{v}$를 영 아닌 벡터라 하고 H를 $\vec{v}$에 평행하지 않는 평면이라 하자. 각 점 Q에 대해 L_Q를 Q를 지나고 $\vec{v}$에 평행한 직선이라 하자. 다음과 같이 사영 함수 g를 정의하자.

$$g(Q) = L_Q \cap H$$

   이 때 g를 **방향 $\vec{v}$에 의한 H로의 평행 사영**이라 한다.

평행 사영은 중심이 무한이 먼 곳에 있는 중심 사영처럼 여길 수 있다.

사영에 의해 보존되는 성질의 예로는 점이라는 성질, 직선이라는 성질 그리고 원뿔 곡선이라는 성질 등이 있다. (여기서부터 이 장의 끝까지 화가의 눈이 포함되지 않는 대상들만 다룰 것이다.)

보존되지 않는 성질로는 길이, 각의 크기, 넓이 그리고 원이라는 성질 등이다.

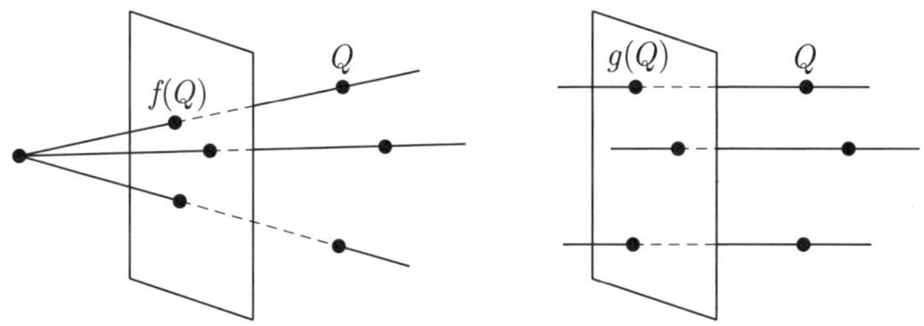

그림 4.2

사영화

지금부터 화가의 눈은 한 개로 생각하고, 그 눈은 원점 O에 있는 것으로 여기자. O를 지나는 직선과 평면을 각각 **방사 직선**, **방사 평면**이라 한다. 풍경의 **사영화**는 풍경의 각 점을 지나는 방사 직선들의 집합으로 풍경의 점을 지나는 방사 직선들과 이들에 무한히 가까운 방사 직선들을 모두 포함한다 (무한히 가까이 있는 직선을 구별해 내는 예리한 눈을 갖고 있는 사람은 없다).

풍경을 바라볼 때 눈이 풍경의 대상에 직접 반응하지는 않는다. 대신에 풍경의 사영화, 즉 풍경의 각 점으로부터 눈까지 연결하는 직선을 따라 온 광선으로 이루어진 사영화를 인식한다.

1. **방사 직선은 점과 같이 보이고, 방사 평면은 직선처럼 보인다.** 왜냐하면, 이들은 원점에 위치한 눈에는 가장자리인 것처럼 보이기 때문이다.

2. **방사 차원은 소멸된다.** 왜냐하면 방사 직선이 점으로 보이기 때문이다.

3. **방사가 아닌 직선은 추가적인 "무한 점"을 갖는다.** 방사가 아닌 직선 L의 사영화는, L과 눈을 연결하는 평면 $\overline{OL}$에 있는 방사 직선들의 집합이다. 평면 $\overline{OL}$에 있는 방사 직선 중에서 오로지 단 하나만이 L과 눈을 연결하지 않는다. 그 예외는 바로 L과 평행한 방사 직선이다. 이 예외인 직선 P_∞를 L에 있는 "무한 점"이라고 한다. 눈에는 P_∞는 L의 무한에 있는 점처럼 보인다. 왜냐하면 P_∞는 눈과 점 $P \in L$을 연결하는 직선 $\overleftrightarrow{OP}$에 대해 P가 무한으로 갈 때 $\overleftrightarrow{OP}$의 극한이기 때문이다(그림 4.3).

4. **방사가 아닌 평면은 추가적인 "무한 직선"을 갖는다.** H를 방사가 아닌 평면이라 하자. 점 $P \in H$를 무한으로 가져가면 직선 $\overleftrightarrow{OP}$는 H

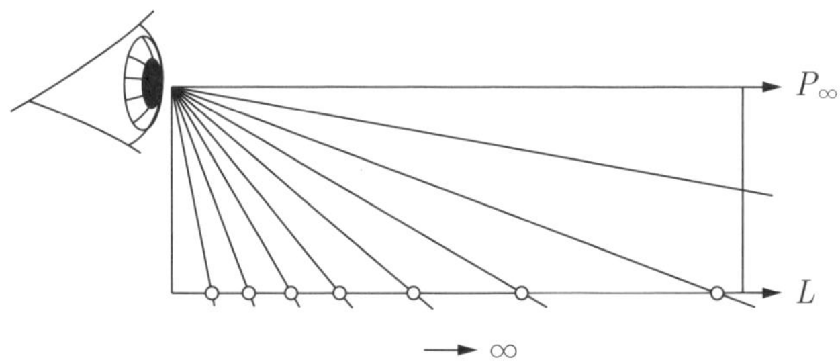

그림 4.3. 무한 점

에 평행한 방사 평면으로 되어간다. 이 평면 L_∞를 H의 "무한 직선"이라고 한다.

$$L_\infty = \{ \lim_{P\to\infty} \overleftrightarrow{OP} \mid P \in H \}$$

L_∞에 있는 점은 원점의 눈에는 H의 지평선에 있는 무한 점처럼 보인다(그림 4.4).

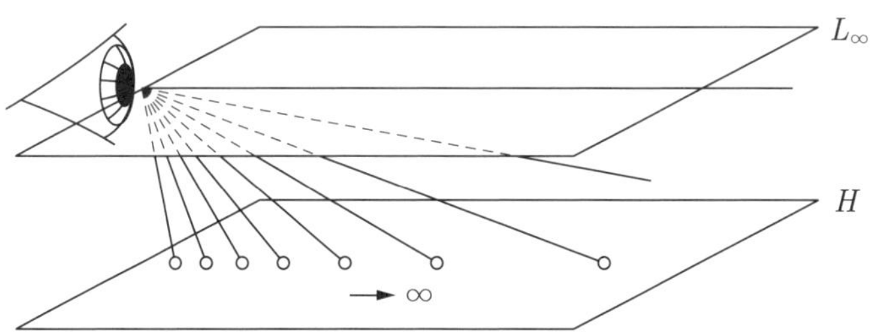

그림 4.4. L_∞는 "무한 직선"이다

일반화하여 무한으로 확장하는 도형은 사영화되었을 때 추가적인 "무한 점"을 갖는다는 법칙을 얻을 수 있다.

소실 점

원근 그림은 풍경의 사영화와 한 평면이 만나서 만들어진다. 이 평면은 **관찰 평면**이라고 불리는데 바로 화가의 화폭(캔버스)이다. 풍경의 **상**은 풍경의 사영화와 관찰 평면과의 교집합을 말한다. **소실 점**이란 바로 무한 점의 상이다.

평행선은 모두 동일한 방사 직선에 평행이므로 동일한 무한 점을 갖는다. 그러므로 평행선의 상은 모두 동일한 소실 점을 지난다(그림 4.5). 이 규칙의 유일한 예외는 직선이 관찰 평면에 평행할 때 생긴다. 이 경우 이들 직선의 무한 점은 관찰 평면과 만나지 않으므로 소실 점을 갖지 않고 따라

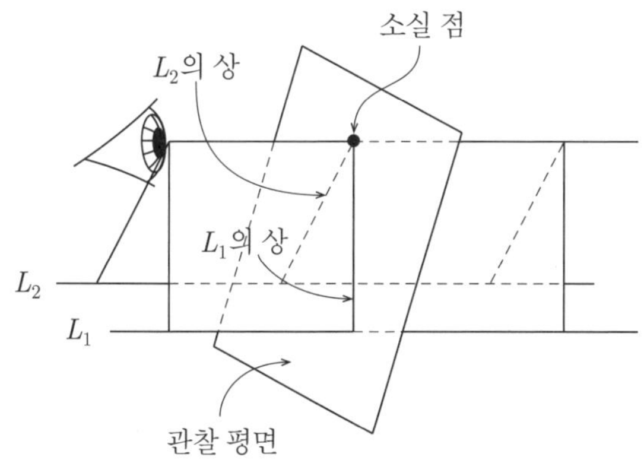

그림 4.5. 평행선은 동일한 소실 점을 갖는다

서 이들의 상은 평행하게 된다. (물론 이들 직선의 공통 무한 점은 여전히 눈에 보여지는데 그림에는 나타나지 않는다.)

한 평면의 **지평선**은 그 평면의 무한 직선의 상이다. 평행한 직선들이 한 평면에 포함되면 이들의 공통 소실 점은 그 평면의 지평선에 포함된다.

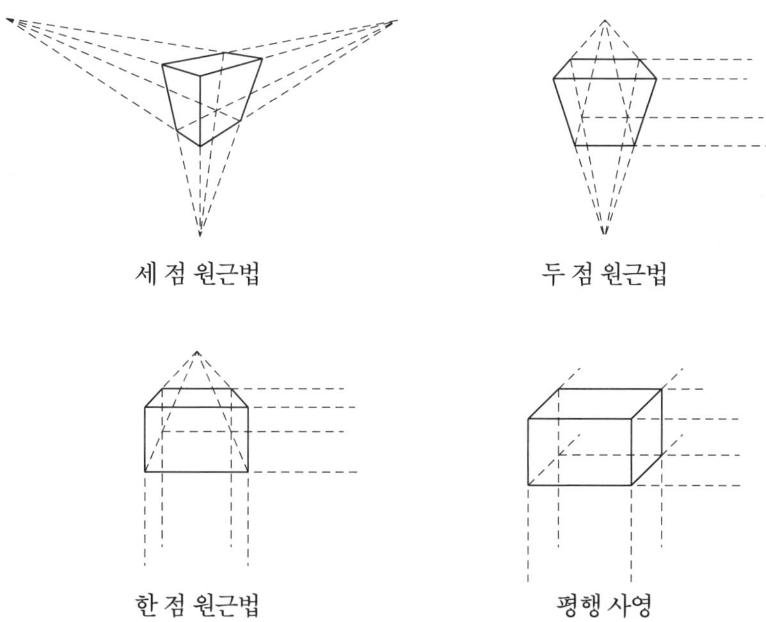

그림 4.6. 직육면체를 바라보는 네 가지 경우

그림 4.6에서는 직육면체 상자를 바라보는 네 가지 경우를 나타내고 있다. 첫 번째는 "세 점 원근법"이다. 관찰 평면에 모두 세 개의 소실 점이 나타난다. 두 번째 그림은 "두 점 원근법"이다. 두 개의 소실 점만 나타나고

네 개의 변은 소실 점 없이 평행한 상을 갖는다.

세 번째 그림은 “한 점 원근법”이다. 관찰 평면이 직육면체 상자의 한쪽 면에 평행이다.

실제로는 직육면체 상자에 대한 “무 점 원근법”의 그림은 존재할 수 없다. 그 이유는 관찰 평면이 모든 변과 동시에 평행할 수가 없기 때문이다. 그러나 화가의 눈을 무한으로 옮기면 화가의 눈을 지나는 중심 사영은 평행 사영이 되고, 평행한 직선의 상은 평행하게 되므로 직육면체 상자의 상은 소실 점을 갖지 않는다. 네 번째는 평행 사영이다.

평행 사영은 비록 실제적인 원근법보다 다소 부자연스러우나 일반적으로 기술적인 그리고 과학적인 그림에서 선호된다. 왜냐하면 평행 사영은 원근법보다 그림에서의 거리와 실제 풍경에서의 거리 사이의 관계가 명확하기 때문이다. 이러한 이유로 평행 사영은 그리기가 쉽고 그림에 주어진 데이터로부터 원래 대상의 정밀한 양에 대한 계산을 간단하게 해준다.

문제 4.1.1 직육면체 상자에 대한 세 점 원근법의 그림에서 원래 상자에 대해 화가가 눈은 어디에 위치하겠는가? V_1, V_2, V_3을 세 소실 점이라 하자. 화가의 눈의 위치가 P라면 세 직선 $\overleftrightarrow{PV_1}$, $\overleftrightarrow{PV_2}$, $\overleftrightarrow{PV_3}$은 서로 수직임을 보여라. S_1을 $\overline{V_2V_3}$를 지름으로 하는 구, S_2을 $\overline{V_1V_3}$를 지름으로 하는 구, 그리고 S_3을 $\overline{V_1V_2}$를 지름으로 하는 구라 하자. 이 때 $P \in S_1 \cap S_2 \cap S_3$임을 보여라. 이들 세 구의 교점은 두 개로서 관찰 평면 양쪽에 각각 하나씩 존재한다.

상자가 두 점 원근법으로 그려진 경우 화가의 눈은 어디에 위치하겠는가? 한 점 원근법의 경우에는 어떠하겠는가?

4.2 사영 공간

정의 4.2.1 사영 점(기호로 $\mathbb{P}^0$)은 방사 직선이다.

사영 직선(기호로 $\mathbb{P}^1$)은 방사 평면에 놓여 있는 방사 직선들의 집합이다.

사영 평면(기호로 $\mathbb{P}^2$)은 방사 삼차원 공간에 놓여 있는 방사 직선들의 집합이다.

위의 정의를 일반화하면 사영 공간에 대해 다음과 같이 동치인 두 정의를 얻는다.

정의 4.2.2 n차원 사영 공간 $\mathbb{P}^n$은 $\mathbb{R}^{n+1}$에 놓여 있는 방사 직선들의 집합이다.

정의 4.2.3 n차원 사영 공간 $\mathbb{P}^n$은 $\mathbb{R}^n$과 $\mathbb{R}^n$의 "무한 점"들을 합하여 얻을 수 있다.

두 정의가 동치임을 알아보기 위해 다음을 기억하자.

$$\mathbb{R}^{n+1} = \{(x_0, x_1, \cdots, x_n) | x_i \in \mathbb{R},\ \ i = 0, 1, \cdots, n\}$$

$\mathbb{R}^n$을 다음과 같이 $\mathbb{R}^{n+1}$에서 x_0가 1인 점들의 집합으로 생각하자.

$$\mathbb{R}^n = \{(1, x_1, \cdots, x_n) | x_i \in \mathbb{R},\ \ i = 1, \cdots, n\}$$

여기서 $\mathbb{R}^n$은 $\mathbb{R}^{n+1}$에서의 관찰 평면으로 볼 수 있다.

$\vec{x} = (x_1, \cdots, x_n)$으로 정하자. $\mathbb{R}^n$의 각 점 $(1, \vec{x}) = (1, x_1, \cdots, x_n)$은 정확히 한 개의 방사 직선에 놓여 있다. 이 때, 벡터 $(1, \vec{x})$를 상수배하여 얻는 방사 직선을 $L_{(1,\vec{x})}$라 한다.

$$L_{(1,\vec{x})} = \{(t, tx_1, \cdots, tx_n) \mid t \in \mathbb{R}\}$$

x_0 성분이 영인 점들로 이루어진 방사 직선 $L_{(0,\vec{x})}$는 $\mathbb{R}^n$에 평행이다.

$$L_{(0,\vec{x})} = \{(0, tx_1, \cdots, tx_n) \mid t \in \mathbb{R}\}$$

여기서 $L_{(0,\vec{x})}$는 $\mathbb{R}^n$의 "무한 점"이 된다. 그러므로 $\mathbb{R}^{n+1}$의 모든 방사 직선은 $\mathbb{R}^n$의 점 $(1, x_1, \cdots, x_n)$에 대응되거나 $\mathbb{R}^n$의 무한 점에 대응된다. 이로부터 정의 4.2.2와 4.2.3이 동치임을 보여주는 다음의 일대일 대응을 얻는다(그림 4.7 참조).

$$\{\mathbb{R}^{n+1}\text{의 방사 직선}\} \overset{1:1}{\Longleftrightarrow} \mathbb{R}^n \cup \{\text{무한 점}\}$$

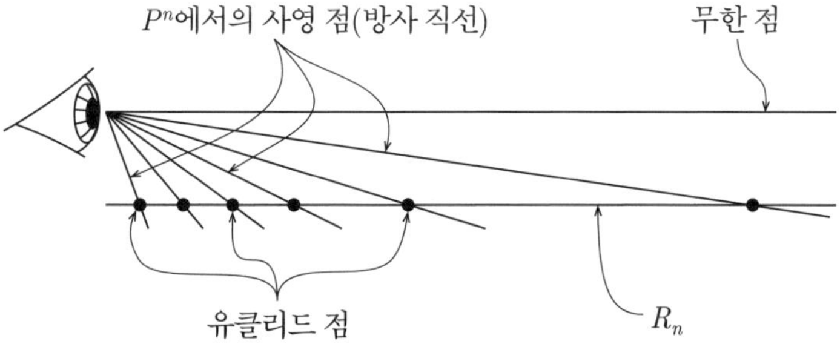

그림 4.7. $\mathbb{P}^n = \mathbb{R}^n \cup \{\text{무한 점}\}$

사영 공간이 "무한 점"을 포함하는 사실은 사영 공간과 유클리드 공간 사이의 중요한 차이점이다. 그럼에도 불구하고 눈으로 봐서는 두 공간은 구별이 안 된다. 이러한 이유로 일반적으로 두 공간을 그림으로 나타낼 때 같은 방법으로 표현한다.

사영 공간에 대한 정리는 동일한 차원의 유클리드 공간에 관한 정리로 번역될 수 있다. 이 때, 무한 점에서 만나는 직선은 평행한 직선으로, 무한 직선을 따라 교차하는 평면은 평행한 평면으로 번역되어야 한다.

강조하고 싶은 것은 **사영 공간에서 모든 점은 동일하게 보이고, 모든 직선은 동일하게 보이고, 그리고 모든 평면은 동일하게 보인다**는 것이다. 다른 말로 하면 무한의 점, 직선, 또는 평면에 대해 특별한 것이 없다는 것이다. 즉 $\mathbb{P}^n$에서 임의의 점, 직선, 또는 평면은 모순이 없기만 하면 무한에 있는 점, 직선, 또는 평면으로 여길 수 있다. 또한, $\mathbb{P}^2$에서 무한 직선은 무한 점을 모두 포함해야 하고, $\mathbb{P}^3$에서 무한 평면은 모든 무한 직선을 포함해야 한다.

이제부터 가능한 경우에 "사영"이란 단어를 생략할 것이다. 즉 사영 점, 사영 직선 그리고 사영 평면을 간단히 "점", "직선" 그리고 "평면"으로 부를 것이다.

정리 4.2.1 (그림 4.8 참조)

1. $\mathbb{P}^n$에서 임의의 두 점은 정확히 한 직선에 놓여 있다.
2. $\mathbb{P}^2$에서 임의의 두 직선은 정확히 한 점에서 만난다.
3. $\mathbb{P}^3$에서 임의의 두 평면은 정확히 한 직선에서 교차한다.

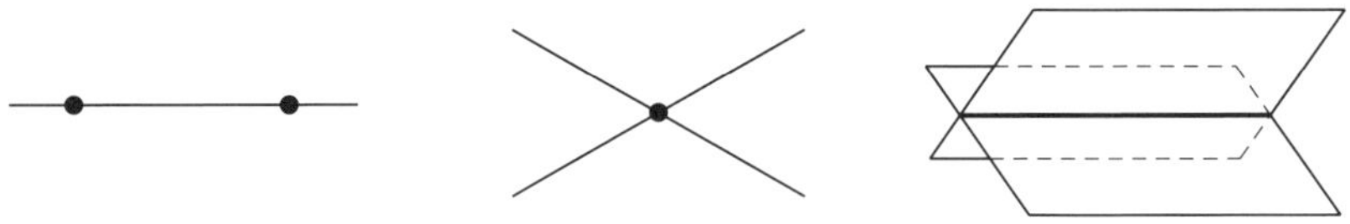

그림 4.8

증명. 1. 정의 4.2.2에 의하면 주어진 명제는 $\mathbb{R}^{n+1}$에 있는 두 방사 직선은 한 방사 평면에 놓여 있다는 것이다. 교차하는 두 직선은 일반적으로 한 평면에 놓여 있으므로 명제가 참임을 알 수 있다.

2. 또 정의 4.2.2에 의하면 이 명제는 $\mathbb{R}^3$에 있는 두 방사 평면은 정확히 한 방사 직선에서 교차하여야 한다는 것을 말한다. 두 방사 평면은 평행할 수 없으므로 이 명제는 참임을 알 수 있다.

3.(개략) 이 명제의 엄밀한 증명은 $\mathbb{R}^4$에서 교차하는 3차원 방사 부분 공간을 다루어야 한다. 좀 더 직관적인 증명은 다음과 같다. H와 H'을 $\mathbb{P}^3$의 평면이라

하자. H_∞를 앞의 두 평면과 다른 $\mathbb{P}^3$의 평면이라 하자. H_∞를 무한 평면으로 여기고, $\mathbb{P}^3 - H_\infty$를 $\mathbb{R}^3$처럼 생각하자. H에 있는 "유한 점"들로 구성된 집합 $H - H_\infty$는 $\mathbb{R}^3$의 평면이다. 똑같이 H'에 있는 "유한 점"들로 구성된 집합 $H' - H_\infty$는 $\mathbb{R}^3$의 평면이다. 이들 두 유틀리드 평면은 유클리드 직선에서 교차하거나 평행이어서 동일한 무한 직선을 갖는다. 무한 점들을 포함하여 생각하면 어떤 경우에나 H와 H'은 한 직선에서 교차한다. □

위와 비슷한 논의를 통해 다음 정리를 얻을 수 있다.

정리 4.2.2 공선이 아닌 $\mathbb{P}^3$의 임의의 세 점은 정확히 한 평면에 놓여 있다. $\mathbb{P}^3$의 세 평면은 정확히 한 점에서 만나거나 또는 한 직선을 공유한다. $\mathbb{P}^3$에서 한 직선과 한 평면은 직선이 평면에 놓여 있지 않으면 정확히 한 점에서 만난다. $\mathbb{P}^3$의 두 직선이 공통된 평면에 놓여 있지 않으면 꼬인 위치에 놓여 있다(즉 교차하지 않는다).

4.3 데자르그 정리

한 무리의 직선들이 한 점에서 만날 때 이 직선들은 **공점**이라 한다. 삼각형 $\triangle ABC$는 서로 교차하는 그러나 공점이 아닌 세 직선의 합집합이다. 즉 다음과 같다.

$$\triangle ABC = \overleftrightarrow{AB} \cup \overleftrightarrow{BC} \cup \overleftrightarrow{CA}$$

삼각형 $\triangle ABC$와 $\triangle A'B'C'$에 대해 대응되는 꼭짓점을 잇는 직선 $\overleftrightarrow{AA'}$, $\overleftrightarrow{BB'}$, $\overleftrightarrow{CC'}$이 공점일 때 두 삼각형은 **원근 관계**이다라고 한다.

정리 4.3.1 (Girad Desargues, 1591-1661) 두 삼각형 $\triangle ABC$와 $\triangle A'B'C'$가 원근 관계일 때 다음과 같은 대응되는 변의 교점 P, Q, R은 공선이다.

$$P = \overleftrightarrow{AB} \cap \overleftrightarrow{A'B'}, \quad Q = \overleftrightarrow{AC} \cap \overleftrightarrow{A'C'}, \quad R = \overleftrightarrow{BC} \cap \overleftrightarrow{B'C'}$$

증명. 다음과 같이 대응되는 꼭짓점을 잇는 직선의 교점을 X라 하자.

$$X = \overleftrightarrow{AA'} \cap \overleftrightarrow{BB'} \cap \overleftrightarrow{CC'}$$

경우 1: 삼각형 $\triangle ABC$와 $\triangle A'B'C'$가 같은 평면에 놓여 있지 않는 경우를 생각해보자. 이 때에는 먼저, $\overleftrightarrow{AB} \cap \overleftrightarrow{A'B'}$, $\overleftrightarrow{AC} \cap \overleftrightarrow{A'C'}$와 $\overleftrightarrow{BC} \cap \overleftrightarrow{B'C'}$이 공집합이 아님을 확인하여야 한다. 두 삼가형이 원근 관계이라는 사실로부터 다음과 같이 대응되는

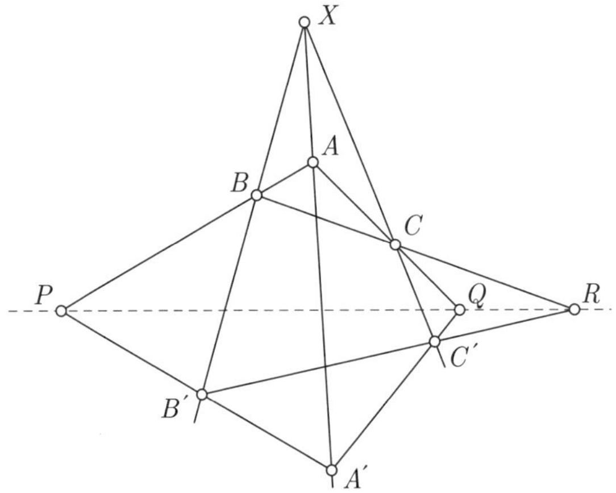

그림 4.9. 데자르그 정리

두 직선은 한 평면에 놓여있다.

$$\overleftrightarrow{AB},\ \overleftrightarrow{A'B'} \subseteq \overline{ABX},$$
$$\overleftrightarrow{AC},\ \overleftrightarrow{A'C'} \subseteq \overline{ACX},$$
$$\overleftrightarrow{BC},\ \overleftrightarrow{B'C'} \subseteq \overline{BCX}.$$

그러므로 각각의 두 직선은 어디선가 만나야 한다. 따라서, 이들의 교점인 P, Q와 R이 존재한다.

한편, 다음은 자명하다.

$$\overleftrightarrow{AB},\ \overleftrightarrow{AC},\ \overleftrightarrow{BC} \subseteq \overline{ABC}, \qquad \overleftrightarrow{A'B'},\ \overleftrightarrow{A'C'},\ \overleftrightarrow{B'C'} \subseteq \overline{A'B'C'}.$$

그러므로 다음을 얻는다.

$$P,\ Q,\ R \in \overline{ABC} \cap \overline{A'B'C'}$$

여기서 $\overline{ABC} \cap \overline{A'B'C'}$는 정리 4.2.1의 (3)에 의해 직선임을 알 수 있다. 이것으로 데자르그 정리의 경우 1이 증명된다.

경우 2: 삼각형 $\triangle ABC$와 $\triangle A'B'C'$가 한 평면에 놓여 있는 경우를 생각해보자. 이 경우에는 두 삼각형이 경우 1의 조건을 만족하는 삼각형의 사영이 되게 만들고자 한다.

만약 $A = A'$, $B = B'$이고 $C = C'$이면 더 이상 언급할 것이 없다. 그러므로 일반성을 잃지 않고 두 삼각형은 적어도 한 변이 다른 것으로 간주한다. 논의의 편의를 위해 $\overleftrightarrow{BC} \neq \overleftrightarrow{B'C'}$이라 여기자.

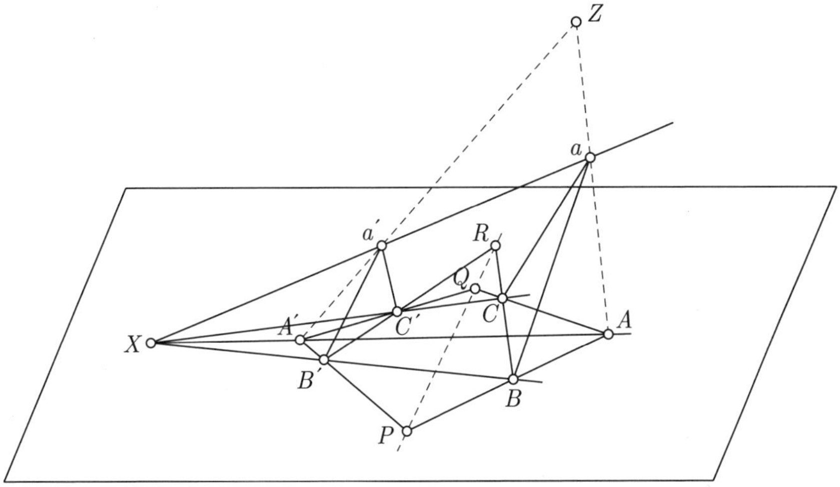

그림 4.10

이제 다음과 같이 가정하자.

$$H = A, B, C, A', B', C'\text{을 포함하는 평면}$$
$$Z \notin H$$
$$a \in \overleftrightarrow{AZ}\ (a,\ A,\ Z\text{는 모두 다른 점})$$

이 때, $\overleftrightarrow{ZA'}$와 $\overleftrightarrow{Xa}$ 모두 평면 $\overline{ZAX}$에 속하므로, 다음과 같이 두 직선의 교점 a'을 얻는다.

$$a' = \overleftrightarrow{ZA'} \cap \overleftrightarrow{Xa}$$

위에서 $X \in \overleftrightarrow{aa'} \cap \overleftrightarrow{BB'} \cap \overleftrightarrow{CC'}$이므로 $\triangle aBC$와 $\triangle a'B'C'$은 원근 관계이다. 또한 두 삼각형은 같은 평면에 놓여 있지 않다. 왜냐하면 H는 단지 두 직선 $\overleftrightarrow{BB'}$과 $\overleftrightarrow{CC'}$을 포함하고 a와 a'은 포함하지 않기 때문이다.

그러므로 경우 1에 의해 다음 세 점은 공선이다.

$$p = \overleftrightarrow{aB} \cap \overleftrightarrow{a'B'}, \quad q = \overleftrightarrow{aC} \cap \overleftrightarrow{a'C'}, \quad \text{그리고 } R$$

직선은 직선으로 사영된다. Z에서 H로의 사영은 a를 A로 a'을 A'로 보내고 H에 있는 모든 점은 보존하므로 $p = \overleftrightarrow{aB} \cap \overleftrightarrow{a'B'}$의 상은 $P = \overleftrightarrow{AB} \cap \overleftrightarrow{A'B'}$, $q = \overleftrightarrow{aC} \cap \overleftrightarrow{a'C'}$의 상은 $Q = \overleftrightarrow{AC} \cap \overleftrightarrow{A'C'}$이고 R은 보존된다. 그런데 p, q와 R 이 공선이므로, 이들의 상 P, Q와 R도 공선이다. □

문제 4.3.1 (도면 밖에서 교차하는 직선들) ([9], Chap3, 54쪽 참조) 데자르그 정리는 도면 밖의 점에서 교차하는 직선들을 그릴 수 있게 해준다. 다음

작도법에 의해 주어진 두 직선 L과 L'의 교점과 주어진 점 X를 지나는 직선 L''을 그릴 수 있음을 증명하여라.

작도법. 주어진 두 직선 L과 L', 그리고 한 점 X에 대해, 공점인 세 직선 M_1, M_2와 M_3를 그린다. 이때 $X \in M_1$이 되도록 한다. 그리고 다음과 같이 나타내자.

$$\begin{aligned} A &= M_1 \cap L, & A' &= M_1 \cap L', \\ B &= M_2 \cap L, & B' &= M_2 \cap L', \\ C &= M_3 \cap L, & C' &= M_3 \cap L', \\ P &= \overleftrightarrow{AB'} \cap \overleftrightarrow{A'B}, & Q &= \overleftrightarrow{BC'} \cap \overleftrightarrow{B'C}, \\ Y &= \overleftrightarrow{XP} \cap M_2, & Z &= \overleftrightarrow{YQ} \cap M_3. \end{aligned}$$

이제 L''는 다음과 같다.

$$L'' = \overleftrightarrow{XZ}$$

(**도움말**: $\triangle AB'C, \triangle A'BC'$ 그리고 $\triangle XYZ$는 원근 관계이다. 그림 4.11 참조)

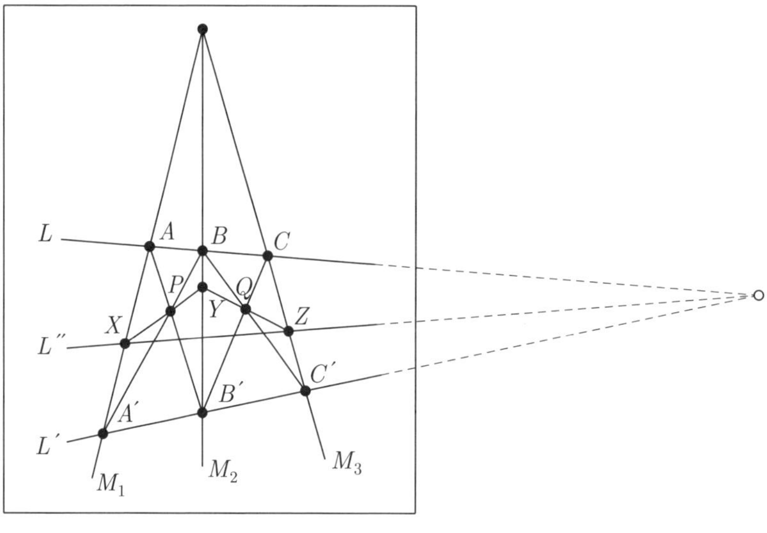

그림 4.11. 도면 밖에서 교차하는 직선

문제 4.3.1에서 공점인 세 직선 M_1, M_2, M_3는 평행일 수 있다. 즉 이들 직선은 무한 점에서 만날 수 있다. 실제로는 이 경우가 종종 가장 좋은 결과를 주기도 한다.

4.4 복비

풍경의 원근 그림에서 길이를 측정하여 원래 물체들 사이의 거리를 정확하게 계산해 낼 수는 없다. 그 이유는 원근 그림에는 방사 방향의 거리가 표현되어 있지 않기 때문이다. 그러나, 셋 또는 그 이상의 공선인 점들에 대해, 점들이 동일한 방사 직선에 놓여 있지 않고 또 점들을 포함하는 직선의 소실 점의 위치를 아는 경우에는, 소위 말하는 **복비**를 사용하여 이 점들 간의 **상대적인** 거리를 알아 낼 수 있다.

기호: 유클리드 공간에서 **평행한 두 벡터의** 비는 다음과 같이 나타낸다.

$$\vec{v} = t\vec{w} \text{이고 } \vec{w} \neq \vec{0} \text{ 일 때} \quad \frac{\vec{v}}{\vec{w}} = t$$

정의 4.4.1 (유클리드 직선에 있는 네 점의 복비) 유클리드 직선의 서로 다른 네 점 A, B, C, D의 복비 $[A, B, C, D]$는 다음과 같이 정의한다.

$$[A, B, C, D] = \frac{\overrightarrow{AC}}{\overrightarrow{AD}} \frac{\overrightarrow{BD}}{\overrightarrow{BC}}$$

보기 4.4.1 수직선의 네 점 a, b, c, d의 복비는 다음과 같다.

$$[a, b, c, d] = \frac{c-a}{d-a} \frac{d-b}{c-b}$$

네 점의 순서를 바꾸면 복비도 달라진다. 예를 들어 다음이 성립한다.

$$[B, A, C, D] = \frac{1}{[A, B, C, D]}$$

복비는 사영에 대해 불변이므로 사영 기하학에서 중요한 위치를 차지하고 있다(다음 정리 (2)를 참조).

정리 4.4.1 A, B, C와 D를 한 유클리드 직선의 네 점이라 하고, P를 그 직선에 있지 않는 점이라 하자. 이 때, 다음이 성립한다.

(1)
$$[A, B, C, D] = \frac{\sin \angle APC}{\sin \angle APD} \frac{\sin \angle BPD}{\sin \angle BPC}. \tag{4.1}$$

(2) P로부터 다른 직선 위로의 A, B, C, D의 사영을 각각 A', B', C', D'이라 하자. 그러면 다음이 성립한다(그림 4.12 참조).

$$[A, B, C, D] = [A', B', C', D']$$

위 정리에서는 부호를 잘 관찰하는 것이 중요하다. 정리 4.4.1 (1)에서 각은 회전의 방향이 주어진 **유향** 각이다. 예를 들어, $\angle XYZ$는 $\overrightarrow{YX}$로부터

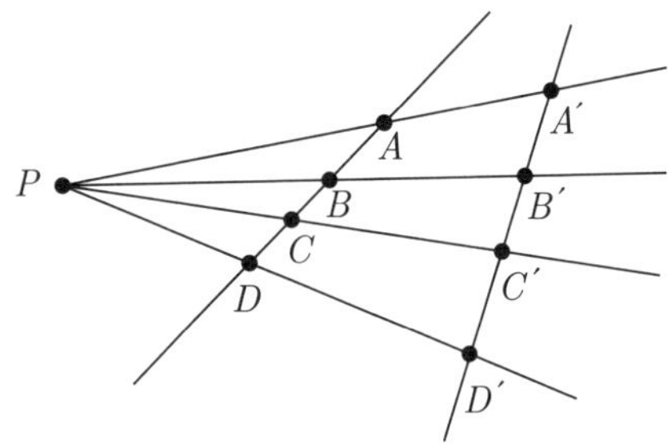

그림 4.12. $[A, B, C, D] = [A', B', C', D']$

$\overrightarrow{YZ}$ 까지의 각으로 회전 방향에 따른 부호가 주어진 $0°$에서 $180°$ 사이의 값이다. 그러므로 두 각의 사인 값의 부호가 일치하는 것과 두 각이 같은 방향으로 회전하는 것은 동치이다.

증명. (1) 각의 향을 고려하면 식 (4.1)의 좌변과 우변의 부호가 일치함을 쉽게 알 수 있다. 그러므로 이들의 크기가 같다는 것을 보이면 된다.

복비의 크기는 다음과 같다.

$$\begin{aligned}\left|[A,B,C,D]\right| &= \frac{AC}{AD}\times\frac{BD}{BC} = \frac{\triangle APC\text{의 넓이}}{\triangle APD\text{의 넓이}}\times\frac{\triangle BPD\text{의 넓이}}{\triangle BPC\text{의 넓이}}\\ &= \left|\frac{(AP)(CP)\sin\angle APC}{(AP)(DP)\sin\angle APD}\times\frac{(BP)(DP)\sin\angle BPD}{(BP)(CP)\sin\angle BPC}\right|\\ &= \left|\frac{\sin\angle APC\sin\angle BPD}{\sin\angle APD\sin\angle BPC}\right|\end{aligned}$$

(2) $\sin\angle APB = \sin\angle A'PB'$이므로 (1)의 결과로부터 참임을 알 수 있다. □

정의 4.4.1의 네 점 A, B, C, D 중에서 한 점이 무한 점인 경우에도 극한을 취하여 복비를 계산할 수 있다. 예를 들어, $A = \infty$이면 다음과 같이 계산된다.

$$[A, B, C, D] = \lim_{P\to\infty}[P, B, C, D]^{1)}$$

또한, $\frac{\infty}{\infty} = 1$과 $-\frac{\infty}{\infty} = -1$로 정의해도 같은 결과를 얻는다.

보기 4.4.2 b, c, d가 수직선에 있는 점이면 다음이 성립한다.

$$\begin{aligned}[\infty, b, c, d] &= \lim_{p\to\infty}\frac{c-p}{d-p}\frac{d-b}{c-b}\\ &= \frac{d-b}{c-b}\end{aligned}$$

---

1) 이 때, 당연히 P, B, C와 D는 공선이어야 한다.

정리 4.4.1에서 A, B, C, D 또는 P가 무한 점이어도 (2)의 결론은 성립한다. 특히, P가 무한 점이면 "P로부터의 사영"은 평행사영이고, 정리 4.4.1 (2)의 증명은 닮은 삼각형의 간단한 응용이다.

다음 따름정리는 원근 그림에 있는 상들의 복비를 사용하여 원래 점들 사이의 거리의 비를 계산하는 방법을 알려준다.

따름정리 4.4.1 한 유클리드 직선에 있는 세 점 B, C, D와 원근 관계인 이 점들의 상을 B', C', D'라 하자. 그리고 주어진 직선의 소실 점을 V'이라 하자. 그러면 다음이 성립한다.

$$\frac{BD}{BC} = \big|[V', B', C', D']\big|$$

증명. 정리 4.4.1에 의해 다음과 같이 계산된다.

$$\big|[V', B', C', D']\big| = \big|[\infty, B, C, D]\big| = \frac{BD}{BC} \qquad \square$$

보기 4.4.3 ([9], 3장 , 47쪽 참조) 아래에 주어진 과정은 n개로 균등 분할된 유클리드 선분의 원근 그림을 만들어 준다.

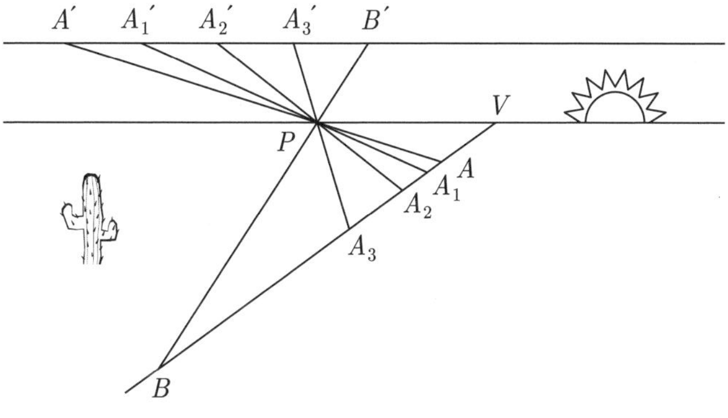

그림 4.13. 균등 길이

관찰 평면에서 $\overline{AB}$를 한 유클리드 선분의 상이라 하고, V를 대응되는 유클리드 직선의 소실 점이라 하자. $P \notin \overleftrightarrow{AB}$를 관찰 평면의 점이라 하고, $L \neq \overleftrightarrow{PV}$를 관찰 평면에 있는 $\overleftrightarrow{PV}$의 평행선이라 하자. 그리고 다음과 같이 점 A'과 B'을 정하자.

$$A' = \overleftrightarrow{AP} \cap L, \quad B' = \overleftrightarrow{BP} \cap L$$

다음을 만족하는 섬 $A'_1, \ldots, A'_{n-1} \in L$을 선택하자.

$$A'A'_1 = A'_1A'_2 = \cdots = A'_{n-1}B'$$

이제 $i = 1, \ldots, n-1$에 대해 다음과 같이 점 A_i를 정하자.

$$A_i = \overleftrightarrow{A_i'P} \cap \overline{AB}$$

그러면 $A_1, A_2, \ldots, A_{n-1}$은 원래 유클리드 선분을 n등분한 점들의 상이다. □

문제 4.4.1 보기 4.4.3의 작도법에 의해 실제로 균등 분할된 선분의 원근 그림을 작도할 수 있음을 증명하여라. (**도움말**: 정리 4.4.1 (2)와 따름정리 4.4.1을 사용하여라.)

추가적인 복비

정의 4.4.1과 정리 4.4.1을 여러 방면으로 확장하여 가능한 종류의 복비를 생각해 보자.

정의 4.4.2 (사영 직선에 있는 네 점의 복비) P_1, P_2, P_3, P_4를 사영 직선의 네 점이라 하고, H를 유클리드 관찰 평면이라 하자. 그리고 $P_1' = P \cap H, \ldots,\ P_4' = P_4 \cap H$가 P_1, P_2, P_3, P_4의 H에 있는 상일 때, 주어진 네 점의 복비를 다음과 같이 정의한다.

$$[P_1, P_2, P_3, P_4] = [P_1', P_2', P_3', P_4']$$

P_1, P_2, P_3, P_4와 다른 평면 H와의 교점이 다른 복비를 주면 정의 4.4.2는 쓸모 없어진다. 그러나 정리 4.4.1 (2)에 의해 그러한 상황은 일어나지 않는다.

따름정리 4.4.2 사영 공간에서, P_1, P_2, P_3, P_4가 한 직선 L의 네 점이고 P_1', P_2', P_3', P_4'이 L로부터 다른 직선 L'으로의 중심 사영에 의한 상이면 다음이 성립한다.

$$[P_1, P_2, P_3, P_4] = [P_1', P_2', P_3', P_4']$$

증명. 관찰 평면과의 교점을 생각하면 이 정리는 정리 4.4.1 (2)에 해당된다. □

정의 4.4.3 (평면에서 공점인 네 직선의 복비) 한 평면에서 L_1, L_2, L_3, L_4를 공점인 네 직선이라 하자. $P_1 \in L_2,\ P_2 \in L_2,\ P_3 \in L_3$ 그리고 $P_4 \in L_4$가 공선인 네 점일 때, 네 직선의 복비를 다음과 같이 정의한다.

$$[L_1, L_2, L_3, L_4] = [P_1, P_2, P_3, P_4]$$

정의 4.4.3는 사영 공간과 유클리드 공간 모두에 적용된다. 두 공간 모두 정리 4.4.1 (2)에 의해 네 직선의 복비는 점 P_1, P_2, P_3, P_4의 선택에 무관하다.

정리 4.4.2 (직선의 복비는 사영에 의해 불변이다.) $\mathbb{P}^3$ 또는 $\mathbb{E}^3$에서 L_1, L_2, L_3, L_4를 한 평면 H에 속한 공점인 네 직선이라 하자. H'이 다른 평면이고 f는 H로부터 H' 위로의 중심 사영이라 하면 다음이 성립한다.

$$[f(L_1), f(L_2), f(L_3), f(L_4)] = [L_1, L_2, L_3, L_4]$$

증명. (그림 4.14 참조) M을 H에 있는 직선이라 하자. $i = 1, \ldots, 4$에 대해 $P_i \in M \cap L_i$라 하면 다음이 성립한다.

$$\begin{aligned}[L_1, L_2, L_3, L_4] &= [P_1, P_2, P_3, P_4] = [f(P_1), f(P_2), f(P_3), f(P_4)] \\ &= [f(L_1), f(L_2), f(L_3), f(L_4)]\end{aligned}$$

□

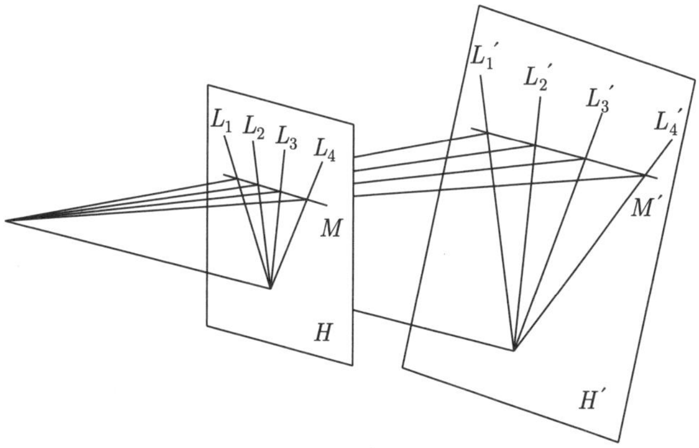

그림 4.14. 사영에 의해 불변인 복비

사영 공간의 원뿔 곡선은 유클리드 공간에 있는 원뿔 곡선의 사영화이다. 대응되는 유클리드 원뿔 곡선이 매끄러우면 사영 원뿔 곡선도 매끄럽다.

정리 4.4.3 A, B, C, D를 매끄러운 원뿔 곡선 K의 네 점이라 하자. 이 때, 임의의 $P, Q \in K$에 대해 다음이 성립한다.

$$[\overleftrightarrow{PA}, \overleftrightarrow{PB}, \overleftrightarrow{PC}, \overleftrightarrow{PD}] = [\overleftrightarrow{QA}, \overleftrightarrow{QB}, \overleftrightarrow{QC}, \overleftrightarrow{QD}]$$

증명. (그림 4.15 참조) 모든 사영 원뿔 곡선은 관찰 평면과의 교집합에 의해 유클리드 원뿔 곡선이 되므로 이 정리는 유클리드 원뿔 곡선에 대해서만 증명하면 된다.

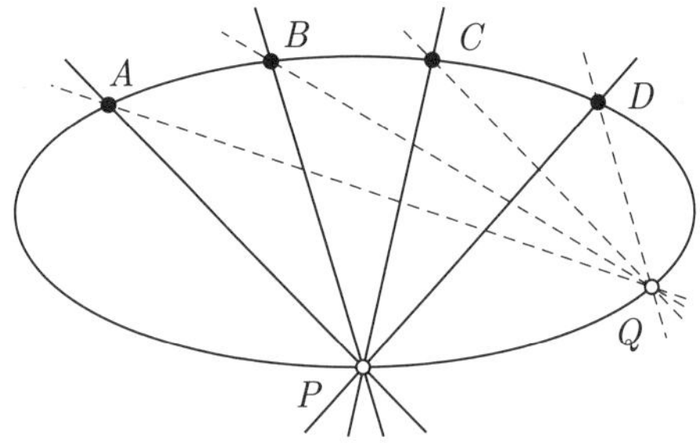

그림 4.15. 복비는 같다

모든 매끄러운 유클리드 원뿔 곡선은 직원뿔의 절단선이다. V를 원뿔의 꼭짓점이라 하자. V로부터 원뿔의 축에 수직인 평면에 K를 사영시키면 K의 상은 원이 되고, 직선 $\overleftrightarrow{PA}, \ldots, \overleftrightarrow{QD}$들의 상은 그 원을 지나는 직선이 된다. 복비는 사영에 의해 불변이므로 위 정리가 K에서 참인 것은 원에서 성립하는 것과 동치이다.

그러므로 K가 원인 경우에 정리를 증명해도 충분하다. K를 원이라 가정하면 정리 4.4.1과 정의 4.4.3로부터 다음을 얻는다.

$$[\overleftrightarrow{P'A'}, \overleftrightarrow{P'B'}, \overleftrightarrow{P'C'}, \overleftrightarrow{P'D'}] = \frac{\sin\angle A'P'C'}{\sin\angle A'P'D'}\frac{\sin\angle B'P'D'}{\sin\angle B'P'C'},$$
$$[\overleftrightarrow{Q'A'}, \overleftrightarrow{Q'B'}, \overleftrightarrow{Q'C'}, \overleftrightarrow{Q'D'}] = \frac{\sin\angle A'Q'C'}{\sin\angle A'Q'D'}\frac{\sin\angle B'Q'D'}{\sin\angle B'Q'C'}$$

K가 원이면 정리 1.9.4에 의해 다음이 성립한다.

$$\angle A'P'C' = \angle A'Q'C', \quad \angle B'P'D' = \angle B'Q'D',$$
$$\angle A'P'D' = \angle A'Q'D', \quad \angle B'P'C' = \angle B'Q'C'$$

따라서 다음을 얻는다.

$$[\overleftrightarrow{P'A'}, \overleftrightarrow{P'B'}, \overleftrightarrow{P'C'}, \overleftrightarrow{P'D'}] = [\overleftrightarrow{Q'A'}, \overleftrightarrow{Q'B'}, \overleftrightarrow{Q'C'}, \overleftrightarrow{Q'D'}]$$ □

정의 4.4.4 (매끄러운 원뿔 곡선에 있는 네 점의 복비) 매끄러운 원뿔 곡선 K의 네 점 A, B, C, D의 복비 $[A, B, C, D]$는 다음과 같이 정의한다.

$$[A, B, C, D] = [\overleftrightarrow{PA}, \overleftrightarrow{PB}, \overleftrightarrow{PC}, \overleftrightarrow{PD}]$$

여기서 P는 K에 있는 임의의 점이다. (정리 4.4.3에 의해 $[A, B, C, D]$는 계산에 사용되는 P에 무관하게 일정하다).

문제 4.4.2 (완비 사각형) ([12], 4장, 53-64쪽 참조) A, B, C, D를 관찰 평면의 네 점이라 하고 어느 세 점도 한 직선에 있지 않다고 하자.

완비 사각형[2)] $ABCD$는 사각형 $\overleftrightarrow{AB} \cup \overleftrightarrow{BC} \cup \overleftrightarrow{CD} \cup \overleftrightarrow{DA}$와 대각선 $\overleftrightarrow{AC}, \overleftrightarrow{BD}$로 이루어진다.(그림 4.16 참조) 직선들의 교점을 다음과 같이 나타내자.

$$V_1 = \overleftrightarrow{AB} \cap \overleftrightarrow{CD}, \qquad V_2 = \overleftrightarrow{AD} \cap \overleftrightarrow{BC},$$
$$V_3 = \overleftrightarrow{BD} \cap \overleftrightarrow{V_1V_2}, \quad V_4 = \overleftrightarrow{AC} \cap \overleftrightarrow{V_1V_2}$$

이 때, $\overleftrightarrow{V_1V_2}$가 무한 직선이라 하면, 네 점 A, B, C, D는 유클리드 평면 $\mathbb{P}^2 - \overleftrightarrow{V_1V_2}$에 있는 평행사변형의 꼭짓점임을 보여라. 이 사실을 이용하여 $[V_1, V_2, V_3, V_4] = -1$임을 보여라.

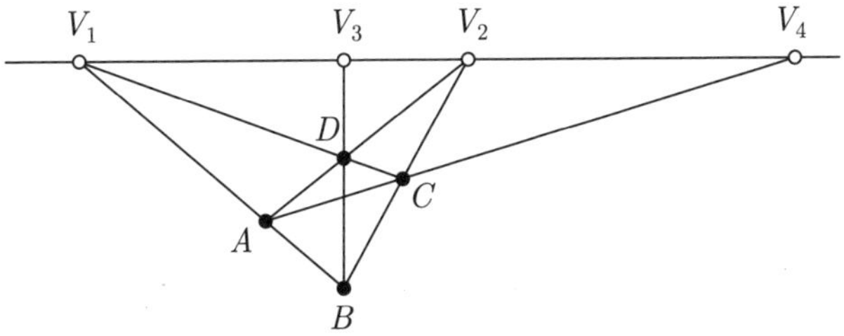

그림 4.16. 완비 사각형

문제 4.4.2로부터 $\mathbb{P}^2$에 있는 모든 사각형은 평행사변형의 사영화임을 알 수 있다.

제4 조화 점

평면에서 한 직선에 주어진 세 점 V_1, V_2, V_3에 대해 V_1을 지나는 두 직선 L과 L', 그리고 V_3를 지나는 다른 직선 L''을 그리자. 이제 다음과 같이 정하자.

$$B = L \cap L'', \quad D = L' \cap L'', \quad A = \overleftrightarrow{BV_2} \cap L',$$
$$C = \overleftrightarrow{DV_2} \cap L, \quad V_4 = \overleftrightarrow{AC} \cap \overleftrightarrow{V_1V_2}$$

$ABCD$가 완비 사각형이므로 $[V_1, V_2, V_3, V_4] = -1$이다(문제 4.4.2 참조). 이 때 V_4를 V_1, V_2 그리고 V_3의 "제4 조화 점"이라고 한다. 이러한 과정이 매력적인 이유는 처음에 공선인 세 점 V_1, V_2, V_3로 시작하여 위의 설명대로 하면 L, L'과 L''에 상관없이 동일한 점 V_4를 얻는다는 것이다. 한 번 시도해 보라.(이러한 이유로 V_4는 직선 $\overleftrightarrow{V_1V_2}$에 있는 점으로 $[V_1, V_2, V_3, X] = -1$를 만족하는 유일한 점이 된다.)

[2)] 사영기하학에서 어느 세 점도 공선이 아닌 평면의 네 점과 이들 점을 잇는 여섯 개의 직선으로 구성된 기하적 대상의 계를 **완비 사각형**이라 한다.(위키백과)

등분된 선분의 원근 그림을 그리기 위해 보기 4.4.3의 방법을 사용하는 대신에 때때로 사각형의 대각선을 사용하기도 한다. 그림 4.17는 철도 선로의 침목들을 그리기 위해 완비 사각형이 어떻게 사용되는 지를 보여준다. 처음 두 개의 침목을 그리면 사각형이 만들어지고, 첫 번째 대각선을 그린다. 그 다음 첫 번째 대각선과 동일한 소실 점을 갖는 두 번째 대각선을 그리고, 두 번째 대각선과 선로가 교차하는 점을 지나고, 다른 침목들과 동일한 소실 점을 갖는 침목을 그린다. 이러한 과정을 반복하여 모든 침목들을 그린다.

실제로는 선로와 침목으로 구성된 사각형은 모두 평행이고 합동이다. 그러므로 이들의 대각선 역시 모두 평행이어야 하고 대응되는 변들 또는 대각선들은 모두 지평선의 동일한 점에서 만나야 한다.

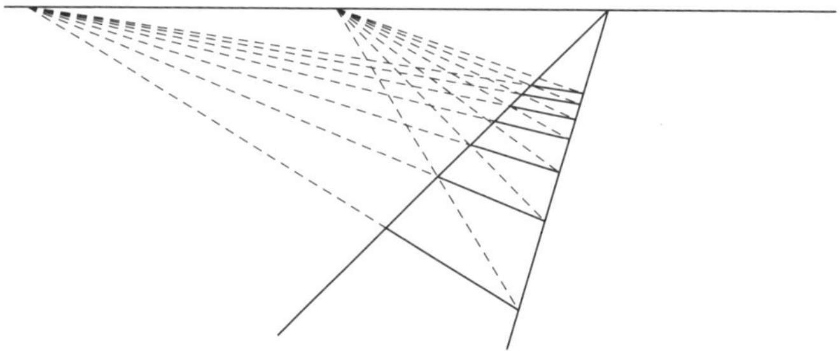

그림 4.17. 철도 선로

문제 4.4.3 a) 모든 방향으로 지평선까지 확장된 체크판을 그려라.

b) 지평선을 향하는 길에 집 사이의 거리가 일정하게 나열된 집들의 풍경을 그려라.

4.5 좌표 공간에서의 사영

이 절에서 (x, y, z)는 $\mathbb{R}^3$에서의 표준 좌표이다.

보기 4.5.1 평면 $G = \{z = -1\}$에 있는 다음과 같이 주어진 평행인 두 직선 L_1과 L_2를 원점으로부터 관찰 평면 $H = \{y = 1\}$로 사영하여라.

$$L_1 = \{x = 1,\ z = -1\} \qquad L_2 = \{x = -1,\ z = -1\}$$

풀이. (그림 4.18 참조) 점 $(x, 1, z) \in H$와 $(x', y', -1) \in G$가 동일한 방사 직선에 놓여 있는 것은 어떤 상수 t가 존재하여 다음이 성립하는 것과 동치이다.

$$(x', y', -1) = t(x, 1, z)$$

즉 다음이 성립하는 것과 동치이다.

$$x' = tx, \quad y' = t, \quad -1 = tz$$

위에서 세 번째 식으로부터 $t = -1/z$이므로 처음 두 식은 다음과 같다.

$$x' = -\frac{x}{z}, \quad y' = -\frac{1}{z} \tag{4.2}$$

$(x', y', -1)$이 L_1의 점인 것은 $x' = 1$인 것과 동치이다. 그러므로 $(x, 1, z)$가 L_1의 사영에 있는 점인 것은 $-x/z = 1$인 것과 동치이다. 이 식의 양변에 z를 곱해 다음과 같이 L_1의 사영이 만족하는 방정식을 얻는다.

$$-x = z$$

같은 방법으로 L_2의 사영이 만족하는 방정식은 $x' = -x/z = -1$, 즉 다음과 같다.

$$x = z$$

G의 지평선은 G와 평행한 방사 평면 $(z = 0)$과 관찰 평면과의 교선이다. 그러므로 지평선은 H에서 $z = 0$인 직선이다. L_1과 L_2의 사영은 G의 지평선에 있는 동일한 소실 점 $(x, y, z) = (0, 1, 0)$에서 만난다. □

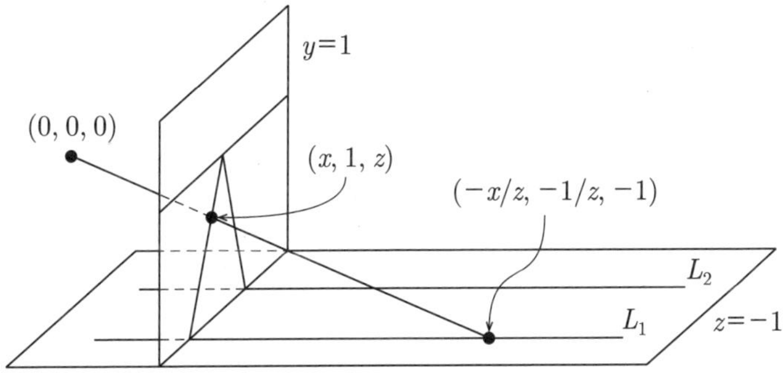

그림 4.18. 지평선에 만나는 평행한 직선의 상

보기 4.5.2 다음 포물선을 평면 $G = \{z = -1\}$로부터 관찰 평면 $H = \{y = 1\}$로 사영하여라.

$$Q_1 = \{y = 1 + \frac{x^2}{4}, \quad z = -1\}$$
$$Q_2 = \{y = \frac{x^2}{4}, \quad z = -1\}$$

풀이. (그림 4.19 참조) 보기 4.5.1의 식 (4.2)를 Q_1의 식에 대입하여 Q_1의 사영이 만족하는 방정식 $-1/z = 1 + (1/4)(-x/z)^2$을 얻는다. 양변에 z^2을 곱해 다음을 얻는다.

$$-z = z^2 + \frac{x^2}{4}$$

이 방정식이 무엇을 나타내는지 알아보기 위해 완전 제곱식을 만들고 4를 곱하면

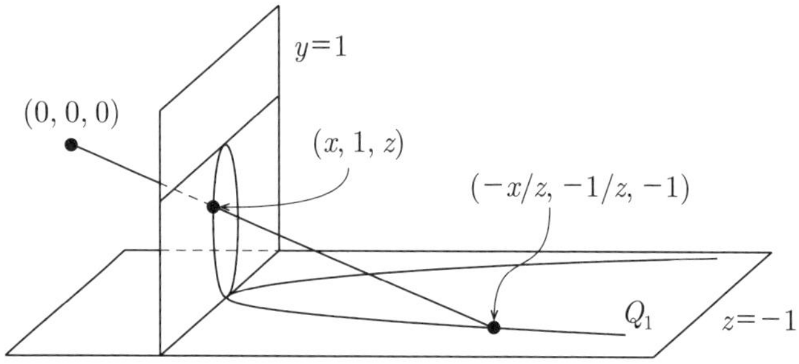

그림 4.19. 타원으로 포물선의 사영

다음과 같다.

$$4\left(z + \frac{1}{2}\right)^2 + x^2 = 1$$

위 식은 중심이 $(0, 1, -1/2)$이고 장축이 x축과 평행하고 길이가 2, 단축이 z축에 평행하고 길이가 1이고 H에 놓여 있는 타원의 방정식이다. 이 타원은 포물선 Q_1의 대칭 축의 소실 점인 $(0, 1, 0)$에서 G의 지평선과 접한다. 사영의 관점에서는 포물선은 단지 지평선에 접하는 타원이다. 왜냐하면, 이들 곡선은 원점에 있는 관찰자에게는 동일하게 보이기 때문이다.

Q_2의 상은 비슷한 방법으로 계산된다. 식 (4.2)를 Q_2의 식에 대입하면 $-1/z = 1/4(-x/z)^2$을 얻고, $4z^2$을 곱하면 다음을 얻는다.

$$-4z = x^2$$

□

문제 4.5.1 원점으로부터 평면 $(x = 1)$에 있는 다음 곡선을 평면 $(y = 1)$로 사영하여라.

1. 포물선 $y = -1 + z^2/4$
2. 원 $y^2 + z^2 = 1$
3. 쌍곡선 $y^2 - z^2 = 1$

그리고 사영된 곡선의 방정식을 찾고, 어떤 형태(원, 타원, 포물선 등)의 곡선인지 확인하여라. 또한, $x = 1$ 평면의 지평선과 만나는 점을 (있는 경우) 찾아라.

4.6 동차 좌표와 쌍대

정의 4.6.1 (동차 좌표) $\mathbb{R}^3$에서 방사 직선의 **동차 좌표**는 그 직선에 있는 원점이 아닌 임의의 점의 유클리드 좌표 $[X, Y, Z]$이다.

동차 좌표는 사영 평면에서 점의 좌표와 같은 역할을 한다. 여기서 $[X, Y, Z]$는 원점이 아니어야 한다. 데카르트 좌표와 구분하기 위해 동차 좌표는 대괄호와 대문자를 사용하여 나타낸다.

$\mathbb{P}^2$의 동차 좌표와 $\mathbb{R}^3$의 데카르트 좌표 사이에는 중요한 차이점이 있다. 즉 데카르트 좌표 (x, y, z)는 $\mathbb{R}^3$의 점과 일대일 대응인 반면에 사영 점 하나는 무한히 많은 동차 좌표에 대응된다.

정리 4.6.1 $[X, Y, Z]$와 $[X', Y', Z']$이 $\mathbb{P}^2$에서 같은 점의 동차 좌표인 것은 영 아닌 상수 t가 존재하여 다음이 성립하는 것과 동치이다.

$$(X', Y', Z') = (tX, tY, tZ)$$

증명. (X, Y, Z)와 (X', Y', Z')이 동일한 방사 직선에 놓여 있는 것은 두 좌표가 서로 상수배인 것과 동치이다. □

쌍대 사영 평면

정의 4.6.2 (쌍대 사영 평면) 쌍대 사영 평면 $\mathbb{P}^{2^*}$는 $\mathbb{P}^2$에 있는 모든 직선의 집합이다. 즉 $\mathbb{P}^{2^*}$에서의 점은 $\mathbb{P}^2$의 한 직선이다.

결론적으로 $\mathbb{P}^{2^*}$는 $\mathbb{P}^2$와 같은 사영 평면이다. 왜 그런지 알아보기 위해서는 $\mathbb{P}^2$에서의 직선이 $\mathbb{R}^3$에서의 방사 평면임을, 즉 직선은 아래 방정식을 만족하는 점들의 집합임을 기억해야 한다.

$$AX + BY + CZ = 0 \tag{4.3}$$

여기서 A, B와 C는 상수로서 적어도 하나는 0이 아니어야 한다. 이 때 $[A, B, C]$는 $\mathbb{P}^2$에서 **직선의 동차 좌표로 생각할 수 있다**. 여기서 $[A, B, C]$가 동차인 이유는 0이 아닌 상수 t에 대해 $[A, B, C]$와 $[tA, tB, tC]$가 동일한 직선을 나타내기 때문이다. 즉 $AX + BY + CZ = 0$을 만족하는 것과 $tAX + tBY + tCZ = 0$을 만족하는 것은 동치이다. 그러므로 형식 대수적인 관점에서 $\mathbb{P}^{2^*}$는 동일한 사영 평면이고 동차 좌표로는 알파벳의 끝 부분에 있는 문자 대신 처음 부분의 문자를 사용한다.

동일한 방법으로 $\mathbb{P}^2$의 점은 $\mathbb{P}^{2^*}$의 직선이다. $[A, B, C]$를 $\mathbb{P}^{2^*}$에 있는 점의 동차 좌표로 여기면 식 (4.3)으로부터 점 $[A, B, C]$는 계수가 $[X, Y, Z]$인 직선에 놓여 있음을 알 수 있다. 따라서 $[X, Y, Z]$는 $\mathbb{P}^{2^*}$에서 직선이 된다.

표 4.1: 쌍대

대수 표현	해석	쌍대 해석
$[X, Y, Z]$	$\mathbb{P}^2$의 점	$\mathbb{P}^{2^*}$의 직선
$[A, B, C]$	$\mathbb{P}^2$의 직선	$\mathbb{P}^{2^*}$의 점
$AX + BY + CZ = 0$	점 $[X, Y, Z]$가 직선 $[A, B, C]$에 놓여 있다.	직선 $[X, Y, Z]$가 점 $[A, B, C]$를 포함한다.
$AX_1 + BY_1 + CZ_1 = 0$ 그리고 $AX_2 + BY_2 + CZ_2 = 0$	점 $[X_1, Y_1, Z_1]$과 점 $[X_2, Y_2, Z_2]$가 직선 $[A, B, C]$에 놓여 있다.	직선 $[X_1, Y_1, Z_1]$과 직선 $[X_2, Y_2, Z_2]$가 점 $[A, B, C]$에서 만난다.
$A_1X + B_1Y + C_1Z = 0$ 그리고 $A_2X + B_2Y + C_2Z = 0$	직선 $[A_1, B_1, C_1]$과 $[A_2, B_2, C_2]$가 점 $[X, Y, Z]$에서 만난다.	점 $[A_1, B_1, C_1]$과 점 $[A_2, B_2, C_2]$가 직선 $[X, Y, Z]$위에 놓여 있다.

좌표에 사용되는 문자의 위치를 제외하고는 $\mathbb{P}^2$와 $\mathbb{P}^{2^*}$ 사이에 대수적 차이가 없다는 사실로부터 대수적으로 표현 가능한 사영 평면에 대한 임의의 명제는 두 가지 형태를 갖는 다는 것을 유추할 수 있다. 즉 한 형태에서는 "점들"과 "직선들"이 $\mathbb{P}^2$의 점들과 직선이고 쌍대적 해석으로는 "점들"이 $\mathbb{P}^{2^*}$의 점들($\mathbb{P}^2$의 직선들)이고 "직선들"이 $\mathbb{P}^{2^*}$의 직선들($\mathbb{P}^2$의 점들)이다.

표 4.1은 이러한 과정의 요약을 보여준다. 어떤 정리를 쌍대화하기 위해서는 "점"은 "직선"으로, "직선"은 "점"으로 바꾸면 된다.

보기 4.6.1 (파푸스 정리) (서기 320년경) $\mathbb{P}^2$에서 직선 L에 있는 세 점 A, B, C와 직선 L'에 있는 세 점 A', B', C'에 대해, 다음과 같이 주어진 세 점 P, Q, R은 공선이다(그림 4.20).

$$P = \overleftrightarrow{AB'} \cap \overleftrightarrow{A'B}, \quad Q = \overleftrightarrow{AC'} \cap \overleftrightarrow{A'C}, \quad R = \overleftrightarrow{BC'} \cap \overleftrightarrow{B'C}$$

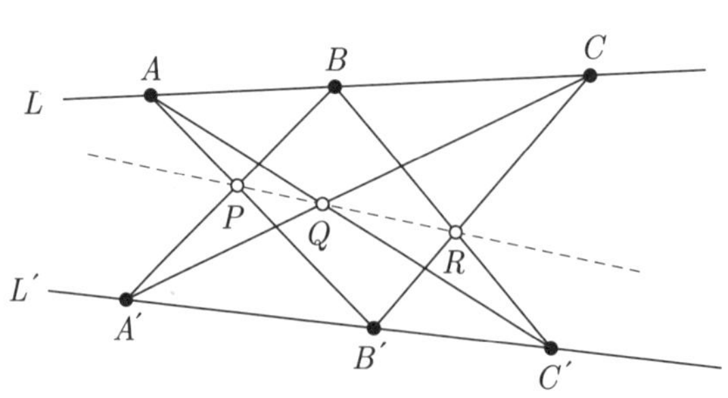

그림 4.20. 파푸스 정리

쌍대 파푸스 정리는 다음과 같다.

$\mathbb{P}^2$에서 점 L을 지나는 세 직선 A, B, C와 점 L'을 지나는 세 직선 A', B', C'에 대해, 다음과 같이 주어진 세 직선 P, Q와 R은 공점이다 (그림 4.21).

$$P = \overleftrightarrow{(A \cap B')(A' \cap B)}, \quad Q = \overleftrightarrow{(A \cap C')(A' \cap C)}, \quad R = \overleftrightarrow{(B \cap C')(B' \cap C)}$$

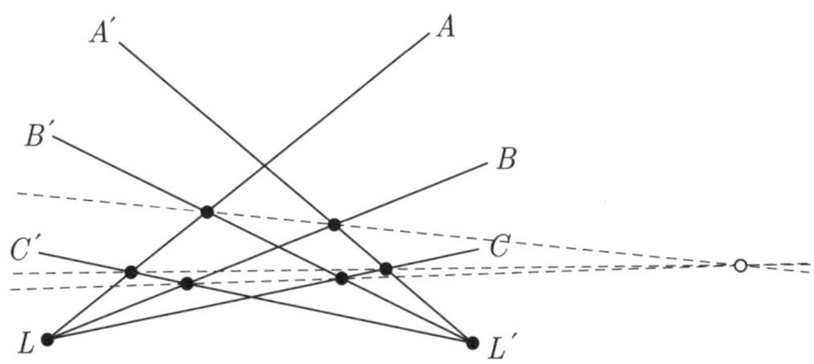

그림 4.21. 쌍대 파푸스 정리

문제 4.6.1 쌍대 파푸스 정리를 증명하여 파푸스 정리(보기 4.6.1)를 증명하여라. (도움말: $\mathbb{P}^2$를 유클리드 평면과 무한 직선의 합집합으로 간주하여라(143쪽 참조). $\overleftrightarrow{LL'}$을 무한 직선이라 하고, 유클리드 평면 $\mathbb{P}^2 - \overleftrightarrow{LL'}$에서 직선 A, B, C가 평행인 것을 보이고 또 직선 A', B', C'도 평행임을 보여라. 이 직선들을 유클리드 평면에서 x, y 좌표로 나타내어라. 그런 다음 이들이 교차하는 점을 구하여라.)

보기 4.6.2 $\mathbb{P}^2$의 삼각형에 대한 **쌍대 데자르그 정리**는 다음과 같다.

$\mathbb{P}^2$의 삼각형 $\triangle ABC$와 $\triangle A'B'C'$의 변이 각각 A, B, C와 A', B', C'이라 하자. 교점 $A \cap A'$, $B \cap B'$, $C \cap C'$이 모두 한 직선 X에 놓여 있다면 다음과 같이 주어지는 직선 P, Q, R은 모두 한 점을 지난다(그림 4.22).

$$P = \overleftrightarrow{(A \cap B)(A' \cap B')}, \quad Q = \overleftrightarrow{(A \cap C)(A' \cap C')}, \quad R = \overleftrightarrow{(B \cap C)(B' \cap C')}$$

특이하게도, 데자르그 정리의 역 명제와 쌍대 데자르그 정리가 동일한 것을 볼 수 있다.

문제 4.6.2 평면$(z = 1)$에 놓여 있는 직선 $y = mx + b$의 사영화가 $\mathbb{P}^{2^*}$에서 동차 좌표 $[m, -1, b]$로 표현됨을 보여라.

문제 4.6.3 $\mathbb{P}^2$에서 L_1, L_2, L_3이 서로 다르고 공점인 직선이라 하자. 이 세 직선과 공점이고 $[L_1, L_2, L_3, L_4] = -1$을 만족하는 네 번째 직선 L_4를 작

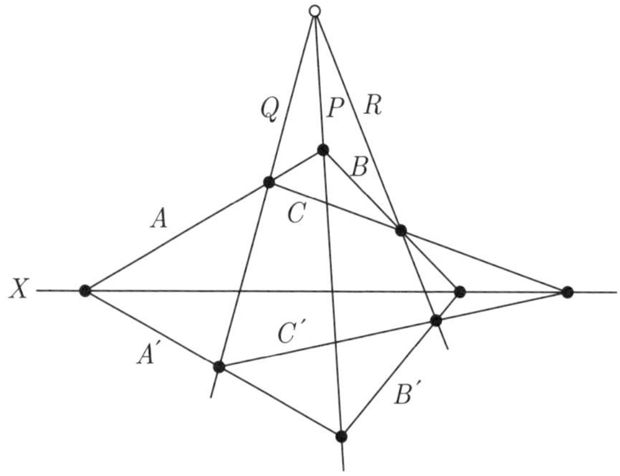

그림 4.22. 쌍대 데자르그 정리

도하는 방법을 설명하여라. (**도움말**: 제4조화 점의 작도법을 쌍대화하여라[157쪽 참조].)

4.7 동차 다항식, 대수 곡선

동차 다항식

다항식은 단항식 한 개로 이루어져 있거나 여러 개 단항식의 합이다. 단항식은 상수와 정수 지수를 갖는 유한 개 변수의 곱이다. 영 아닌 단항식에 대해 모든 지수의 합을 **차수**라 한다. 다항식의 **차수**는 다항식을 이루는 단항식들의 차수 중 가장 큰 수이다. 영 아닌 다항식이 **동차**라는 것은 다항식을 이루는 단항식들의 차수가 모두 동일한 것을 말한다.

보기 4.7.1 1. $2x^5y^2z^3$은 차수가 $5+2+3=10$인 단항식이다.

2. $2y^3z^4+3xy+1$은 차수가 $3+4=7$인 다항식이다.
3. x^4+2yz^3은 차수가 4인 동차 다항식이다.

정리 4.7.1 $f(x,y,z)$가 차수 d인 동차 다항식이면 임의의 상수 t에 대해 다음이 성립한다.

$$f(tx,ty,tz)=t^df(x,y,z)$$

증명. $g(x,y,z)=kx^ay^bz^c$를 차수 $a+b+c=d$인 단항식이라 하면 임의의 상수 t

에 대해 다음이 성립한다.

$$\begin{aligned} g(tx, ty, tz) &= k(tx)^a(ty)^b(tz)^c = kt^{a+b+c}x^a y^b z^c \\ &= t^d g(x, y, z) \end{aligned}$$

f의 항이 모두 동일한 차수를 가지므로 g에서와 같이 주어진 식이 성립한다. □

변수의 개수에 상관없이 임의의 동차 다항식에 대해 위의 정리와 동일한 명제 그리고 동일한 증명이 성립한다.

따름정리 4.7.1 f가 동차 다항식이고 원점이 아닌 한 점 $(x, y, z) \in \mathbb{R}^3$에서 $f(x, y, z) = 0$이면 (x, y, z)를 지나는 방사 직선의 임의의 점에서 $f = 0$이다.

증명. 방사 직선의 점은 (x, y, z)의 상수배 (tx, ty, tz)이므로 정리 4.7.1에 의해 $f(tx, ty, tz) = t^d f(x, y, z) = 0$이다. 여기서 d는 동차 다항식 f의 차수이다. □

대수 곡선

유클리드 평면의 대수 곡선은 다음과 같은 다항 방정식을 만족하는 점 $(x, y) \in \mathbb{E}^2$의 집합이다.

$$f(x, y) = 0$$

여기서 f는 상수가 아닌 다항식이다. 예를 들면, $x^2 + y^2 - 1 = 0$은 원, $y - 2x - 5 = 0$은 직선, $x^2 - y = 0$은 포물선, 그리고 $x^2(x^2 - 1) + y^2 = 0$은 "팔자형 곡선"을 나타낸다.

사영 평면의 대수 곡선은 다음과 같은 동차 방정식[3)]을 만족하는 점 $[X, Y, Z] \in \mathbb{P}^2$의 집합이다.

$$F(X, Y, Z) = 0$$

여기서 F는 상수가 아닌 동차 다항식이다. 예를 들면, $X^2 + Y^2 - Z^2 = 0$은 사영화된 원, $Y - 2X - 5Z = 0$은 사영화된 직선, $X^2 - YZ = 0$은 사영화된 포물선, 그리고 $X^2(X^2 - Z^2) + Y^2Z^2 = 0$은 사영화된 팔자형 곡선을 나타낸다.

---

3)동차 다항 방정식을 줄여서 동차 방정식이라 한다.

정리 4.7.1으로부터 동차 방정식의 자취 $\{(x,y,z)\in\mathbb{R}^3 \mid F(x,y,z)=0\}$은 방사 직선들의 모임이다. 다른 말로 하면, 동차 방정식의 자취는 $\mathbb{R}^3$에서 꼭짓점이 원점인 "일반화된 원뿔"과 같다. 그러므로 원점에 있는 관찰자에게는 곡선처럼 보인다(그림 4.23).

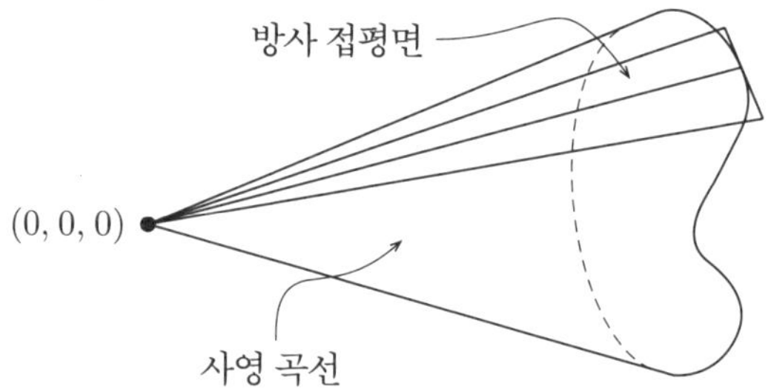

그림 4.23. 일반화된 원뿔과 방사 접평면

동차화

사영화는 유클리드적 형상의 각 점을 방사 직선으로 대체하여 사영적인 형상으로 바꾸는 것을 의미한다. **동차화**는 사형화의 대수적 표현이다. 차수 d인 다항식 $f(x_1,\ldots,x_n)$을 동차화하기 위해서는 $n+1$ 개의 새로운 변수 $X_1,\ldots,X_n,Z$를 도입하여 x_i를$(i=1,\ldots,n)$ X_i/Z로 대체하고 Z^d를 곱해 분모를 소거하면 된다.

동차화된 다항식으로부터 원래 다항식 f를 얻고 싶을 때에는 각각의 X_i를 x_i로, 그리고 Z를 1로 바꾸면 된다.

보기 4.7.2 다항식 $f(x,y)=1+x+2y+3x^2+xy^3$를 동차화하기 위해 먼저 새로운 변수를 사용하여 다음과 같이 바꾼다.

$$f\left(\frac{X}{Z},\frac{Y}{Z}\right)=1+\frac{X}{Z}+2\frac{Y}{Z}+3\left(\frac{X}{Z}\right)^2+\left(\frac{X}{Z}\right)\left(\frac{Y}{Z}\right)^3$$

이제 Z^4를 곱해 다음과 같은 동차 다항식을 얻는다.

$$F(X,Y,Z)=Z^4+XZ^3+2YZ^3+3X^2Z^2+XY^3$$

거꾸로 F를 f로 바꾸기 위해 $X=x,\ Y=y,\ Z=1$로 놓으면 다음을 얻는다.

$$F(x,y,1)=1+x+2y+3x^2+xy^3=f(x,y)$$

문제 4.7.1 다음 다항식을 동차화하여라.

1. $f(t)=1+2t+3t^2+4t^3$
2. $g(x,y,z)=1+xyz$

동차화와 사영화 사이의 관계를 알아보기 위해 다음과 같이 $z=1$ 평면에서 다항 방정식 $f(x,y)=0$으로 주어지는 유클리드 곡선 C를 살펴보자.

$$C \ : \ f(x,y)=0, \quad z=1$$

여기서 d를 f의 차수라 하자. 원점이 아닌 점 (x,y,z)에 대해 이 점을 지나는 방사 직선이 C와 만나면, 즉 (x,y,z)의 상수배 (tx,ty,tz)가 다음 방정식을 만족하면 (x,y,z)는 C의 사영화에 속한다.

$$f(tx,ty)=0 \quad \text{그리고} \quad tz=1$$

오른쪽 방정식으로부터 $t=1/z$이므로 왼쪽 방정식은 다음과 같다.

$$f\Big(\frac{x}{z},\frac{y}{z}\Big)=0 \tag{4.4}$$

따라서, $z\neq 0$인 경우, $[x,y,z]$가 곡선의 사영화에 속하는 것은 다음 동차 다항식이 0인 것과 동치이다.

$$F(x,y,z)=z^d f\Big(\frac{x}{z},\frac{y}{z}\Big)$$

$z=0$인 경우, $F(x,y,z)=0$을 만족하는 점 $[x,y,z]$는 무한 점이다. 이러한 무한 점들은 유클리드 곡선 C의 점근 선에 평행한 방사 직선들이다.

유클리드 곡선이 $z=1$ 평면에 놓여 있지 않으면 위의 계산은 조금 수정되어야 한다. 그러나 기본적인 접근 방법은 같다.

보기 4.7.3 보기 4.5.1과 4.5.2에서의 방법을 사용하여 $z=-1$ 평면에 있는 다음 포물선들의 사영화에 대한 동차 방정식을 찾아보자.

$$Q_1=\{Y=1+\frac{X^2}{4},\ Z=-1\},$$
$$Q_2=\{Y=\frac{X^2}{4},\ Z=-1\}$$

$z\neq 0$인 점 (x,y,z)가 Q_1을 지나는 원뿔에 속하는 것은 적당한 상수 t에 대해 다음 식이 성립하는 것과 동치이다.

$$ty=1+\frac{(tx)^2}{4} \quad \text{그리고} \quad tz=-1$$

이로부터 $t=-1/z$이고 다음을 얻는다.

$$\frac{-y}{z}=1+\frac{1}{4}\Big(\frac{-x}{z}\Big)^2$$

분모를 소거하기 위해 양변에 z^2을 곱하고, 소문자 x,y,z를 대문자로 교체

한다. 그러면 다음과 같이 Q_1의 사영화에 대한 동차 방정식을 얻는다.

$$YZ + Z^2 + \frac{1}{4}X^2 = 0$$

비슷한 계산을 통하여 다음과 같이 Q_2의 사영화에 대한 동차 방정식을 얻을 수 있다.

$$YZ + \frac{1}{4}X^2 = 0$$

원래의 유클리드 곡선에 대한 방정식은 이들 방정식에서 X를 x로, Y를 y로, 그리고 Z는 -1로 바꾸면 얻을 수 있다.

문제 4.7.2 평면 $X + Y + Z = 1$과 구 $X^2 + Y^2 + Z^2 = 1$의 교선인 원을 지나고 꼭짓점이 원점인 원뿔에 대한 동차 방정식을 구하여라.

4.8 접선

유클리드 곡선의 사영화는 뿔이고, 곡선에 접하는 직선의 사영화는 뿔에 접한다(168쪽의 그림 4.23 참조). $P = [X_0, Y_0, Z_0]$가 사영화된 곡선 $F(X,Y,Z) = 0$의 점이면 P에서의 방사 접평면의 방정식은 다음과 같다.

$$X\frac{\partial F}{\partial X}(P) + Y\frac{\partial F}{\partial Y}(P) + Z\frac{\partial F}{\partial Z}(P) = 0 \tag{4.5}$$

$[\partial F/\partial X,\ \partial F/\partial Y,\ \partial F/\partial Z]$는 사영화된 곡선에 접하는 사영 직선의 동차 좌표이다.

원래 유클리드 곡선의 점근 선은 사영화되었을 때 사영화된 곡선위에 있는 무한 점에서 접한다.

P에서 F의 편 미분 값이 모두 0인 경우, P를 **특이 점**이라 부른다. 특이 점에서는 여러 개의 접선이 존재할 수 있다(그림 4.24).

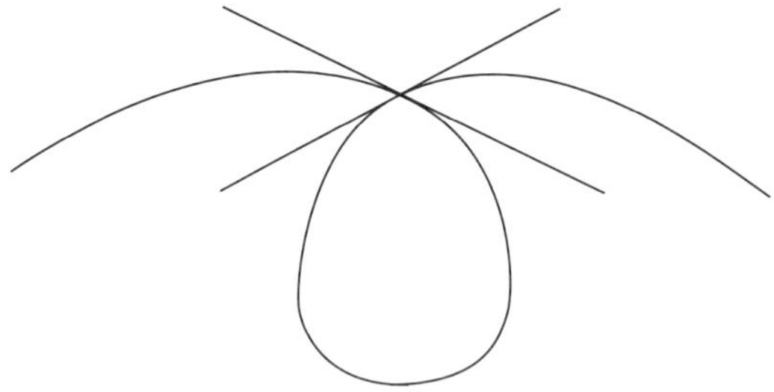

그림 4.24. 특이 점에서의 접선들

문제 4.8.1 a) $\mathbb{R}^3$에서 $z = 1$ 평면에 놓여 있는 쌍곡선 $x^2/a^2 - y^2/b^2 = 1$에 대해 쌍곡선의 사영화에 대한 동차 방정식과 점근 선의 사영화에 대한 동차 방정식을 구하라. 그리고 사영화된 점근 선이 사영화된 쌍곡선과 무한 직선에서 만나고 접하는지를 확인하여라.

b) $z = 1$ 평면에 놓여 있는 포물선 $y = x^2$의 사영화가 무한 직선에 접하는 것을 보여라.

문제 4.8.2 a) $z = 1$ 평면에 놓인 유클리드 곡선 $x^2 = y(x^2 - y^2)$의 사영화가 무한 직선과 세 점 $[X, Y, Z] = [1, 0, 0], [1, 1, 0], [1, -1, 0]$에서 만나는 것을 보여라. (동차 좌표가 상수 배에 의해 정의된 것을 기억하여라!)

b) 무한 직선과 만나는 점에서 사영화된 곡선의 접선들을 구하고, 이들을 이용하여 유클리드 곡선 $x^2 = y(x^2 - y^2)$의 점근 선을 모두 구하여라. 그리고 곡선의 개형을 그려라. (도움말: 사영화된 접선과 $z = 1$ 평면과의 교선을 생각하여라.)

문제 4.8.3 a) $z = 1$ 평면에 놓여 있고, 다음 방정식에 의해 주어진 원뿔 곡선을 생각해 보자.

$$Ax^2 + Bxy + Cy^2 + Dx + Ey + F = 0$$

이 때, 사영화된 원뿔 곡선이 무한 직선과 다음을 만족하는 점 $[X, Y, 0]$에서 만나는 것을 보여라.

$$\frac{X}{Y} = \frac{-B \pm \sqrt{B^2 - 4AC}}{2A}$$

b) a)의 결과를 이용하여 원뿔 곡선이 다음과 같이 분류되는 이유를 설명하여라.

$$B^2 - 4AC < 0 \text{이면 타원,}$$
$$B^2 - 4AC = 0 \text{이면 포물선,}$$
$$B^2 - 4AC > 0 \text{이면 쌍곡선}$$

4.9 쌍대 곡선

임의의 곡선 $C \subset \mathbb{P}^2$에 대해 **쌍대 곡선** $C^* \subset \mathbb{P}^{2^*}$가 존재한다. C^*에 있는 점은 C에 접하는 직선이다.

정의 4.9.1

$$C^* = \{P^* \in \mathbb{P}^{2^*} \mid P^* \text{는 } C \text{에 접한다}\}^{4)}$$

4)C가 특이 점을 갖는 경우에 이 정의는 다소 변경되어야 한다. 이 경우 C^*에는 C에 접하는 직선들로 이루어진 수렴하는 열의 극한이 포함된다.

쌍대 곡선의 쌍대

쌍대 곡선의 쌍대 C^{**}는 쌍대 곡선에 접하는 직선들로 이루어져 있다. $\mathbb{P}^{2^*}$에서의 직선은 $\mathbb{P}^2$의 점이므로 C^{**}는 $\mathbb{P}^2$의 곡선이다.

정리 4.9.1 $C^{**} = C$.

개략적인 증명. C와 C^*가 매끄러운 곡선이라 가정하자. 각 점 $P \in C$와 $P^* \in C^*$에 대해 다음을 정의하자.

$T(P) = P$에서 C에 접하는 직선, $\quad T^*(P^*) = P^*$에서 C^*에 접하는 직선

정리를 증명하기 위해서는 임의의 P와 P^*에 대해 다음 두 명제가 동치임을 보이면 된다.

$$P^* = T(P) \;\Leftrightarrow\; P = T^*(P^*)$$

이제 $P,\ Q \in C$에 대해 $P^* = T(P),\ Q^* = T(Q)$라 하자. 그러면 정의로부터 다음을 얻는다.

$$T^*(P^*) = \lim_{Q^* \to P^*} \overleftrightarrow{Q^*P^*} \tag{4.6}$$

즉 $T^*(P^*)$는 C^*를 따라 Q^*가 P^*로 접근할 때 할선 $\overleftrightarrow{Q^*P^*}$의 극한이다. 이를 쌍대화하면, 다음과 같이 $T^*(P^*)$는 $\mathbb{P}^2$의 한 점이 된다(그림 4.25 참조).

$$T^*(P^*) = \lim_{Q^* \to P^*} T(Q) \cap T(P) = \lim_{Q \to P} T(Q) \cap T(P) = P$$

여기서 두 번째 등호는 $Q \to P$이면 $Q^* \to P^*$라는 사실로부터 자명하다.

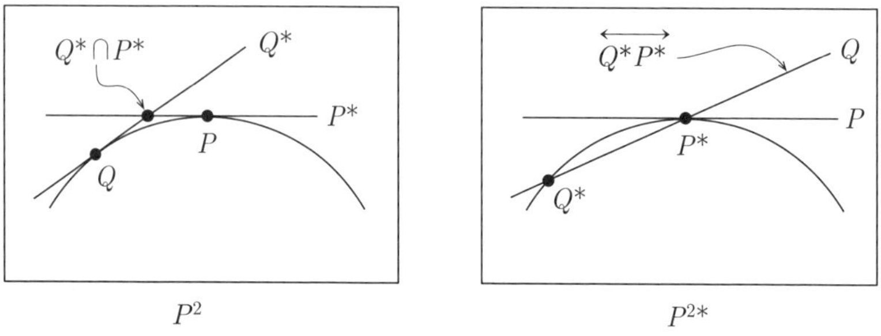

그림 4.25. 쌍대 곡선들

비슷한 방법으로 $T(P) = P^*$임을 보일 수 있다.

이로서 C와 C^*가 매끄러운 곡선일 때 정리의 증명을 마친다. C와 C^*가 매끄러운 곡선이 아닌 경우에는 특이 점을 포함하는 다소 복잡한 방법들이 사용된다. 그러나 결국에는 대동소이하게 비슷한 방법으로 증명된다. □

쌍대 곡선의 방정식

쌍대 곡선의 방정식을 계산하는 일은 거의 필요하지 않다. 이는 다행스러운 일이다. 왜냐하면 쌍대 곡선의 방정식을 계산하는 것은 꽤 복잡한 대수를 포함하기 때문이다. 다음 보기는 계산이 어떻게 진행되는지의 과정를 보여준다.

보기 4.9.1 C를 다음과 같은 유클리드 쌍곡선의 사영화라고 하자.

$$\frac{x^2}{4} - \frac{y^2}{9} = 1$$

C의 쌍대를 계산하기 위해 먼저 C에 접하는 직선들을 찾아야 한다. L을 다음과 같이 주어지는 직선이라 하자.

$$y = mx + b$$

L이 쌍곡선에 접하는 것은 쌍곡선과 한 점에서만 만나고 점근 선과 평행하지 않는 것과 동치이다. L이 쌍곡선과 만나는 점을 찾기 위해 L의 식을 쌍곡선의 방정식에 대입하면 다음과 같다.

$$\frac{x^2}{4} - \frac{(mx+b)^2}{9} = 1$$

정리하면 다음과 같다.

$$x^2\left(\frac{1}{4} - \frac{m^2}{9}\right) - x\left(\frac{2mb}{9}\right) - \left(\frac{b^2}{9} + 1\right) = 0 \tag{4.7}$$

그리고 x에 관해 푼다. 방정식 (4.7)은 다음과 같은 형태이다.

$$Px^2 + Qx + R = 0$$

이때 P, Q, R은 다음과 같다.

$$P = \left(\frac{1}{4} - \frac{m^2}{9}\right), \quad Q = -\left(\frac{2mb}{9}\right), \quad R = -\left(\frac{b^2}{9} + 1\right) \tag{4.8}$$

한편, 점근 선의 기울기는 $\pm\sqrt{9/4} = \pm 3/2$이다. L이 점근 선과 평행하지 않아야 하므로 $P \neq 0$임을 알 수 있다. 그러므로 이차 방정식에 대한 근의 공식을 사용하여 x의 해를 찾으면 다음과 같다.

$$x = \frac{-Q \pm \sqrt{Q^2 - 4PR}}{2P}$$

해가 허나일 필요 충분 조건은 다유과 같다.

$$Q^2 - 4PR = 0$$

위의 식에 식 (4.8)을 대입하면 직선 $y = mx + b$가 쌍곡선에 접할 필요 충분 조건이 다음과 같음을 알 수 있다.

$$\frac{b^2}{9} - \frac{4m^2}{9} + 1 = 0 \tag{4.9}$$

식 (4.9)는 mb평면에 있는 원뿔 곡선을 나타내고, C^*는 이 곡선의 사영화이다.

정리 4.9.2 $\mathbb{P}^2$에 있는 매끄러운 원뿔 곡선의 쌍대는 $\mathbb{P}^{2^*}$의 매끄러운 원뿔 곡선이다.

개략적인 증명. 원뿔 곡선의 일반형(식 (3.26))에 보기 4.9.1의 방법을 적용하면 증명할 수 있다. 자세한 증명은 생략한다. □

문제 4.9.1 원 $x^2 + y^2 = 1$의 쌍대에 대한 방정식을 구하여라.

4.10 파스칼 정리와 브리앙송 정리

$\mathbb{P}^2$에서 **육각형**은 여섯 개 직선의 합집합이다.

정리 4.10.1 (Blaise Pascal, 1623-1662) 매끄러운 원뿔 곡선에 내접하는 육각형에 대해 마주보는 변들의 교점은 공선이다.

(즉 매끄러운 원뿔 곡선의 점 A, B, C, A', B', C'에 대해 다음과 같이 주어지는 점 P, Q, R은 공선이다.

$$P = \overleftrightarrow{AB'} \cap \overleftrightarrow{A'B}, \qquad Q = \overleftrightarrow{AC'} \cap \overleftrightarrow{A'C}, \qquad R = \overleftrightarrow{BC'} \cap \overleftrightarrow{B'C}$$

그림 4.26을 확인하고 163쪽의 파푸스 정리(보기 4.6.1)와 비교하여 보아라.)

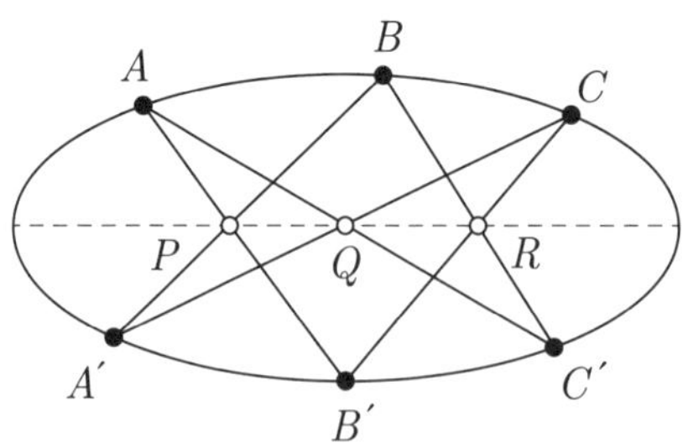

그림 4.26. 파스칼 정리

증명. ([4]의 IV장 8.4절 209-212쪽을 참조. 그림 4.27)

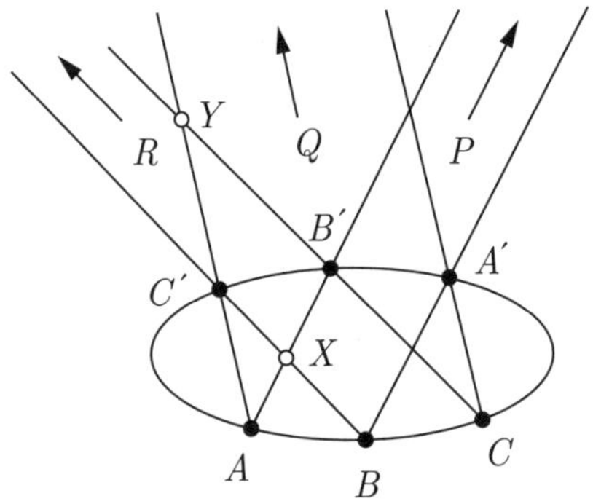

그림 4.27

$X = \overleftrightarrow{AB'} \cap \overleftrightarrow{BC'}$, $Y = \overleftrightarrow{AC'} \cap \overleftrightarrow{B'C}$라 하자. B로부터 사영시키면 원뿔 곡선에 있는 네 점의 복비에 대한 정의로부터 다음을 얻는다(정의 4.4.4).

$$[C', B', A, A'] = [\overleftrightarrow{BC'}, \overleftrightarrow{BB'}, \overleftrightarrow{BA}, \overleftrightarrow{BA'}]$$

또한, $P = \overleftrightarrow{AB'} \cap \overleftrightarrow{A'B}$이므로 공점인 네 직선에 대한 복비의 정의로부터 다음을 얻는다(정의 4.4.3).

$$[X, B', A, P] = [\overleftrightarrow{BC'}, \overleftrightarrow{BB'}, \overleftrightarrow{BA}, \overleftrightarrow{BA'}]$$

그러므로 다음이 성립한다.

$$[C', B', A, A'] = [X, B', A, P] \tag{4.10}$$

C로부터 사영시키면 같은 방법으로 다음을 얻는다.

$$[C', B', A, A'] = [\overleftrightarrow{CC'}, \overleftrightarrow{CB'}, \overleftrightarrow{CA}, \overleftrightarrow{CA'}],$$
$$[C', Y, A, Q] = [\overleftrightarrow{CC'}, \overleftrightarrow{CB'}, \overleftrightarrow{CA}, \overleftrightarrow{CA'}]$$

즉 다음이 성립한다.

$$[C', B', A, A'] = [C', Y, A, Q]$$

위 식과 식 (4.10)을 결합하면 다음을 얻는다.

$$[X, B', A, P] = [C', Y, A, Q] \tag{4.11}$$

이제 $\overleftrightarrow{PQ}$를 무한 직선이라 하고, $\mathbb{P}^2$의 나머지 부분을 유클리드 평면으로 여기자. P, Q와 R이 공선인 것을 보이기 위해서는 R이 무한 점인 것을, 즉 $\overleftrightarrow{BC'}$과 $\overleftrightarrow{B'C}$가 유클리드 평면에서 평행인 것을 보이면 충분하다. P와 Q가 무한 점이므로 유클리드 평면에서 $\overleftrightarrow{AB'}$과 $\overleftrightarrow{A'B}$, $\overleftrightarrow{AC'}$과 $\overleftrightarrow{A'C}$는 각각 평행이다. 또한 P와 Q가 무한

점이므로, 식 (4.11)로부터 다음을 얻는다.

$$\frac{\overrightarrow{XA}}{\overrightarrow{B'A}} = \frac{\overrightarrow{C'A}}{\overrightarrow{YA}}$$

한편, 두 삼각형 $\triangle C'AX$와 $\triangle YAB'$은 각각 $\overleftrightarrow{AB'}$에서 한 변을 갖고 $\overleftrightarrow{AC'}$에서 또 다른 한 변을 갖으므로 두 삼각형은 닮은 삼각형이다. 그러므로 다음을 얻는다.

$$\overleftrightarrow{BC'}\text{과 } \overleftrightarrow{B'C}\text{가 평행이다.}$$

따라서 점 $R = \overleftrightarrow{BC'} \cap \overleftrightarrow{B'C}$은 무한 점이므로 (무한) 직선 $\overleftrightarrow{PQ}$에 속한다. □

참고. 육각형의 꼭짓점들이 그림 4.26 또는 그림 4.27 에서와 같은 순서대로 배열될 필요는 없다. 파스칼 정리는 점들이 매끄러운 원뿔 곡선에 있기만 하면 배열에 상관없이 항상 성립한다. 더군다나 여섯 개의 점이 모두 다른 점이 아니어도 된다. 이웃하는 두 점이 일치하는 경우 그 점에서의 접선을 대응되는 변으로 여기면 파스칼 정리가 성립한다.

파스칼 정리의 쌍대로서 다음 정리를 얻을 수 있다.

정리 4.10.2 (브리앙송 정리) 매끄러운 원뿔 곡선에 외접하는 임의의 육각형에서 마주보는 꼭짓점을 잇는 (세 개의) 대각선은 한 점에서 만난다.

(즉 매끄러운 원뿔 곡선 K에 접하는 여섯 개의 직선 A, B, C, A', B', C'에 대해 다음과 같이 주어지는 세 직선은 한 점에서 만난다.

$$P = \overleftrightarrow{(A \cap B')(A' \cap B)}, \quad Q = \overleftrightarrow{(A \cap C')(A' \cap C)}, \quad R = \overleftrightarrow{(B \cap C')(B' \cap C)}$$

그림 4.28 참조)

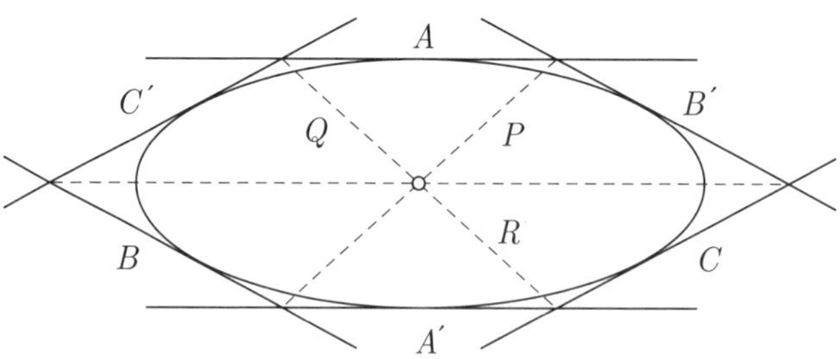

그림 4.28. 브리앙송 정리

증명. 매끄러운 원뿔 곡선의 쌍대가 매끄러운 원뿔 곡선임을 이용하여 파스칼 정리의 쌍대를 생각해보라. □

매끄러운 원뿔 곡선의 접선에 대해 다시 보기

39쪽의 문제 1.9.5에서 원의 접선을 만들어 보았다. 다음 주장에서 소개하는 방법은 임의의 원뿔 곡선에 접선을 그을 수 있게 해준다.

주장 4.10.1 K가 매끄러운 원뿔 곡선이고 O가 K 밖의 한 점이라고 하자. O를 지나고 각각 K와 만나는 직선 L_1, L_2, L_3을 긋고, 이들이 만드는 교점의 이름이 다음과 같다고 하자.

$$L_1 \cap K = \{A, A'\},$$
$$L_2 \cap K = \{B, B'\},$$
$$L_3 \cap K = \{C, C'\}$$

그리고 다음과 같이 정하자.

$$P = \overleftrightarrow{AB'} \cap \overleftrightarrow{A'B}, \qquad R = \overleftrightarrow{BC'} \cap \overleftrightarrow{B'C}, \qquad S \in K \cap \overleftrightarrow{PR}$$

그러면 직선 $\overleftrightarrow{OS}$가 S에서 K에 접한다(그림 4.29).

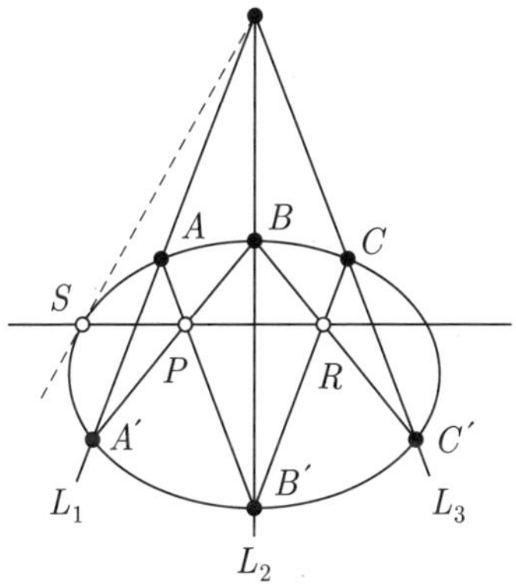

그림 4.29. 원뿔 곡선의 접선

문제 4.10.1 아래 소개되는 두 가지 과정을 거쳐 주장 4.10.1을 증명하여라.

a) 먼저 다음과 같이 정하자.

$$Q = \overleftrightarrow{AC'} \cap \overleftrightarrow{A'C}, \qquad X = \overleftrightarrow{AB} \cap \overleftrightarrow{A'B'},$$
$$Y = \overleftrightarrow{AC} \cap \overleftrightarrow{A'C'}, \qquad Z = \overleftrightarrow{BC} \cap \overleftrightarrow{B'C'}$$

이 때, 여섯 개의 점 P, Q, R, X, Y, Z가 공선임을 보여라. (**도움말**: 파스칼 정리를 육각형 $AB'CA'BC'$에 적용하여라. 그리고 두 삼각형 $\triangle ABC$와

$\triangle A'B'C'$, 두 삼각형 $\triangle A'BC$와 $\triangle AB'C'$, 두 삼각형 $\triangle AB'C$ $\triangle A'BC'$, 두 삼각형 $\triangle ABC'$와 $\triangle A'B'C$에 각각 데자르그 정리를 적용하여라.)

b) a)에 의해 $\overleftrightarrow{PR} = \overleftrightarrow{PX}$이므로 다음이 성립한다.

$$S = K \cap \overleftrightarrow{PX}$$

이 때 두 점 P와 X는 L_1과 L_2에만 의존함을 알 수 있다. 그러므로 S를 움직이지 않고 L_3를 점 O을 중심으로 하여 회전시킬 수 있다. L_3가 접할 때까지, 즉 $C = C'$이 될 때까지 L_3를 회전시키고 a)를 적용하여라.

제 5 장

특수 상대성 이론

5.1 시공간

"모든 과학은 매일 하는 사고의 개선과 다르지 않다."

-알버트 아인슈타인-

"시간은 그 어떤 것이든 갑자기 일어나는 것을 막는 자연의 섭리이다."

이 장의 주제는 아인슈타인의 특수 상대성 이론과 관련된 평평 시공간의 기하학이다. 이 주제는 제목에서 풍기는 것처럼 그렇게 어렵거나 난해한 것은 아니다. 단지 고등학교 수학의 약간 상위 개념을 포함하고 있을 뿐이다. **시공간**이란 단순히 우주를 수학의 언어로 표현한 것으로, 우리가 살고 있는 실제 우주처럼, 공간과 시간의 차원을 함께 포함하고 있다. **평평** 시공간은 중력이 없는 시공간으로, 일반적으로 중력은 시공간을 "휘게" 한다. 평평 시공간은 가장 단순한 시공간의 하나로써, 평탄한 유클리드 평면과 휜 곡면 사이의 관계처럼 휜 시공간과 관련지어 생각될 수 있다.

평평 시공간이 유클리드 공간과 다른 점은 물론 시간 차원의 존재이다. 이차원의 경우에는 일차원의 공간과 일차원의 시간으로 이루어져 있다. 앞으로 이 경우에 집중할 것이다. 그 이유는 이차원일 때의 구조가 가장 단순하고 또한 이 경우에 이론의 핵심 요소를 잘 설명할 수 있기 때문이다.

이차원 시공간에서의 벡터의 길이와 벡터들 사이의 각에 대해 살펴 봐야 하고, 피타고라스 정리에 해당하는 정리를 찾아야 한다. 유클리드 공간에서의 각과 길이와는 다른 모습을 보이더라도 너무 당황하지 않기를 바란다. 어찌 되었건, 시간 방향 벡터의 "길이"와 시간 방향 벡터들 "사이의 각"이 의미하는 바가 무엇인지를 알아야 함을 기억하자.

사건과 세계선

역학은 시간의 한 구간에서 공간을 움직이는 물체를 연구하는 학문이다. 직선에서의 운동은 tx 평면에서 함수 $x = x(t)$의 그래프로 표현된다. 여기서 tx 평면은 이차원 시공간으로 t는 시간을 나타내고 $x(t)$는 시간 t에서 물체의 위치를 나타낸다. (물리 교과서에서는 일반적으로 시간을 수직 축으로 하고 공간을 수평 축으로 구성한다.) 그래프의 국소적인 기울기 dx/dt는 입자의 속도이다(그림 5.1).

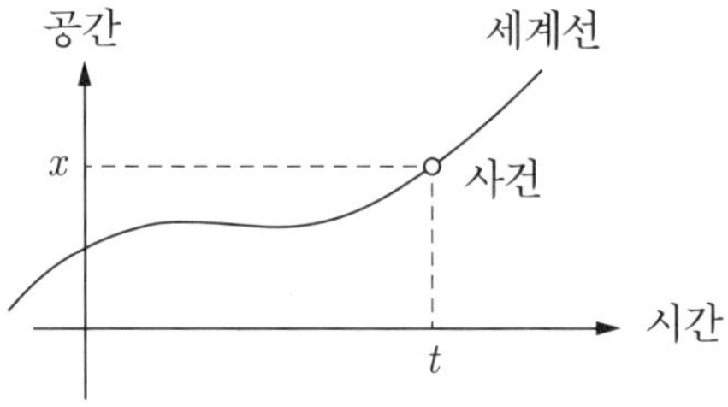

그림 5.1. 이차원 시공간

시공간의 한 점을 **사건**이라 한다. **세계선**은 시간의 함수로 입자의 위치를 나타내는 곡선 $x = x(t)$를 말한다. 입자의 일생에서 시간 t일 때의 사건은 시공간의 점 (t, x)에서 일어난다. tx 평면에서 공간의 차원은 일차원이다. 그러므로 tx 평면에서의 세계선은 직선에 있는 입자의 운동을 나타낸다. 높은 차원의 공간에서 입자의 운동을 표현하려면 높은 차원의 시공간이 필요하다. xy 평면에서 움직이는 입자의 세계선은 삼차원 txy 시공간에서 함수 $(x, y) = (x(t), y(t))$의 그래프이다. 이때 각 t에 대해 점 $(t, x(t), y(t))$에서의 사건은 입자의 일생에서 시간 t일 때의 사건이다. 삼차원 공간에서 움직이는 입자의 세계선은 네 개의 독립적인 차원 t, x, y, z로 이루어진 시공간에 존재한다.

시공간에 좌표 축이 자연스럽게 주어지는 것은 아니다. 실제로 t와 x 같은 좌표는 임의로 정하는 것이고 시공간에 살고 있는 관찰자에 의해 설정된다. 다른 관찰자는 다른 좌표 계를 만들 것이고, 사건의 위치와 시간에 대해 동의(측정값이 일치)하지 않을 것이므로 각각 서로 다른 측정값 사이를 연결시킬수 있는 방법을 찾는 것이 중요하다. 이러한 문제의 답을 찾는 노력으로 특수 상대성 이론이 발견되었다.

이차원 시공간에 살고 있는 두 관찰자 O와 $\widetilde{O}$를 생각하자. 관찰자 O는 각 사건에 다음과 같이 측정된 좌표 (t,x)를 대응시킨다.

$t=$ 사건이 발생한 시간(O가 측정한),

$x=$ 사건이 발생한 순간에 자신과 사건 사이의 거리(O가 측정한)

$\widetilde{O}$도 각 사건에 다음과 같이 측정된 $(\tilde{t},\tilde{x})$로 표현된 좌표를 대응시킨다.

$\tilde{t}=$ 사건이 발생한 시간($\widetilde{O}$가 측정한),

$\tilde{x}=$ 사건이 발생한 순간에 자신과 사건 사이의 거리($\widetilde{O}$가 측정한)

근본 문제 : 동일한 시공간에서 두 관찰자의 좌표 (t,x)와 $(\tilde{t},\tilde{x})$ 사이의 관계는 무엇인가?

관찰자가 움직이고 있을 것이기 때문에 좌표를 다루는데 어려움이 뒤따른다. 움직임이 측정에 영향을 주기 때문에 각 관찰자는 이를 보정하기 위해 자신의 운동을 측정할 수 있는 능력이 필요하다. 비교할 수 있는 자연스런 좌표 계가 없는 한, 어떠한 추상적인 관점에서도, 관찰자가 자신이 어디에 있는지, 또는 어떻게 움직이고 있는지, 또는 자신이 움직이거나 움직이지 않는지를 알아내는 것은 물리적으로 불가능하다.

두 관찰자가 드넓은 우주 공간에서 관성 운동을 하는 경우를 생각해 보자. 한 관찰자가 자신의 로켓 엔진을 켜면 그는 의자 뒤쪽으로 압력을 받을 것이다. 이때 가속력을 느낄 수 있으므로 관찰자는 자신이 움직이고 있다는 것을 알게 된다. 한편으로 가속되지 않으면 관찰자는 아무리 빠른 속력으로 움직이고 있다고 하더라도 자신이 움직인다고 느끼지 않는다. 우주에 있는 다른 물체에 대한 상대적인 위치와 속도를 측정할 수 있다고 하더라도 절대적인 위치와 속도를 결정할 수 없다. 왜냐하면 비교 대상인 다른 물체의 절대적인 위치와 속도를 모르기 때문이다.

결국, 위치와 속도는 다른 물체와의 관계속에서만 물리적으로 의미가 있음을 알 수 있다. "절대 위치"와 "절대 속도"는 의미없는 관념일 뿐이다. 관찰자가 가속화되지 않는 한 관찰자 자신이나 (관찰자와 같이 움직이고 있는) 사람들은 관찰자가 여전히 멈추어 있는 것처럼 말 할 수도 있다.

가속화되지 않은 관찰자를 **관성 관찰자**라 한다. 관성 관찰자가 설정한 좌표를 **관성 좌표**라 한다. 상대성 이론의 기본적 전제는 자연은 특별한 좌표계로 구성되지 않았고, 모든 운동은 상대적이라는 것이다. 이것이 의미하는 바는 모든 관성 관찰자에게 우주는 똑같아 보인다는 것으로 두 관성 관찰자가 동일한 실험을 수행하면 동일한 결과를 얻을 것이다. 요약하면 다음과 같다.

상대성 원리. 물리학의 법칙은 모든 관성 좌표 계에서 동일하다.

5.2 갈릴레이 변환

지금부터 O와 $\widetilde{O}$는 일정한 상대 속도 v로 움직이는 두 관성 관찰자이다. 그러므로 각 관찰자는 다른 관찰자가 자신으로부터 속도 v로 멀어지고 있다고 생각하게 된다. 그림 5.2는 자신의 좌표 계에 있는 O가 바라본 시공간을 나타내고 있다.

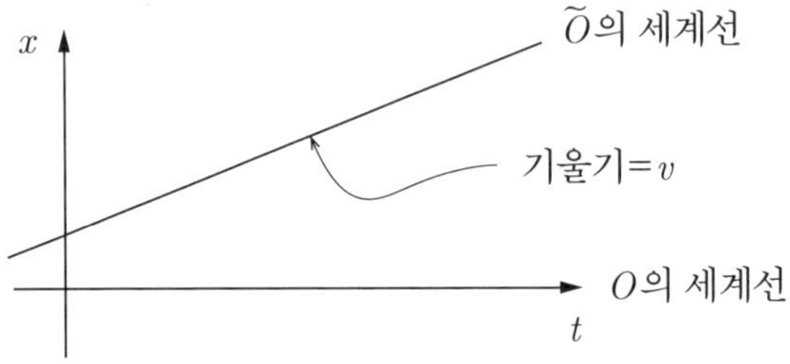

그림 5.2. O의 좌표 계에서 바라본 시공간

x가 O로부터 사건까지의 거리를 나타내므로, $x=0$인 점들은 O 자신의 세계선을 이룬다. 사건 $(0,0)$은 O의 일생에서 시간 $t=0$일 때의 사건이고, $(1,0)$은 O의 일생에서 시간 $t=1$일 때의 사건이고, $(2,0)$은 O의 일생에서 시간 $t=2$일 때의 사건이다. 즉 일반적으로 $(a,0)$은 O의 일생에서 시간 $t=a$일 때의 사건이다. O의 세계선에 있는 점들을 모두 모으면 t축이 된다.

x축은 $t=0$일 때의 모든 사건의 집합이다. x축은 $t=0$에서 우주의 스냅 사진이다. 수직선 $t=1,\ t=2,\ t=3,\ \cdots$ 들은 $t=1,\ t=2,\ t=3,\ \cdots$ 일 때의 우주의 스냅 사진이다.

$\widetilde{O}$는 O로부터 일정한 속도 v로 여행하고 있으므로 시간 t에서의 $\widetilde{O}$의 x 좌표는 다음과 같다.

$$x = vt + x_0 \tag{5.1}$$

여기서 x_0은 상수이다. 직선 $x=vt+x_0$은 O의 좌표에 의해 표현된 $\widetilde{O}$의 세계선이다. 이 때 v는 O에 대한 $\widetilde{O}$의 상대 속도이다.

아이슈타인 이전에 물리학자들은 O와 $\widetilde{O}$가 두 사건 사이의 시간 간격을 측정하면 동일한 결과를 얻을 것이라고 가정하였다. 이러한 가정하에서 O가 지니고 있는 시계의 시간 t는 $\widetilde{O}$가 가지고 있는 시계의 시간 $\tilde{t}$와의 차이는 단지 상수 t_0로 다음과 같다.

$$\tilde{t} = t + t_0 \tag{5.2}$$

O와 $\widetilde{O}$가 서로 다른 시간에 일어난 사건들의 위치에 동의할 것이라고 기대할 수는 없다. 왜냐하면 두 관찰자는 각각 다른 관찰자에 대해 상대적으로 움직이는 자신의 자를 사용하여 측정하기 때문이다. 같은 이유로, 길가에서 있는 사람이 움직이는 차에 대해 어떤 시각에서의 뒤 범퍼의 위치와 그로부터 일 분 후의 앞 범퍼의 위치를 비교함으로써 차의 길이를 측정하지는 않는다.

그럼에도 불구하고 **동시** 사건 사이의 거리에 대해서는 두 관찰자의 측정이 일치할 것이라고 가정하였다. 즉, 움직이는 자동차의 길이를 재기 위해서는 **동일한 시각**에 앞, 뒤 범퍼의 위치를 측정하여 비교한다는 것이다.

$\widetilde{O}$의 좌표가 $(\tilde{t}, \tilde{x})$인 사건을 e라 하자. 즉 e는 $\widetilde{O}$의 시계가 $\tilde{t}$를 가리킬 때, $\widetilde{O}$로부터 $\tilde{x}$만큼의 거리에 있다. 그 순간에 O의 시계는 $t = \tilde{t} - t_0$를 가리킨다. 시각 t에서 O로부터 $\widetilde{O}$까지의 거리는 $x(t) = vt + x_0$이고 $\widetilde{O}$로부터 e까지의 거리는 $\tilde{x}$이다. 이러한 측정은 동시에 수행되었으므로 두 관찰자는 동의한다. 그러므로 그 순간 O로부터 e까지의 거리를 알아내기 위해 다음과 같이 더할 수 있다.

$$\begin{aligned} x &= (\widetilde{O}\text{로부터 } e\text{까지의 거리}) + (O\text{로부터 } \widetilde{O}\text{까지의 거리}) \\ &= \tilde{x} + vt + x_0 \end{aligned} \tag{5.3}$$

식 (5.2)와 (5.3)으로부터 다음을 얻는다.

정리 5.2.1 (갈릴레이 변환[1]) O와 $\widetilde{O}$를 상대 속도 v로 움직이는 한 쌍의 관성 관찰자라 하고, (t, x)와 $(\tilde{t}, \tilde{x})$를 각각 O와 $\widetilde{O}$의 관성 좌표 계라 하자. O와 $\widetilde{O}$가 두 사건 사이의 시간 간격과 동시 사건 사이의 거리에 동의하면 다음이 성립한다.

$$\tilde{t} = t + t_0,$$

$$\tilde{x} = x - vt - x_0$$

단, t_0와 x_0는 상수이다.

그림 5.3는 두 좌표 계를 비교하여 보여준다. 수직선은 $t=$상수인 직선(상대적으로, $\tilde{t}=$상수인 직선)이고, 수평선은 $x=$상수인 직선(상대적으로, $\tilde{x}=$상수인 직선)이다.

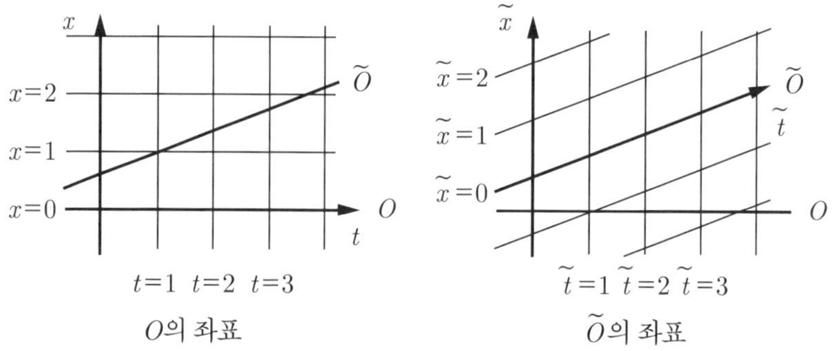

그림 5.3. 갈릴레이 변환

갈릴레이 시공간

정의 5.2.1 (갈릴레이 시공간) 임의의 두 관성 관찰자의 좌표 계가 갈릴레이 변환에 의해 연결되는 시공간을 **갈릴레이 시공간**이라 한다. **갈릴레이 관찰자**란 갈릴레이 시공간에서의 관성 관찰자를 말한다.

갈릴레이 관찰자들은 사건들 사이의 경과 시간에 그리고 동시 사건들 사이의 거리에 동의한다. 그리고 이들 관찰자들은 속도 더하기에 대해 매우 간단한 공식을 갖고 있다.

정리 5.2.2 (갈릴레이 시공간에서의 속도 더하기) O와 $\widetilde{O}$를 갈릴레이 관찰자라 하고 A는 갈릴레이 시공간에 있는 한 물체라 하자. $\widetilde{O}$가 O에 대해 상대 속도 v로 여행을 하고 있고, A가 같은 방향으로 $\widetilde{O}$에 대해 상대 속도 w로 여행을 하고 있다면, A는 O에 대해 상대 속도 $v+w$로 여행을 한다.

다른 말로 하면, 시속 50 km로 운행하는 기차 안에서 한 어린이가 앞쪽으로 시속 10 km로 걸어가면 어린이의 지상에서의 총 속력은 시속 60 km이다.

증명. A가 $\widetilde{O}$에 대해 상대 속도 w로 움직이므로, A의 세계선은 $\widetilde{O}$의 좌표로 표

---

[1])유명한 이탈리아 천문학자이자 물리학자인 갈릴레이(Galileo of Galilei, 1564-1642)의 이름을 따서 명명하였다.

현된 다음 방정식을 만족한다.

$$\tilde{x} = w\tilde{t} + \tilde{x}_0$$

여기서 $\tilde{x}_0$는 상수이다. 이 식에 갈릴레이 변환을 대입하면 O의 좌표로 표현된 다음 식을 얻는다.

$$x - vt - x_0 = w(t + t_0) + \tilde{x}_0$$

시각 t에서 O에 대한 상대적인 A의 위치를 알고자 x에 대해 전개하면 다음과 같다.

$$\begin{aligned} x &= (v+w)t + (x_0 + wt_0 + \tilde{x}_0) \\ &= (v+w)t + (\text{상수}) \end{aligned}$$

따라서 O에 대한 A의 상대 속도는 $v + w$임을 알 수 있다. □

5.3 갈릴레이 변환의 실패

이제는 우리가 살고 있는 시공간이 갈릴레이 시공간이 아니라는 것이 밝혀졌다. 즉, 우리 우주에 있는 관찰자들은 사건들 사이의 시간 간격에 동의하지 않고, 다른 어떤 관찰자에 대해도 동시 사건 사이의 거리에 동의하지 않는다. 그리고 정리 5.2.2에서와 같은 간단한 속도 더하기가 성립하지 않는다. 과학자들이 이러한 사실을 인식하기에는 오랜 세월이 걸렸다. 그 이유는 우리의 우주가 갈릴레이 시공간이라는 가정은 상대 속력이 낮을 때에는 무시할 수 있을 만큼의 오차를 만들어내기 때문이다. 그러나 광속에 가까운 속력에서는 오차가 무시하기에는 너무 커진다.

19세기가 끝날 무렵에 과학자들은 빛의 속력을 여러 다양한 환경에서 매우 정교하게 측정하였다. 여러 실험[2)]을 통하여 모든 관찰자들은 동일한 결과, 즉 광속이 약 초속 $299,792\,\text{km}$임을 알아냈다. 이 때, 진공 상태에서 빛의 속력은 관찰자의 속도나 광원의 속도에 무관하게 측정되었다.

제트 전투기가 초속 $1\,\text{km}$의 속력으로 비행하고 있다고 가정하자. 조종사는 조종석에서 전방으로 진행하는 빛의 속력이 초속 $299,792\,\text{km}$임을 측정한다. 갈릴레이 속도 더하기에 의하면 지상에 서 있는 사람은 동일한 빛의 속력을 초속 $299,792 + 1 = 299,793$킬로미터로 측정할 것이다. 그러나 그렇지 않다! 실제로는 지상의 관측자도 비행기의 조종사와 같은 측정값을 얻는다. 속도 덧셈 법칙은 적어도 빛에 적용하면 성립하진 않는 것을 알 수 있다. 속도 덧셈 법칙이 서로 다른 관찰자가 동시 사건 사이의 거리, 그리고

2)예를 들면, 유명한 마이켈슨-몰리 실험(1881-1887)이 있다. [11]를 참조하라.

시간 간격에 동의한다는 가정에서 유도되었기 때문에 이 가정은 틀렸다고 말할 수 있다.

5.4 로런츠 변환

이 절에서는 갈릴레이 변환을 모든 관성 관찰자에게 빛의 속도가 동일하다는 사실과 어울리는(충돌하지 않는) 변환으로 대체함으로써 상대론적 물리학의 기이한 세계를 소개한다.

시간의 동시성과 상대성

적당한 거리, 예를 들어 1킬로미터 만큼 떨어진 두 지점 A와 B에 각각 섬광기가 설치되었다고 생각하자. 두 빛의 중간 지점에 검출기를 놓아 두고, A로부터의 빛이 B로부터의 빛과 동일한 시간에 검출기에 도착하는지의 여부를 관측한다. 양쪽의 신호는 동일한 속도로 동일한 거리를 여행하므로 두 신호가 검출기에 도착하는 데 걸리는 시간은 동일하다. 그러므로 A로부터의 신호가 B로부터의 신호보다 먼저 검출기에 도착하면 A가 먼저 반짝인 것이고, A로부터의 신호가 B로부터의 신호보다 뒤에 검출기에 도착하면 B가 먼저 반짝인 것임을 알 수 있다(그림 5.4).

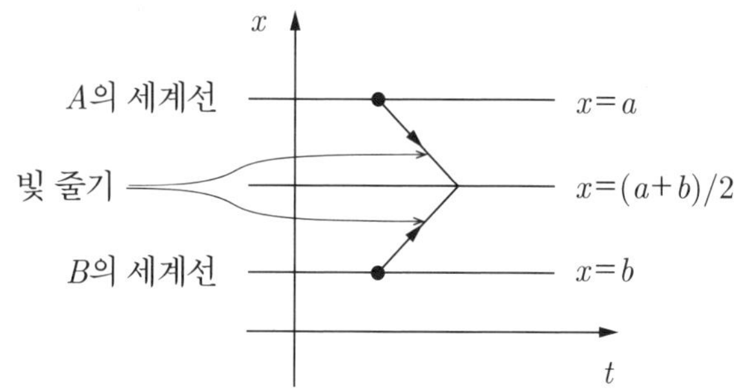

그림 5.4. 동시 사건

정의 5.4.1 (원거리 사건의 동시성) O를 관성 좌표 계 (t, x)에 있는 관찰자라 하자. 두 사건이 O에게 **동시**라는 것은 각 사건에서 출발한 두 빛의 신호가 두 사건의 정확한 중간 지점에 동시에 도착하는 것을 말한다.

이 때, 정확한 중간 지점은 자신의 자를 사용하는 O에 의해 결정된다.

정의에 대한 언급

1) 정의 5.4.1에서의 사건은 실제로 빛의 신호를 방출하지 않을 수도 있다. 그러나 사건들에 시간을 할당하는데 어떤 것이 사용되더라도 빛의 신호를 방출하였을 때의 결과와 같은 결과를 주어야 한다.

2) 동시성의 측정은 관찰자에게 달렸다. 다른 관찰자는 동일한 측정 장치를 가지고 다른 결과를 얻을 수도 있다. 위치는 물론 시간도 다른 관찰자에게는 달라질 수 있다.

(t,x)와 $(\tilde{t},\tilde{x})$를 각각 두 관성 관찰자 O와 $\widetilde{O}$의 관성 좌표 계라 하자. 이때, 두 관찰자는 상대 속도 v로 서로 멀어지고 있다. 상대성 원리와 동시성의 정의, 그리고 빛의 속도가 상수라는 사실에 부합하는 다음과 같은 함수 f와 g를 찾고자 한다.

$$\tilde{t} = f(t,x), \qquad \tilde{x} = g(t,x)$$

f와 g가 갈릴레이 변환과 유사한 형식, 즉 다음과 같이 주어지는 상수 p, q, r, s, x_0, t_0가 존재한다고 가정하자.

$$\begin{aligned} f(t,x) &= pt + qx + t_0 \quad \text{그리고} \\ g(t,x) &= rt + sx + x_0 \end{aligned} \tag{5.4}$$

이러한 가정은 논의 전개를 매우 간편하게 하는 것뿐만 아니라 이와 같이 가정해야만 하는 다른 이유가 있다. 위의 가정은 편 미분 $\partial\tilde{t}/\partial t$, $\partial\tilde{t}/\partial x$, $\partial\tilde{x}/\partial t$, $\partial\tilde{x}/\partial x$이 모두 상수라는 것과 동치이다. 만약 편 미분이 상수가 아니면, 편 미분 계수가 특별한, 즉 $\partial\tilde{t}/\partial t$가 최소가 되는 또는 이와 비슷한 특성을 가진 점 (t,x)를 찾을 수 있다. 그러한 점은 시공간의 특별한 점으로, 이 점을 원점으로 하는 특별한 좌표 계를 설정할 수 있게 된다. 그러나 상대성 원리로부터 특별하게 표시된 점은 존재하지 않고, 또한 우주에는 특별하게 "자연스러운" 좌표 계를 설정할 수 있는 어떠한 자연스런 특징도 없다.[3)]그러므로 그러한 점은 존재할 수가 없다. 따라서 편 미분은 모두 상수여야 한다.

어쨌든 식 (5.4)를 받아들이는데 동의하자. 그러면 다음을 얻는다.

$$\begin{aligned} \tilde{t} &= pt + qx + t_0 \quad \text{그리고} \\ \tilde{x} &= rt + sx + x_0 \end{aligned} \tag{5.5}$$

이제 할 일은 상수 p, q, r, s, x_0, t_0를 찾는 것이다.

계산을 간단하게 하기 위해 O와 $\widetilde{O}$의 생애에 공통된 사건이 존재한다고, 즉 두 관찰자의 세계선이 어떤 사건 E에서 교차한다고 가정하자. 그러면 이 사건에서 두 관찰자는 시계의 시간을 일치시키는데 동의해서 E에 다음과

[3)]특수 상대성 이론은 중력이 없는 따라서 현저히 구분되는 질량체가 없는 이상적인 우주를 가정한다. 반면에 일반 상대성 이론은 시공간을 휘게 하고 균일성을 깨버리는 중력을 허용한다. 따라서 일반 이론에서는 편 미분 $\partial\tilde{x}/\partial x$ 등이 더이상 상수가 아니다.

같은 시간을 대응시켰다고 가정해도 된다.

$$t(E) = \tilde{t}(E) = 0$$

또한 E가 두 관찰자의 세계선에 놓여 있기 때문에, 이 사건에 다음과 같은 위치를 대응시킨다.

$$x(E) = \tilde{x}(E) = 0$$

따라서 O와 $\widetilde{O}$의 좌표 계는 사건 E를 공통된 원점으로 갖는다. E의 좌표 $(0,0) = (t,x) = (\tilde{t},\tilde{x})$를 식 (5.5)에 대입하면 다음을 얻는다.

$$t_0 = x_0 = 0 \tag{5.6}$$

또한, O와 $\widetilde{O}$가 x축의 향에 동의하였다고 가정하자. 그러면 O의 입장에서 빛 줄기가 x축의 양의 방향으로 진행하면, $\widetilde{O}$의 입장에서도 빛 줄기는 $\tilde{x}$축의 양의 방향으로 진행하는 걸로 관측된다.

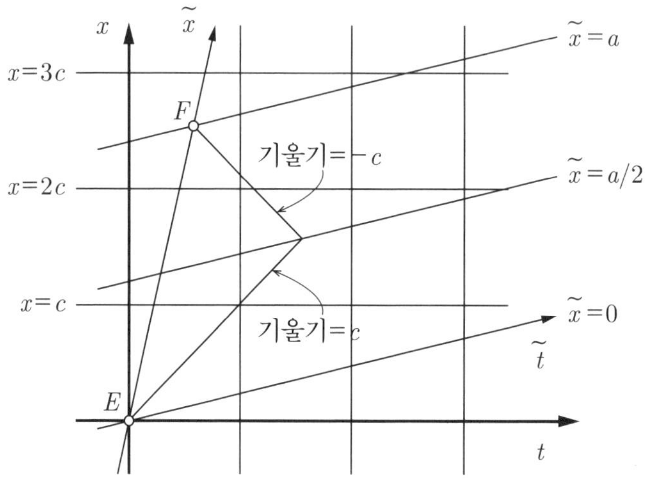

그림 5.5. 동시 사건

그림 5.5는 O의 좌표로 나타낸 시공간을 보여준다. t축은 O의 세계선이고 직선 $x = vt$는 $\widetilde{O}$의 세계선이다. $\widetilde{O}$의 세계선에서는 $\tilde{x} = 0$이므로 다음을 얻는다.

$$x = vt\text{일 때 } \tilde{x} = 0 \tag{5.7}$$

식 (5.6)과 (5.7)을 (5.5)의 둘째 식에 대입하면 다음을 얻는다.

$$0 = rt + svt \tag{5.8}$$

따라서 $r = -sv$이다. 이 식과 식 (5.6)을 거꾸로 식 (5.5)에 대입하면 다음

연립 방정식을 얻는다.

$$\tilde{t} = pt + qx, \qquad \tilde{x} = sx - svt \tag{5.9}$$

다음 단계는 $\tilde{x}$축을 긋는 것이다. ($\tilde{t}$축은 $\widetilde{O}$의 세계선이다.) $\tilde{x}$축에는 $\tilde{t}$의 좌표가 0일 때의 모든 사건이 포함되므로, $\tilde{t}$의 좌표가 0인 다른 사건(원점 E와는 다른)의 위치를 찾아야 한다. $F = (0, a)$를 $\widetilde{O}$의 좌표로 주어진 그러한 사건이라 하자. $\widetilde{O}$의 입장에서 F와 E는 시간 $\tilde{t} = 0$에서 발생한 사건이므로 두 사건은 동시 사건이다. 따라서 E와 F에서 보내진 빛의 신호는 두 사건의 중간 지점에서 만난다. E는 세계선 $\tilde{x} = 0$에 놓여 있고, F는 세계선 $\tilde{x} = a$에 놓여 있으므로 두 사건의 중간 지점은 세계선 $\tilde{x} = a/2$에 놓여 있다. 그러므로 F를 찾기 위해서는 원점에서 출발한 빛 줄기가 $\tilde{x} = a/2$와 만날 때까지 빛 줄기의 궤적을 따라 가야 한다. 그런 다음 거기서부터 빛줄기의 궤적을 되짚어서 직선 $\tilde{x} = a$와 만날 때까지 빛의 궤적을 따라 가야 한다. (그림 5.5를 참조)

이들 직선을 O의 좌표로 다시 쓰면 공식 (5.9)에 의해 다음과 같다.

$$\begin{aligned} &\tilde{x} = 0 \text{ 은} && sx - svt = 0 \text{ 이 되고,} \\ &\tilde{x} = a/2 \text{ 는} && sx - svt = a/2 \text{ 가 되고,} \\ &\tilde{x} = a \text{ 는} && sx - svt = a \text{ 가 된다.} \end{aligned} \tag{5.10}$$

다음과 같이 빛의 속도를 나타내자.

$$c = \text{빛의 속도} \approx 300,000 \ \ \text{km}/s$$

원점으로부터 $\tilde{x} = a/2$까지 진행하는 빛의 신호는 직선 $x = ct$를 따르고, 다음과 같이 주어지는 사건[4]에서 중간 지점 $\tilde{x} = a/2$를 만난다.

$$(t, x) = \left(\frac{a}{2s(c-v)}, \ \frac{ac}{2s(c-v)}\right)$$

(이를 확인하기 위해서는, 식 $x = ct$와 (5.10)의 두 번째 식을 연립하여 풀어보아라.)

이 사건을 지나 반대 방행으로 진행하는 빛 줄기는 기울기 $-c$인 직선을 따른다. 이 때, 이 직선의 방정식은 다음과 같다.

$$x - \frac{ac}{2s(c-v)} = -c\left(t - \frac{a}{2s(c-v)}\right)$$

그리고 이 직선은 (5.10)의 세 번째 식에 의해 직선 $\tilde{x} = a$와 다음과 같이

---

[4]여기서, 그리고 이 절의 나머지 부분에서, a는 양수로 가정한다.

주어지는 사건에서 만난다.

$$(t, x) = \left(\frac{av}{2s(c^2 - v^2)}, \ \frac{ac^2}{2s(c^2 - v^2)} \right)$$

이 사건이 사건 F이다. F와 원점을 연결한 직선이 $\tilde{x}$축이므로 $\tilde{x}$축의 방정식은 다음과 같다.

$$\tilde{x}\text{-축}: \ x = \frac{c^2}{v} t \tag{5.11}$$

식 (5.5)에 있는 상수의 계산으로 돌아가면 공식 (5.9)와 (5.11)에 의해 다음을 얻는다.

$$\tilde{t} = 0 \quad \Longleftrightarrow \quad x = -\frac{pt}{q} \quad \Longleftrightarrow \quad x = \frac{c^2 t}{v}$$

따라서 $-p/q = c^2/v$이므로 $q = -pv/c^2$이다. 그리고 식 (5.9)는 다음과 같다.

$$\tilde{t} = pt - \frac{pv}{c^2} x, \qquad \tilde{x} = sx - svt \tag{5.12}$$

빛의 속력은 두 관찰자에게 동일하게 c이므로[5)] 다음을 얻는다.

$$\tilde{x} = c\tilde{t} \ \Longleftrightarrow \ x = ct \tag{5.13}$$

식 (5.12)를 대입하면, 공식 (5.13)은 다음과 같다.

$$sx - svt = cpt - \frac{cpv}{c^2} x \ \Longleftrightarrow \ x = ct \tag{5.14}$$

왼쪽의 등식을 x에 관해 풀면 다음을 얻는다.

$$x = \frac{cp + sv}{s + \frac{pv}{c}} t$$

이제 (5.14)의 왼쪽과 오른쪽 식을 비교하면 다음을 얻는다.

$$\frac{cp + sv}{s + \frac{pv}{c}} = c$$

양변에 $s + pv/c$를 곱하고 정리하면 다음과 같다.

$$p(c - v) = s(c - v)$$

어떠한 관찰자도 빛의 속도로 움직일 수 없으므로 $v \neq c$이다. 따라서 다음이 성립한다.

$$p = s$$

이로부터 (5.12)는 다음과 같다.

$$\tilde{t} = pt - \frac{pv}{c^2}x, \qquad \tilde{x} = px - pvt \tag{5.15}$$

p를 계산하는 것만 남았다.

각 관찰자가 단위 길이(30 cm)의 자를 들고 있고 한 관찰자가 지나갈 때 다른 관찰자가 자의 길이를 측정하는 실험을 생각해 보자. 두 관찰자 모두 속도 v로 움직이는 일 단위 길이의 자에 대해 그 길이를 측정하는 동일한 실험을 한다. 그러면 상대성 원리에 의해 두 관찰자의 측정값은 일치한다.

움직이는 자의 길이를 측정하기 위해 각 관찰자는 특정한 시각에 자의 양 끝점의 위치를 기록하고, 양 끝점의 위치 사이의 차를 구한다. 자가 움직이므로 어떤 특정한 시각에 양 끝점의 위치를 기록하는게 중요하다. 만약에 동일하지 않은 시각에 양 끝점의 위치를 기록한다면 위치 사이의 차는 자의 길이에 추가하여 시간 차에 해당하는 잠시 동안 자가 움직인 거리를 포함하게 된다.

시간 $t = 0$에서 O가 $\widetilde{O}$의 자의 길이를 측정한다고 가정하자. $\widetilde{O}$의 자는 양 끝점이 $\tilde{x} = 0$과 $\tilde{x} = 1$에 놓여 있다. O의 좌표에서 이 두 식은 다음과 같다(식 (5.15)에 의해).

$$px - pvt = 0, \quad px - pvt = 1$$

$t = 0$을 대입하면 $\widetilde{O}$의 자의 양 끝 점이 $t = 0$일 때 다음에 위치해 있음을 알 수 있다.

$$x = 0, \qquad x = \frac{1}{p}$$

따라서 O의 관점에서 다음을 얻는다.

$$\widetilde{O}\text{의 자의 길이는 } \frac{1}{p}\text{이다.} \tag{5.16}$$

다음으로 $\tilde{t} = 0$일 때 $\widetilde{O}$에 의해 측정된 O의 자의 길이를 계산하자. O의 자의 양 끝점은 $x = 0$과 $x = 1$에 놓여 있다. 먼저, $\tilde{t} = 0$을 (5.15)의 첫 번째 식에 대입하면 $0 = pt - (pv/c^2)x$를 얻고, 이로부터 다음이 성립한다.

$$t = \frac{v}{c^2}x$$

이 결과를 다시 (5.15)의 두 번째 식에 대입하면 다음을 얻는다.

$$\tilde{x} = p\left(1 - \frac{v^2}{c^2}\right)x$$

---

[5]그리고 두 관찰자의 x축의 향에 대해 동의하였다고 가정하였기 때문에, 만약에 x축의 향이 반대이면 $\tilde{x} = -c\tilde{t}$이다.

이로부터 $x=0$일 때 $\tilde{x}=0$이고, $x=1$일 때 $\tilde{x}=p(1-v^2/c^2)$이므로 다음을 얻는다.

$$O\text{의 자의 길이는 } p\Big(1-\frac{v^2}{c^2}\Big)\text{이다.} \tag{5.17}$$

두 관찰자가 동일한 실험을 수행하였으므로 상대성 원리로부터 둘의 결과 (식 (5.16)과 (5.17))는 일치하여야 한다. 따라서 다음을 얻는다.

$$\frac{1}{p}=p\Big(1-\frac{v^2}{c^2}\Big)$$

이로부터 다음이 성립한다.

$$p=\frac{1}{\sqrt{1-\frac{v^2}{c^2}}} \tag{5.18}$$

식 (5.18)을 (5.15)에 대입하면 다음 정리를 얻는다.

정리 5.4.1 (로런츠 변환)[6] 두 관성 관찰자 O와 $\widetilde{O}$가 상대 속도 v로 움직이고 있다. (t,x)와 $(\tilde{t},\tilde{x})$를 각각 두 관찰자의 관성 좌표 계라 하자. 그러면 다음을 만족하는 상수 t_0, x_0와 $\beta=\pm1$이 존재한다.

$$\tilde{t}=\frac{t-\frac{v}{c^2}x}{\sqrt{1-\frac{v^2}{c^2}}}+t_0, \qquad \tilde{x}=\beta\frac{x-vt}{\sqrt{1-\frac{v^2}{c^2}}}+x_0$$

정리 5.4.1에서 상수 t_0와 x_0는 O와 $\widetilde{O}$가 동일한 원점을 갖지 않을 가능성에 대비한 것이다. 그리고 β는 두 관찰자의 x축의 향이 다를 수 있음에 대비한 것이다. 그림 5.6에서는 로런츠 변환으로 연결된 O와 $\widetilde{O}$의 좌표를 비교하여 볼 수 있다.

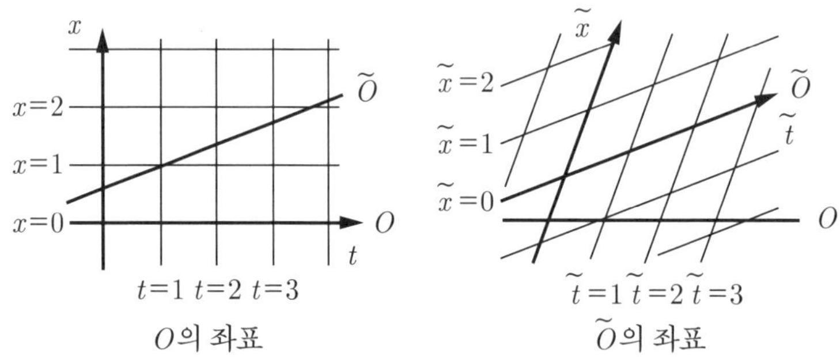

그림 5.6. 로런츠 변환

[6]발견자인 독일의 물리학자 헨드릭 안톤 로런츠(1853-1928)의 이름을 따서 명명하였다.

5.5 상대적인 속도 더하기

정의 5.5.1 (민코프스키 시공간)[7]**민코프스키 시공간**은 임의의 두 관성 관찰자의 좌표가 로런츠 변환에 의해 연결되는 시공간이다. **민코프스키 관찰자**란 민코프스키 시공간에서의 관성 관찰자를 말한다.

정리 5.5.1 (민코프스키 시공간에서 속도 더하기) A, B, C를 민코프스키 시공간에 있는 물체라 하자. B가 A에 대해 상대 속도 v로 움직이고, C가 B에 대해 상대 속도 w로 움직이면 A에 대한 C의 상대 속도는 다음과 같다.

$$\frac{v+w}{1+\frac{vw}{c^2}}$$

증명. 이들 물체는 극히 짧은 시간에 일정한 속도에 다다른다고 가정해도 된다. 그러므로 이들을 민코프스키 관찰자로 여겨도 된다. 이 때, (t, x)와 $(\tilde{t}, \tilde{x})$를 각각 A와 B의 관성 좌표라 하자.

C가 B와의 상대 속도 w로 움직이고 있으므로, C의 세계선은 B의 좌표로 주어지는 다음 식을 만족한다.

$$\tilde{x} = w\tilde{t} + \tilde{x}_0$$

여기서 $\tilde{x}_0$는 상수이다. 이 식에 로런츠 변환을 적용하면 다음과 같다.

$$\frac{x - vt}{\sqrt{1-\frac{v^2}{c^2}}} + x_0 = w\left(\frac{t - \frac{v}{c^2}x}{\sqrt{1-\frac{v^2}{c^2}}} + t_0\right) + \tilde{x}_0$$

정리하면 다음과 같이 A의 좌표에서의 C의 세계선의 방정식을 얻는다.

$$x = \left(\frac{v+w}{1+\frac{vw}{c^2}}\right)t + (\text{상수})$$ □

문제 5.5.1 a) 기차가 90 km / h로 움직이고 있다. 기차에 있는 한 어린이가 기차에 대한 상대 속도 20 km / h로 앞으로 뛰어 가고 있다. 이 때 이 어린이의 지상에 대한 상대 속도는 얼마인가?

b) a)에서 기차의 속력이 빛의 속력의 50%이고 어린이는 기차에 대해 상대적으로 빛의 속력의 90%로 앞으로 뛰어 가고 있을 때 이 어린이의 지상에 대한 상대 속도는 얼마인가?

---

[7]헤르만 민코프스키(1864-1909)는 독일의 수학자로 아인슈타인의 특수 상대성 이론을 기하적인 언어로 재구성하였다.

문제 5.5.2 (빛의 장벽) a) A, B, C, v, w를 정리 5.5.1에서와 같다고 하자. $-c < v, w < c$이면 C와 A의 상대 속도는 빛의 속력보다 작음을 보여라.

b) 민코프스키 시공간에서 초기에 빛의 속력보다 작은 속력으로 움직이는 물체가 연속적으로 가속하여 유한 시간 안에 빛의 속력보다 커지거나 같아지는 것은 불가능함을 보여라. (도움말: $\widetilde{O}$의 가속이, 자신의 측정 하에서, 연속적이면, 자신의 시간으로 임의의 유한 구간 $\tilde{t}_0 \le \tilde{t} \le \tilde{t}_1$에서 속력은 유계되어 있다. 그러므로 충분히 작은 시간의 간격 $\Delta\tilde{t}$에서 $\widetilde{O}$의 속도의 변화 $\Delta\tilde{v}$는, 자신의 측정하에서 빛의 속력보다 작다. 이제 $w = \Delta\tilde{v}$로 놓고 a)를 적용하여라.)

5.6 로런츠-피츠제럴드 수축[8)]

움직이는 시계는 느리다.

특수 상대성 이론에 의해 예견된 특이한 현상 중의 하나는 상대적으로 움직이고 있는 두 관찰자는 자신의 시계보다 다른 관찰자의 시계가 더 느리게 움직인다고 인지한다는 것이다.

보기 5.6.1 (쌍둥이 역설) 스물한 살 생일에 예진이는 쌍둥이인 오빠 영웅이를 남겨두고 $(24/25)c$의 무시무시한 속도로 날아가는 우주선에 승선하였다. 7년을 여행한 후에 방향을 바꿔 같은 속력으로 집으로 돌아왔다. 쌍둥이 오빠를 다시 만났을 때 예진이의 나이는 $21 + 2 \times 7 = 35$세였다. 이 때 영웅이의 나이는 얼마인가?

풀이. [그림 5.7을 참조] 예진이의 여행의 첫 번째 구간에서 영웅이와 예진이를 관성 관찰자로 가정하자. (t, x)를 영웅이의 좌표 계, $(\tilde{t}, \tilde{x})$를 예진이의 좌표 계라 하자. 로런츠 변환에서 $0 = t_0 = x_0$로 하기 위해 예진이가 출발하는 사건을 $(0,0) = (t,x) = (\tilde{t}, \tilde{x})$라 하자.

예진이의 여행의 첫 번째 구간은 $(\tilde{t}, \tilde{x}) = (7, 0)$에서 끝난다. 로런츠 변환에 $(\tilde{t}, \tilde{x}) = (7, 0)$와 $v = (24/25)c$를 대입하면 다음과 같다.

$$7 = \frac{t - \frac{24x}{25c}}{\sqrt{1 - \left(\frac{24}{25}\right)^2}}, \qquad 0 = \frac{x - \frac{24}{25}ct}{\sqrt{1 - \left(\frac{24}{25}\right)^2}}$$

이로부터 예진이의 여행의 첫 번째 구간이 끝났을 때 다음이 성립함을 알 수 있다.

$$(t, x) = (25, \ \ 24c)$$

---

8) 조지 피츠제럴드(1851-1901)는 아이리시 물리학자로 물체가 그 진행 방향으로 수축한다는 것을 처음으로 발표하였다.

따라서 예진이의 여행의 첫 번째 구간은 (영웅이의 시간으로) 25년이 걸린다. 두 번째 구간에서도 동일한 시간이 걸리므로 예진이가 돌아왔을 때 영웅이의 나이는 $21 + 2 \times 25 = 71$세이다. □

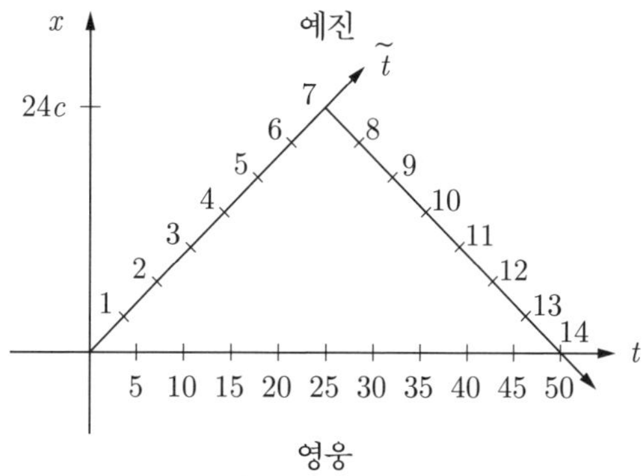

그림 5.7. 쌍둥이 역설

쌍둥이의 나이가 서로 다르다는 것이 이상해 보여도 "쌍둥이 역설"에는 아무런 모순이 없다. 여러 실험을 통하여 실제로 이러한 방식으로 세상이 움직인다는 것을 알게 되었다. 한편, 예진이의 입장에서는 영웅이가 여행하는 것으로 관찰되므로 동일한 논리에 의해 영웅이보다 예진이가 더 나이가 많은 것을 증명할 수 있지 않을까? 답은 영웅이와 예진이의 관계는 대칭이 아니므로 예진이의 나이가 더 많을 수는 없다는 것이다. 즉 예진이는 출발할 때와 방향을 바꿀 때 무시무시한 가속력을 경험하게 되는데, 영웅이에게는 그런 게 없다.

문제 5.6.1 예진이가 방향을 바꾸어서 집으로 출발하는 데 걸리는 시간이 무시할 정도로 작다고 가정하자.

a) 예진이가 방향을 바꾸기 바로 전에, 영웅이의 시간으로 예진이의 나이는 얼마인가? 그리고 그 순간에 예진이의 시간으로 영웅이의 나이는 얼마인가?

b) 예진이가 방향을 바꾼 바로 뒤에, 영웅이의 시간으로 예진이의 나이는 얼마인가? 그리고 그 순간에 예진이의 시간으로 영웅이의 나이는 얼마인가?

c) 예진이가 되돌아 오는 동안 예진이의 시간으로 영웅이의 나이는 얼마나 늘어나는가? 그리고 그 때 영웅이의 시간으로 예진이의 나이는 얼마나 늘어나는가?

움직이는 자는 짧다.

특수 상대성 이론에 의해 예측된 또 다른 현상은 운동 방향으로 공간의 축소이다. 식 (5.18)을 이끌어 낸 논의로부터 길이 L인 자가 관찰자에 대해 상대 속도 v로 움직이고 있을 때, 관찰자가 측정한 자의 길이는 다음과 같음을 알 수 있다.[9)]

$$L\sqrt{1-\frac{v^2}{c^2}}$$

보기 5.6.2 (아인슈타인의 열차) 기차에 타고 있는 관찰자에 따르면 길이가 200 m인 기차가 정거장에 있는 관찰자에 의하면 길이가 100 m인 정거장을 지나간다. 기차의 속력은 $(\sqrt{3}/2)c$이다. 정거장에 있는 사람에게 기차의 길이는 다음과 같다.

$$(200\,\mathrm{m})\sqrt{1-\left(\frac{\sqrt{3}}{2}\right)^2}=100\,\mathrm{m}$$

그러므로 기차와 정거장의 길이가 같아져서 기차는 빈틈 없이 정거장에 딱 들어맞는다. 그러나 기차에 있는 사람에게 정거장의 길이는 다음과 같다.

$$(100\,\mathrm{m})\sqrt{1-\left(\frac{\sqrt{3}}{2}\right)^2}=50\,\mathrm{m}$$

즉 정거장의 길이는 기차의 길이의 1/4이고 따라서 정거장은 기차가 머물기에는 길이가 너무 짧다.

5.7 민코프스키 기하학

내적

$\mathbb{R}^n$의 두 벡터 $\overrightarrow{x}=(x_1,\ldots,x_n)$과 $\overrightarrow{y}=(y_1,\ldots,y_n)$에 대해 다음과 같이 주어진 $\overrightarrow{x}\cdot\overrightarrow{y}$를 두 벡터의 **내적**이라 한다.

$$\overrightarrow{x}\cdot\overrightarrow{y}=x_1y_1+x_2y_2+\cdots+x_ny_n$$

내적을 이용하여 다음과 같이 길이와 각을 계산할 수 있다.

$$|\overrightarrow{x}|=\sqrt{\overrightarrow{x}\cdot\overrightarrow{x}},\qquad \angle(\overrightarrow{x},\overrightarrow{y})=\arccos\left(\frac{\overrightarrow{x}\cdot\overrightarrow{y}}{|\overrightarrow{x}||\overrightarrow{y}|}\right)\tag{5.19}$$

---

9) 이러한 수축은 운동 방향으로만 일어난다. 운동 방향에 수직인 길이는 원래대로 측정된다.

그리고 내적은 유클리드 등거리 변환에 의해 보존된다. 또한 함수 $f:\mathbb{R}^n \to \mathbb{R}^n$이 유클리드 등거리 변환일 필요 충분 조건은 임의의 네 점 $A, B, C, D \in \mathbb{R}^n$에 대해 다음이 성립하는 것임을 어렵지 않게 증명할 수 있다.(증명은 독자에게 남긴다.)

$$\overrightarrow{f(A)f(B)} \cdot \overrightarrow{f(C)f(D)} = \overrightarrow{AB} \cdot \overrightarrow{CD}$$

내적은 $\mathbb{R}^n$에서의 유클리드 기하학의 근간으로 유클리드 기하학은 내적의 기하학이라고 말하곤 한다.

민코프스키 내적

민코프스키 기하학은 민코프스키 내적의 기하학이다.

정의 5.7.1 $\mathbb{R}^{n+1}$의 두 벡터 $\overrightarrow{x} = (s, x_1, \ldots, x_n)$과 $\overrightarrow{y} = (t, y_1, \ldots, y_n)$에 대해 **민코프스키 내적** $\overrightarrow{x} * \overrightarrow{y}$는 다음과 같이 정의된다.

$$\overrightarrow{x} * \overrightarrow{y} = -c^2 st + x_1 y_1 + x_2 y_2 + \cdots + x_n y_n$$

여기서 c는 빛의 속력을 나타내는 상수이다.

$(n+1)$차원 **민코프스키 공간** $\mathbb{M}^{n+1}$이란 민코프스키 내적이 주어진 $\mathbb{R}^{n+1}$을 말한다. 이 경우 물리적으로는 t와 $x_1, \ldots, x_n$은 관성 좌표로 여겨진다. 이제부터는 $\mathbb{M}^2$에 집중하자.

정의 5.7.2 (일반화된 로런츠 변환) $\mathbb{M}^2$에서 **일반화된 로런츠 변환**[10]은 다음과 같은 형식의 함수이다.

$$f(t,x) = \left(\alpha \frac{t - \frac{v}{c^2}x}{\sqrt{1-\frac{v^2}{c^2}}} + t_0, \quad \beta \frac{x - vt}{\sqrt{1-\frac{v^2}{c^2}}} + x_0\right)$$

여기서 $\alpha, \beta = \pm 1$, t_0, x_0, v는 상수이고, v는 다음을 만족한다.

$$-c < v < c$$

정리 5.7.1 (일반화된 로런츠 변환은 민코프스키 등거리 변환[11]이다.) A, B, C, D가 $\mathbb{M}^2$의 임의의 사건이고 f가 일반화된 로런츠 변환이면 다음이 성립한다.

$$\overrightarrow{f(A)f(B)} * \overrightarrow{f(C)f(D)} = \overrightarrow{AB} * \overrightarrow{CD}$$

---

10) 일반화의 목적은 시간의 방향을 바꾸는 함수 $f(t,x) = (-t, x)$를 포함시키려는 것이다.

11) 길이, 즉 거리는 내적을 통하여 정의된다. 그러므로 내적을 보존하면 대응되는 거리를 보존한다. 민코프스키 공간에서도 정의 5.7.6에서 내적을 사용하여 길이를 정의한다.

증명. 다음과 같이 좌표를 정하자.

$$\overrightarrow{AB} = (t, x), \qquad \overrightarrow{CD} = (t', x')$$
$$\overrightarrow{f(A)f(B)} = (\tilde{t}, \tilde{x}), \qquad \overrightarrow{f(C)f(D)} = (\tilde{t}', \tilde{x}')$$

$A = (t_1, x_1)$이고 $B = (t_2, x_2)$라 하면 $\overrightarrow{AB} = B - A$이므로 다음이 성립한다.

$$(t, x) = (t_2 - t_1, x_2 - x_1)$$

f가 일반화된 로런츠 변환이므로 적당한 상수 $\alpha, \beta = \pm 1$과 v에 대해 다음이 성립한다.

$$\overrightarrow{f(A)f(B)} = f(B) - f(A) = \left(\alpha \frac{t - \frac{v}{c^2}x}{\sqrt{1 - \frac{v^2}{c^2}}}, \quad \beta \frac{x - vt}{\sqrt{1 - \frac{v^2}{c^2}}}\right) \tag{5.20}$$

(정의 5.7.2에서의 상수 t_0와 x_0는 $f(B)$에서 $f(A)$를 뺄 때 상쇄된다.) 마찬가지로 다음이 성립한다.

$$\overrightarrow{f(C)f(D)} = \left(\alpha \frac{t' - \frac{v}{c^2}x'}{\sqrt{1 - \frac{v^2}{c^2}}}, \quad \beta \frac{x' - vt'}{\sqrt{1 - \frac{v^2}{c^2}}}\right) \tag{5.21}$$

식 (5.20)과 (5.21)을 대입하고 민코프스키 내적을 계산하면 다음을 얻는다.

$$-c^2\tilde{t}\tilde{t}' + \tilde{x}\tilde{x}' = -c^2tt' + xx' \tag{5.22}$$

이것으로 증명을 마친다. □

(정리 5.7.1의 역도 참인 명제이다. 즉 f가 민코프스키 내적을 보존하면 f는 일반화된 로런츠 변환이다. 이 명제를 사용하진 않을 것인데 관심있는 독자는 스스로 증명해 보길 권한다.)

따름정리 5.7.1 민코프스키 내적은 임의의 관성 좌표 계에서 동일한 형식으로 표현된다.

증명. 식 (5.22)로부터 참임을 알 수 있다. □

유클리드 기하학에서는 영 아닌 벡터가 한 가지 형태뿐이나 민코프스키 기하학에서는 다음 정의에서와 같이 세 가지 형태가 있다.

정의 5.7.3 영 아닌 벡터 $\vec{A} \in \mathbb{M}^2$는 다음 세 가지 형태로 분류된다.

i) $\vec{A} * \vec{A} > 0$이면 **공간류**,

ii) $\vec{A} * \vec{A} = 0$이면 **빛류**,

iii) $\vec{A} * \vec{A} < 0$이면 **시간류**

모든 시간류 벡터에는 미래를 지향하는지 과거를 지향하는지를 구분하는 **시간 향**이 존재한다.

정의 5.7.4 (시간 향) 시간류 벡터 (t, x)는 다음과 같이 분류된다.

i) $t > 0$일 때 **미래 지향**,

ii) $t < 0$일 때 **과거 지향**

예를 들어 벡터 $(0,1)$은 공간류, $(1,c)$는 빛류, $(1,0)$는 시간류로서 미래 지향이다. 좀 더 일반적으로, 어떤 관찰자의 시간 축에 평행한 벡터는 시간류, 어떤 관찰자의 공간 축에 평행한 벡터는 공간류, 빛 줄기의 세계선에 평행한 벡터는 빛류이다(그림 5.8).

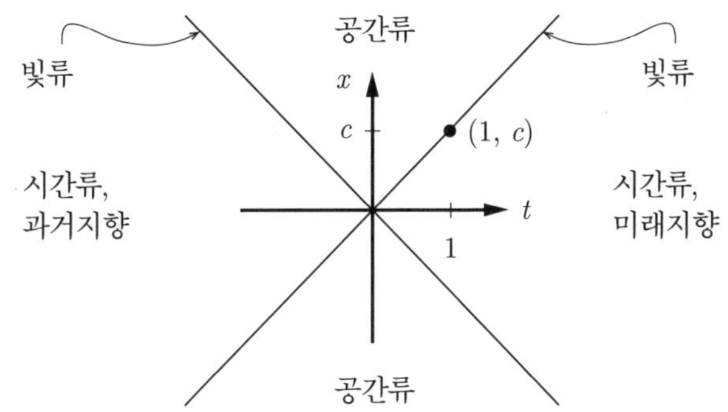

그림 5.8. 민코프스키 벡터의 분류

정의 5.7.5 민코프스키 공간에서 **물질 입자의 세계선**은 속도 벡터가 모두 시간류이고, 미래 지향인 매개화된 곡선이다.

물질 입자의 속력 $|x/t|$가 $|c|$보다 작기 때문에 물질 입자의 속도 벡터 $\overrightarrow{v} = (t, x)$는 시간류이다.

문제 5.7.1 $\overrightarrow{A_1}, \overrightarrow{A_2}, \ldots, \overrightarrow{A_n}$이 시간류 미래 지향 벡터이면 $\overrightarrow{A_1} + \overrightarrow{A_2} + \cdots + \overrightarrow{A_n}$도 시간류 미래 지향 벡터임을 보여라.

문제 5.7.2 a) $\overrightarrow{A}$가 시간류 미래 지향 벡터이면 임의의 관성 좌표 계에서의 A의 t좌표는 양수임을 증명하여라. (**도움말**: 따름정리 5.7.1을 이용하여라.) 과거 지향 벡터에 대해 유사한 명제를 만들고 이를 증명하여라.

$\overrightarrow{ee'}$이 시간류 미래 지향 벡터일 때 임의의 관찰자에게 사건 e'이 일어나기 전에 사건 e가 일어남을 추론하여라.

b) $\overrightarrow{ee'}$이 공간류이면 어떤 관찰자에게는 e가 일어나기 전에 e'가 일어나고, 어떤 관찰자에게는 두 사건이 동시에 일어나고, 또 다른 어떤 관찰자에게는 e'이 일어나기 전에 사건 e가 일어남을 보여라.

문제 5.7.3 두 시간류 벡터 $\overrightarrow{A}$와 $\overrightarrow{B}$가 모두 미래 지향이거나, 또는 모두 과거 지향일 때 두 벡터의 **시간 향**이 동일하다고 한다. $\overrightarrow{A}$와 $\overrightarrow{B}$가 시간류 벡터라 하자. 이 때 $\overrightarrow{A}$와 $\overrightarrow{B}$의 시간 향이 동일한 것은 두 벡터가 시간류이고 $\overrightarrow{A} * \overrightarrow{B} < 0$인 것과 동치임을 보여라.

길이

정의 5.7.6 (길이) 민코프스키 공간에서 벡터 $\overrightarrow{A}$의 **길이** $|\overrightarrow{A}|$는 다음과 같이 정의된다.

$$|\overrightarrow{A}| = \sqrt{|\overrightarrow{A} * \overrightarrow{A}|}$$

(이것은 특이한 종류의 "길이"라 할 수 있는데 그 이유는 빛류 벡터가 영벡터가 아니어도 그 길이는 영이기 때문이다.)

공간류 벡터의 길이는 거리를, 시간류 벡터의 길이는 **시간**을 나타낸다.

정리 5.7.2 e와 e'을 $\mathbb{M}^2$의 두 사건이라 하자.

(1) $\overrightarrow{ee'}$가 어떤 관찰자의 시간 축에 평행하면 $(1/c)|\overrightarrow{ee'}|$는 그 관찰자가 관측한 두 사건 사이의 시간이다.

(2) $\overrightarrow{ee'}$가 어떤 관찰자의 공간 축에 평행하면 $|\overrightarrow{ee'}|$는 그 관찰자가 관측한 두 사건 사이의 거리이다.

증명. $\overrightarrow{ee'}$가 어떤 관찰자의 시간 축에 평행하면 적당한 $\tilde{t}$에 대해 $\overrightarrow{ee'} = (\tilde{t}, 0)$이고 길이는 $\sqrt{|-c^2\tilde{t}^2 + 0^2|} = c|\tilde{t}|$이다. $\overrightarrow{ee'}$가 어떤 관찰자의 공간 축에 평행하면 적당한 $\tilde{x}$에 대해 $\overrightarrow{ee'} = (0, \tilde{x})$이고 길이는 $\sqrt{|-c^2 0^2 + \tilde{x}^2|} = |\tilde{x}|$이다. □

정의 5.7.7 두 벡터 $\overrightarrow{A}, \overrightarrow{B} \in \mathbb{M}^2$에 대해 $\overrightarrow{A} * \overrightarrow{B} = 0$일 때 $\overrightarrow{A}$는 $\overrightarrow{B}$와 **수직**이다라고 한다(그림 5.9).

문제 5.7.4 (민코프스키 "피타고라스 정리") $\overrightarrow{A}, \overrightarrow{B}, \overrightarrow{C}$를 민코프스키 시공간에서의 삼각형의 변이라 하자. $\overrightarrow{A}$는 시간류, $\overrightarrow{B}$는 공간류이고 $\overrightarrow{A}$가 $\overrightarrow{B}$에

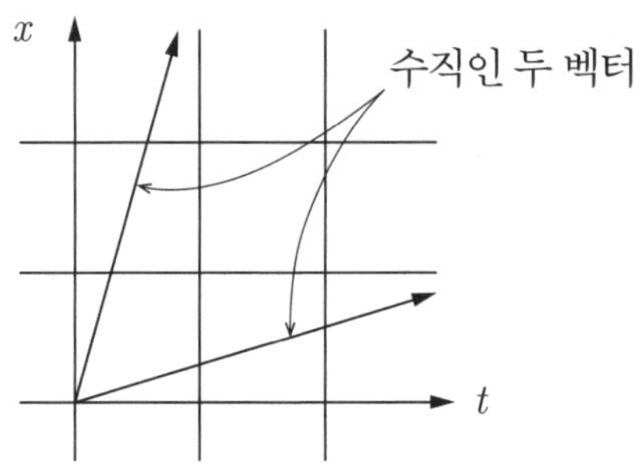

그림 5.9. 민코프스키-수직

수직이라고 가정하자. 이 때 다음이 성립함을 보여라(그림 5.10을 참조).

$$-|\overrightarrow{A}|^2 + |\overrightarrow{B}|^2 = |\overrightarrow{C}|^2$$

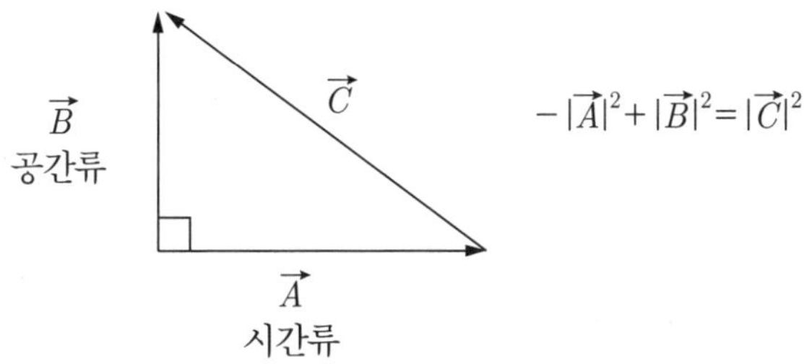

그림 5.10. 민코프스키의 피타고라스 정리

문제 5.7.5 (민코프스키 "삼각 부등식") $\overrightarrow{A}, \overrightarrow{B}$를 미래 지향 시간류 벡터라 하자. 이 때 다음 부등식이 성립함을 증명하여라.

$$|\overrightarrow{A} + \overrightarrow{B}| \geq |\overrightarrow{A}| + |\overrightarrow{B}|$$

여기서 등호가 성립하는 것은 $\overrightarrow{A}$와 $\overrightarrow{B}$가 평행인 것과 동치이다. 두 벡터가 유클리드 공간의 벡터인 경우와 무엇이 다른가? 삼각 부등식은 쌍둥이의 역설(보기 5.6.1)과 어떤 관련이 있는가? (**도움말**: 그림 5.11을 참조하여라. $(a, b) = \overrightarrow{A} + \overrightarrow{B}$를 O의 좌표라 하자. 문제 5.7.1에 의해 $-c < b/a < c$이므로 O와 상대 속도 $v = b/a$로 움직이는 관찰자 $\widetilde{O}$가 존재한다. $\overrightarrow{A} + \overrightarrow{B}$가 $\widetilde{O}$의 시간 축에 평행한지를 확인하여라. 벡터들을 $\widetilde{O}$의 좌표로 나타내면 문제는 쉬워진다.)

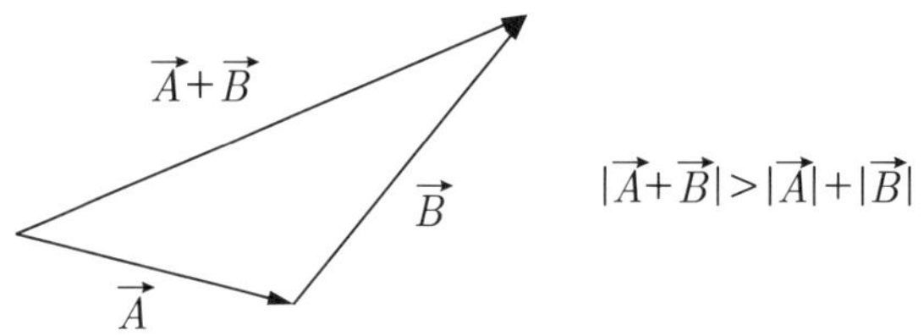

그림 5.11. 민코프스키의 삼각 부등식

5.8 가장 느린 경로는 직선이다

세계선의 길이

$\alpha(s) = (t(s), x(s))$, $a \leq s \leq b$를 한 관찰자(관성 관찰자일 필요는 없는)의 세계선에 대한 매개화라 하자. s가 무한히 작은 구간 Δs 만큼 변할 때, 사건 $\alpha(s)$의 변화량은 다음과 같이 미분값과 Δs의 곱에 의해 치환된다.

$$\Delta\alpha(s) \approx \alpha'(s)\Delta s$$

충분히 작은 구간에서 관찰자의 속도는 무시할 정도의 양만큼 변하므로 관찰자를 관성 관찰자로 여길 수 있다. 그러므로 정리 5.7.2 a)에 의해 s가 구간 Δs 만큼 변할 때 관찰자의 시계에서 경과한 시간의 양은 다음과 같다.

$$\Delta t \approx \frac{1}{c}|\Delta\alpha| \approx \frac{1}{c}|\alpha'(s)|\Delta s$$

위의 식에서 극한 $\Delta s \to 0$을 취하면 등호가 성립한다. 이로부터 $s = a$일 때의 사건 $\alpha(a)$와 $s = b$일 때의 사건 $\alpha(b)$ 사이에 관찰자의 시계에 의해 측정된 전체 시간은 다음과 같음을 알 수 있다.

$$T = \frac{1}{c}\int_a^b |\alpha'(s)|ds = \frac{1}{c}(\text{세계선의 길이}) \tag{5.23}$$

시간 극대화

민코프스키 공간에서 관성 관찰자의 세계선은 직선이다. 유클리드 기하학에서 직선은 길이를 최소화하는데 반해, 민코프스기 기하학에서 시간류 방향의 직선은 **시간을 극대화**한다.

정리 5.8.1 (일반화된 쌍둥이의 역설) 한 사건으로부터 다른 사건까지 도달하려 할 때 관성 관찰자는 다른 관찰자보다 더 많은 시간을 필요로 한다.

증명. 두 관찰자 O와 $\widetilde{O}$의 세계선이 사건 e와 e'을 지난다고 가정하자. O는 관성 관찰자이고 $\widetilde{O}$는 그렇지 않다고 가정하자.

O의 좌표에서 다음과 같이 정하자.

$$e = (t_0, 0), \quad e' = (t_1, 0)$$

여기서 $t_0 < t_1$이라 하자. 그리고 $\widetilde{O}$의 좌표에서 다음과 같이 정하자.

$$e = (\tilde{t}_0, 0), \quad e' = (\tilde{t}_1, 0)$$

이 때, 다음이 성립함을 증명하여야 한다.

$$|t_1 - t_0| > |\tilde{t}_1 - \tilde{t}_0|$$

$|\tilde{t}_1 - \tilde{t}_0|$를 계산하기 위해, $\alpha(s) = (t(s), x(s))$, $a \le s \le b$를 e와 e'사이에서 O의 좌표에 의해 표현된 $\widetilde{O}$의 세계선의 매개화라 하자. 그러면 다음을 얻는다.

$$t(a) = t_0, \quad t(b) = t_1$$

그리고, 물질 입자의 세계선의 속도 벡터 $(t'(s), x'(s))$가 미래 지향 벡터(정의 5.7.5)이므로 다음을 얻는다.

$$\text{모든 } s\text{에 대해} \quad t'(s) > 0$$

한편, 길이 공식(식 (5.23))에 의해 다음이 성립한다.

$$\begin{aligned} |\tilde{t}_1 - \tilde{t}_0| &= \frac{1}{c}\int_a^b |\alpha'(s)|ds \\ &= \frac{1}{c}\int_a^b |(t'(s), x'(s))|ds \end{aligned}$$

$\widetilde{O}$가 빛 보다 빠르게 움직일 수 없으므로 다음이 성립한다.

$$-c < \frac{dx}{dt} = \frac{dx/ds}{dt/ds} < c$$

이로부터 다음을 얻는다.

$$c^2\left(\frac{dt}{ds}\right)^2 > \left(\frac{dx}{ds}\right)^2$$

따라서 모든 s에 대해 다음이 성립한다.

$$\begin{aligned} |(t'(s), x'(s))| &= \sqrt{|-c^2(t'(s))^2 + (x'(s))^2|} \\ &= \sqrt{c^2(t'(s))^2 - (x'(s))^2} \\ &\le c|t'(s)| \\ &= ct'(s) \end{aligned}$$

이로부터 다음이 성립한다.

$$\begin{aligned}|\tilde{t}_1 - \tilde{t}_0| &= \frac{1}{c}\int_a^b |(t'(s), x'(s))| ds \\ &\leq \int_a^b t'(s)\ ds \\ &= t(b) - t(a) \\ &= t_1 - t_0\end{aligned}$$

여기서 두 번째 줄의 부등식에서 등호는 모든 s에 대해 $x'(s) = 0$일 때만 성립한다. 위의 부등식으로부터 e로부터 e'까지의 각 관찰자의 경과 시간은 O가 $\widetilde{O}$보다 더 걸리는 것을 알 수 있다. □

문제 5.8.1 두 사건 e와 e'에 대해 $\overrightarrow{ee'}$이 시간류, 미래 지향 벡터라 하자. 주어진 임의의 양수 t에 대해, 빛의 속력보다 느리게 움직이며 e로부터 e'에 도달하는 데 걸리는 시간(물론 관찰자 자신의 시계에 의해 측정된)이 t보다 적게 되는 관찰자가 존재함을 보여라.

위의 결과에 의해, 빛의 속력보다 느리게 움직이더라도 이 문장을 읽는 데 걸리는 시간보다 적은 시간에 지구로부터 4.3 광년 떨어진 센타우르스자리 알파별에 도착할 수 있다(이 때 물론 무지막지한 가속력을 견뎌내야 한다).

5.9 쌍곡 각과 속도 덧셈 공식

정의 5.9.1 민코프스키 공간에서 **유사 원**은 다음 방정식을 만족하는 벡터 $\overrightarrow{A}$들의 집합이다.

$$|\overrightarrow{A}| = r$$

여기서 r은 상수이다(그림 5.12)

$r \neq 0$일 때, 유사 원은 다음 방정식을 만족하는 두 쌍곡선이다.

$$-c^2t^2 + x^2 = \pm r^2$$

쌍곡선 $-c^2t^2 + x^2 = -r^2$에 대해 $t > 0$일 때 곡선은 다음처럼 매개화된다.

$$t = \frac{r}{c}\cosh\phi, \qquad x = r\sinh\phi$$

이 곡선에 있는 점을 향하여 전개된 방사 벡터 (t, x)는 시간류이고 미래 지향이다. 이 때, 세계선이 벡터 (t, x)에 평행한 입자의 속도는 다음과 같이

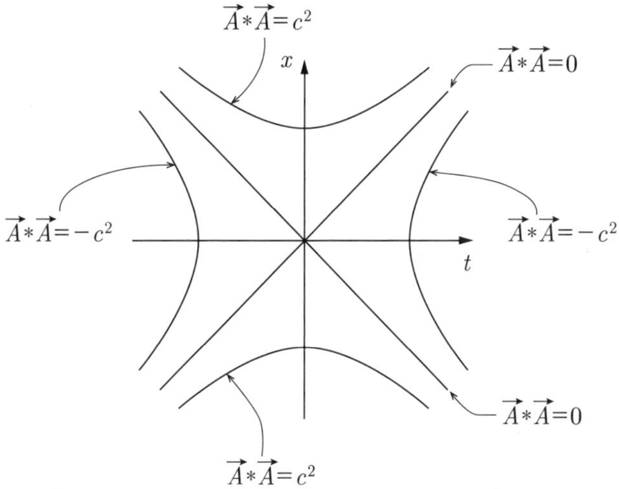

그림 5.12. 유사 원

쌍곡 탄젠트로 표현된다.

$$\tanh\phi = \frac{x}{ct} = \frac{v}{c} \tag{5.24}$$

정의 5.9.2 $\overrightarrow{A}$와 $\overrightarrow{B}$를 시간류, 미래 지향 벡터라 하자. $\overrightarrow{A}$와 $\overrightarrow{B}$ 사이의 쌍곡 각 ϕ는 각의 부호 $\pm$에 상관없이 다음 공식에 의해 정의된다.

$$\cosh\phi = \frac{-\overrightarrow{A}*\overrightarrow{B}}{c^2|\overrightarrow{A}||\overrightarrow{B}|}$$

로런츠 변환은 쌍곡 각의 정의에 사용된 길이와 민코프스키 내적을 보존하기 때문에 쌍곡 각을 보존한다. $\overrightarrow{A}$와 $\overrightarrow{B}$가 어떤 사건 e에서 두 관찰자의 세계선에 각각 접하면 식 (5.24)로부터 $\tanh\phi$가 두 관찰자의 상대 속도에 $1/c$를 곱한 것임을 알 수 있다. 왜냐하면 식 (5.24)에서의 변수는 한 관찰자의 관성 좌표 계의 변수로 생각할 수 있기 때문이다.

주어진 세 물체 A, B, C에 대해 다음을 정하자.

$\alpha = A$와 B의 세계선 사이의 쌍곡 각

$\beta = B$와 C의 세계선 사이의 쌍곡 각

$\gamma = A$와 C의 세계선 사이의 쌍곡 각

로런츠 속도 덧셈 공식(정리 5.5.1)으로부터 다음을 얻는다.

$$c\tanh\gamma = \frac{c\tanh\alpha + c\tanh\beta}{1+\tanh\alpha\tanh\beta} = c\tanh(\alpha+\beta)$$

여기서 두 번째 등호는 쌍곡 탄젠트의 덧셈 공식(다음 절의 문제 5.10.1 참조)에 의해 성립한다. 이로부터 속도 덧셈 공식은 다음과 같은 식으로 귀결된다.

$$\gamma = \alpha + \beta$$

이와 같은 논의를 통하여 187쪽에 있는 갈릴레이 속도 덧셈 공식과 같은 간결함을 얻어냈음을 볼 수 있다.

5.10 부록: 원 함수와 쌍곡 함수

$s = 1$ 또는 -1이면 다음 곡선은 xy평면에서 원 또는 쌍곡선을 나타낸다.

$$x^2 + sy^2 = 1 \tag{5.25}$$

위의 식은 $s = 1$인 경우 단위 원을 나타내는데, 벡터 $(1, 0)$과 (x, y) 사이의 각으로 단위가 라디안인 ϕ를 매개 변수로 하여 다음과 같이 매개화 된다.

$$x = \cos\phi, \qquad y = \sin\phi$$

벡터 $(1, 0)$과 (x, y)에 의해 결정되는 부채꼴의 넓이는 다음 공식에 의해 알 수 있다.

$$\frac{\text{부채꼴의 넓이}}{\text{원의 넓이}} = \frac{\phi}{2\pi}$$

그러므로 다음을 얻는다(그림 5.13 참조).

$$\phi = 2(\text{부채꼴의 넓이}) \tag{5.26}$$

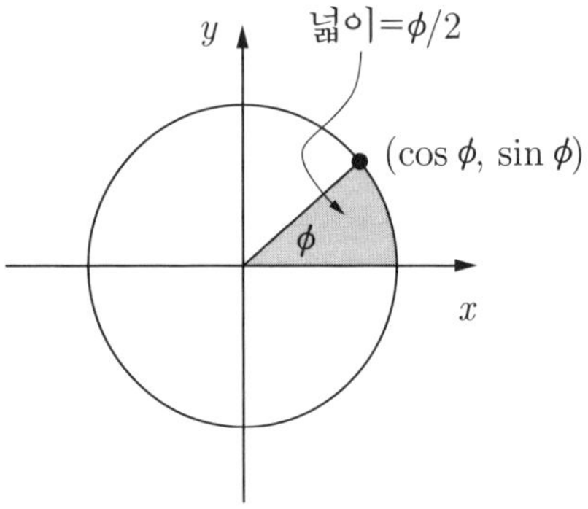

그림 5.13. 원 각

$s = -1$인 경우 곡선은 쌍곡선이다. (x, y)를 $x > 0$인 쌍곡선에 있는 점

이라 하자. **쌍곡 각** ϕ를 다음과 정의한다(그림 5.14 참조).

$$\phi = 2\begin{pmatrix}\text{방사 벡터 } (0,1)\text{과 } (x,y)\text{와 곡선으로} \\ \text{둘러 싸인 조각의 넓이}\end{pmatrix} \tag{5.27}$$

그리고 쌍곡 코사인, 쌍곡 사인, 쌍곡 탄젠트를 다음과 같이 정의한다.

$$x = \cosh\phi, \quad y = \sinh\phi, \quad \tanh\phi = \frac{\sinh\phi}{\cosh\phi}$$

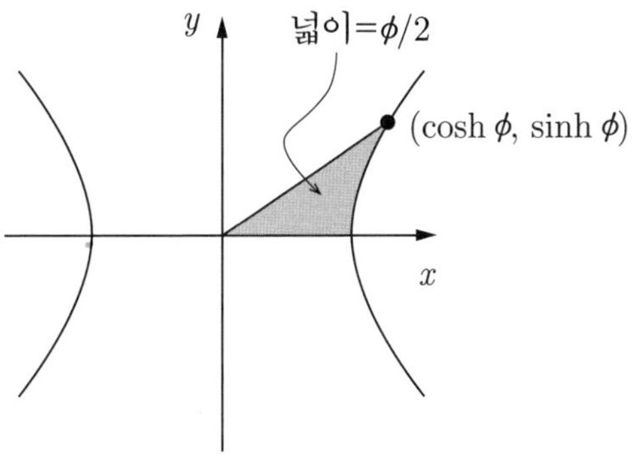

그림 5.14. 쌍곡 각

이들 정의와 식 (5.25)로부터 다음을 얻는다.

$$\cos^2\phi + \sin^2\phi = 1$$
$$\cosh^2\phi - \sinh^2\phi = 1$$

원 함수와 쌍곡 함수의 미분

곡선에 있는 점 (x_0, y_0)을 고정한다. $(0,0)$과 (x_0, y_0)을 연결하는 선분을 L이라 하고, (x_0, y_0)을 지나고 x축에 평행한 직선을 M이라 하자. y가 0부터 y_0까지 변할 때 y축과 곡선 사이의 넓이는 다음과 같다.

$$\int_0^{y_0} \sqrt{1 - sy^2}dy$$

그리고 세 점 $(0,0)$, $(0, y_0)$, (x_0, y_0)으로 이루어진 삼각형의 넓이는 다음과 같다(그림 5.15).

$$\frac{1}{2}y_0\sqrt{1 - sy_0^2}$$

방사 벡터 $(0,1)$과 (x_0, y_0)와 곡선에 의해 결정되는 조각의 넓이는 위에서 주어진 두 넓이의 차이다. 이 넓이의 식과 식 (5.27)(또는 (5.26))을 결합하면 다음과 같이 y_0의 함수로서 ϕ에 대한 공식을 얻는다.

$$\phi(y_0) = 2\int_0^{y_0} \sqrt{1 - sy^2}dy \ - \ y_0\sqrt{1 - sy_0^2} \tag{5.28}$$

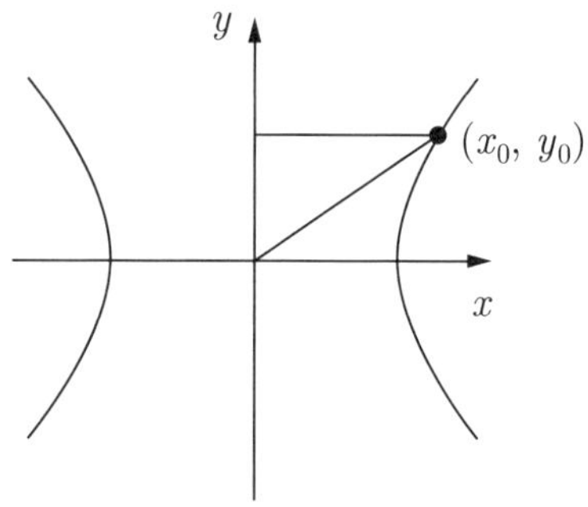

그림 5.15. (공식 (5.28) 참조)

정리 5.10.1 a) $\dfrac{d\phi}{dy} = \dfrac{1}{\sqrt{1 - sy^2}}$, b) $\dfrac{dy}{d\phi} = x$, c) $\dfrac{dx}{d\phi} = -sy$.

증명. a) 식 (5.28)을 y_0에 대해 미분하면 다음을 얻는다.

$$\begin{aligned}\frac{d\phi}{dy_0} &= 2\frac{d(\text{조각의 넓이})}{dy_0} \\ &= 2\sqrt{1 - sy_0^2} - \sqrt{1 - sy_0^2} + \frac{sy_0^2}{\sqrt{1 - sy_0^2}} \\ &= \frac{1}{\sqrt{1 - sy_0^2}}\end{aligned}$$

b) $x^2 + sy^2 = 1$이므로 a)에 의해 $dy/d\phi = \sqrt{1 - sy^2} = x$이다.

c) 식 $x^2 + sy^2 = 1$을 ϕ에 대해 숨겨진 함수 미분을 하면 다음을 얻는다.

$$2x\frac{dx}{d\phi} + 2sy\frac{dy}{d\phi} = 0$$

위 식에 b)를 적용하면 다음이 성립한다.

$$2x\frac{dx}{d\phi} + 2sxy = 0$$

이제 $dx/d\phi$에 대해 정리하면 된다. □

따름정리 5.10.1

$$\frac{d\sin\phi}{d\phi} = \cos\phi, \quad \frac{d\cos\phi}{d\phi} = -\sin\phi, \quad \frac{d\sin^{-1} y}{dy} = \frac{1}{\sqrt{1 - y^2}}$$

증명. 정리 5.10.1에서 $s = 1$로 정하고 $y = \sin\phi$, $x = \cos\phi$, $\phi = \sin^{-1} y$로 놓으면 된다. □

따름정리 5.10.2

$$\frac{d\sinh\phi}{d\phi} = \cosh\phi, \qquad \frac{d\cosh\phi}{d\phi} = \sinh\phi, \qquad \frac{d\sinh^{-1} y}{dy} = \frac{1}{\sqrt{1+y^2}}$$

증명. 정리 5.10.1에서 $s = -1$로 정하고 $y = \sinh\phi$, $x = \cosh\phi$, $\phi = \sinh^{-1} y$로 놓으면 된다. □

따름정리 5.10.3

$$\cosh\phi = \frac{e^{\phi} + e^{-\phi}}{2}, \qquad \sinh\phi = \frac{e^{\phi} - e^{-\phi}}{2}$$

증명. 정리 5.10.1에서 $s = -1$로 정하고 $u = x + y$, $v = x - y$로 놓으면 다음을 얻는다.

$$\frac{du}{d\phi} = u, \qquad \frac{dv}{d\phi} = -v$$

여기서 적당한 상수 C_1과 C_2에 대해 $u = C_1 e^{\phi}$이고 $v = C_2 e^{-\phi}$이다. 그림 5.14로부터 $\phi = 0$일 때 $x = 1$이고 $y = 0$임이 명백하다. 따라서 $\phi = 0$일 때 $u = v = 1$이므로 $C_1 = C_2 = 1$이다. 그러므로 $u = e^{\phi}$이고 $v = e^{-\phi}$이다. □

문제 5.10.1 따름정리 5.10.3의 공식을 사용하여 쌍곡 함수에 대한 다음 덧셈 공식을 증명하여라.

a) $\cosh(A+B) = \cosh A \cosh B + \sinh A \sinh B$

b) $\sinh(A+B) = \sinh A \cosh B + \cosh A \sinh B$

c) $\tanh(A+B) = \dfrac{\tanh A + \tanh B}{1 + \tanh A \tanh B}$

참고 문헌

[1] Arnol'd, V.I., *Mathematical Methods of Classical Mechanics*, 2nd ed., (translated by Vogtmann, K., and Weinstein, A.), Springer-Verlag, 1989.

[2] Artzy, Rafael, *Linear Geometry*, Addison-Wesley, 1974.

[3] Brink, Raymond, *Spherical Trigonometry*, Appleton-Century Inc., N.Y., 1942.

[4] Courant, Richard and Robbins, Herbert, *What is Mathematics*, Oxford University Press, 1978.

수학이란 무엇인가, 박평우; 김운규; 정광택 옮김, 경문사, 2002.

[5] Einstein, Albert, *Relativity, the Special and General Theory*, Crown Publishers, N.Y., 1961.

상대성의 특수이론과 일반이론, 이주명 옮김, 필, 2012.

상대성 이론 - 특수 상대성 이론과 일반 상대성 이론, 장헌영 옮김, 지식을만드는지식(지만지), 2012.

[6] Euclid, *The Elements*, (translated by Sir Thomas Heath), Dover, 1956.

기하학원론 (가) - 평면기하, 이무현 옮김, 교우사, 2007.

기하학원론 (나) - 비율수, 이무현 옮김, 교우사, 1997.

기하학원론 (다) - 무리수, 이무현 옮김, 교우사, 1997.

기하학원론 (라) - 공간기하, 이무현 옮김, 교우사, 2003.

[7] Eves, Howard, *Great Moments in Mathematics (before 1650)*, Mathematical Association of America, 1980.

수학의 위대한 순간들, 허민; 오혜영 옮김, 경문사, 2003.

[8] Feynman, Richard, *QED, The Strange Theory of Light and Matter*, Princeton University Press, 1985.

일반인을 위한 파인만의 QED강의, 박병철 옮김, 승산, 2000.

[9] Francis, George K., *A Topological Picturebook*, Springer-Verlag, 1987.

[10] French, Thomas and Vierck, Charles, *Engineering Drawing*, McGraw-Hill, 1953.

[11] Goldberg, Stanley, *Understanding Relativity*, Birkhäuser Boston, Inc., 1984.

[12] Goodstein, David and Goodstein, Judith, *Feynman's Lost Lecture*, Norton, 1996.

파인만 강의, 강주상 옮김, 한승, 2004.

[13] Hartshorne, Robin, *Foundations of Projective Geometry*, W.A. Benjamin, Inc., 1967.

[14] Hilbert, David and Cohn-Vossen, S. *Geometry and the Imagination*, Chelsea, 1952.

기하학과 상상력, 정경훈 옮김, 살림Math, 2012.

[15] Klein, Felix, *Elementary Mathematics from an Advanced Standpoint: Geometry* (translated by Hedrick, Earle R. and Noble, Charles A.), Dover, 1948.

[16] Kordemsky, B.A., *The Moscow puzzles*, Charles Scibner's Sons, 1972.

뇌가 섹시해지는 모스크바 수학퍼즐 1단계, 김지원 옮김, 비전코리아, 2018.

뇌가 섹시해지는 모스크바 수학퍼즐 2단계, 김지원 옮김, 비전코리아, 2018.

[17] Ogilvy, C. Stanley, *Excursions in Geometry*, Oxford University Press, 1969.

[18] O'Neill, Barrett, *Elementary Differential Geometry*, Academic Press, 1966.

미분기하학, 이승훈; 한동승 옮김, 경문사, 2012.

[19] Pedoe, Dan, *Geometry and the Liberal Arts*, St. Martin's Press, 1979.

[20] Schelin, Charles W., *Calculator Function Approximation*, The American Mathematical Monthly 90 (May 1983), 317-325.

[21] Schumann, Charles H., *Descriptive Geometry*, D. Van Nostrand Co., Inc., 1927.

[22] Thompson, J. E., *Geometry for the practical man*, D. Van Nostrand Co., Inc., N.Y., 1934.

[23] Yaglom, I.M., *Geometric Transformations I*, (translated by Shields, Allen) The New Mathematical Library, Random House, 1962.

찾아보기

현대 기하학과 응용

지은이 조지 A. 제닝스
옮긴이 최윤철
펴낸이 조경희
펴낸곳 경문사
펴낸날 2014년 9월 15일 1판 1쇄
2020년 9월 1일 1판 3쇄
등 록 1979년 11월 9일 제1979-000023호
주 소 04057, 서울특별시 마포구 와우산로 174
전 화 (02) 332-2004 팩스 (02) 336-5193
이메일 kyungmoon@kyungmoon.com
facebook facebook.com/kyungmoonsa

값 14,000원

ISBN 978-89-6105-820-9